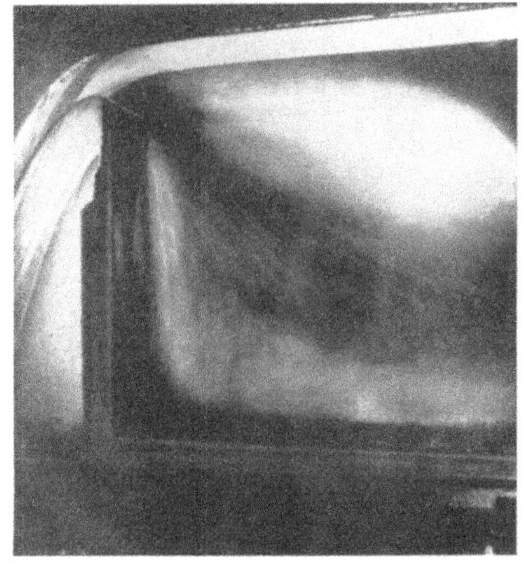

Abb 12.

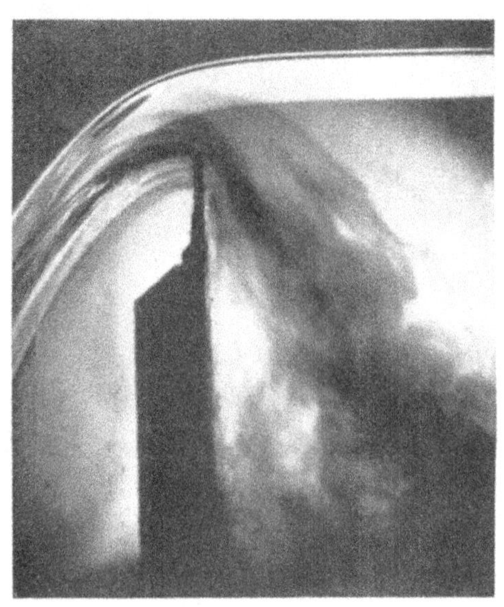

Abb. 18.

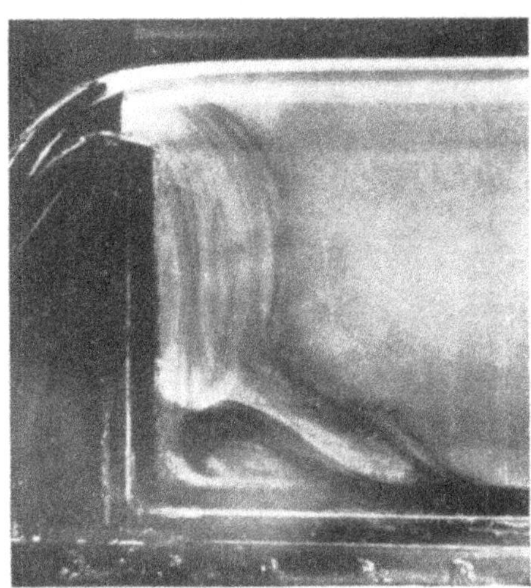

Abb 13.

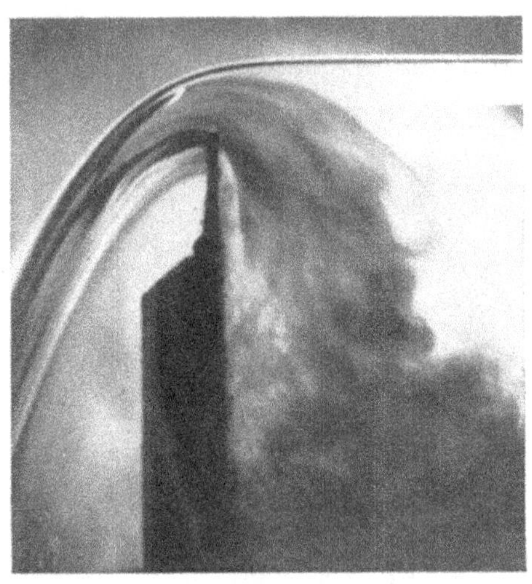

Abb. 17.

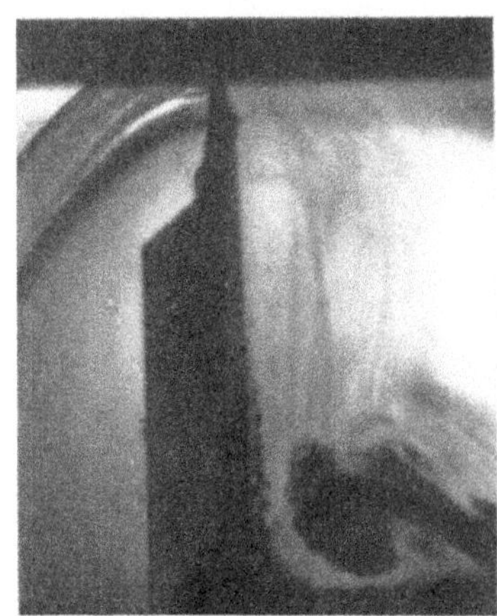

Abb. 14.

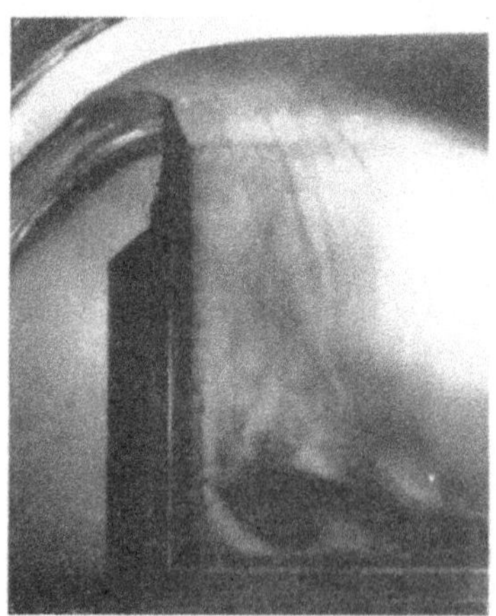

Abb. 15.

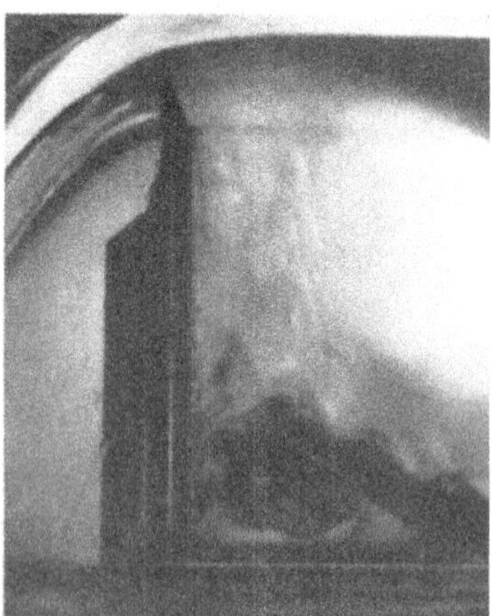

Abb. 16.

Abbildungen 12—18 aus der Arbeit „Hailer, Fehlerquellen bei der Überfallmessung“.

Mitteilungen des Hydraulischen Instituts der Technischen Hochschule München

Herausgegeben vom Institutsvorstand

D. Thoma

Dr.-Ing., o. Professor

Heft 3

mit 233 Abbildungen

Verlag von R. Oldenbourg · München und Berlin 1929

Druck von R. Oldenbourg, München.

Vorwort.

Die Durchführung der Forschungsarbeiten, über die in dem vorliegenden dritten Heft der Mitteilungen berichtet wird, ist nur durch die tatkräftige Unterstützung der Notgemeinschaft der Deutschen Wissenschaft möglich geworden. Der Notgemeinschaft sage ich zugleich im Namen meiner Mitarbeiter auch an dieser Stelle wärmsten Dank.

Herzlicher Dank gebührt auch der Firma Friedrich Deckel in München, welche viele besonders schwierige Einrichtungen kostenlos hergestellt und besonders die für die Hofmannschen Untersuchungen benötigten Krümmer mit bewundernswerter Genauigkeit innen bearbeitet hat, nachdem andere Werkstätten an dieser Aufgabe gescheitert waren. Ebenso muß dem Bund der Freunde der Technischen Hochschule München für die wiederholt gewährte Unterstützung verbindlichst gedankt werden.

Zu der in dem vorliegenden Heft enthaltenen Arbeit von Hailer über die Fehler eines Meßüberfalles darf folgendes bemerkt werden. Nachdem die in dem letzten Heft erschienene vorläufige Mitteilung Hailers einige Zweifel ausgelöst hatte und in der Literatur die Vermutung ausgedrückt worden ist, daß die beobachteten Schwankungen des Überfallbeiwertes durch Fehler bei der Bestimmung der Überfallhöhe verursacht seien, habe ich neuerdings die Hailersche Versuchseinrichtung wieder aufbauen lassen und dabei die zur Messung der Überfallhöhe dienenden Einrichtungen so vervollkommnet, daß die Überfallhöhe nunmehr auf $^1/_{50}$ mm genau gemessen werden kann. Die bisher durchgeführten, noch nicht sehr zahlreichen und nur mit Beruhigung durch Rohrpaket ausgeführten Versuche haben wieder Streuungen des Überfallbeiwertes, und zwar im Betrage von nicht ganz $1^0/_0$, deutlich erwiesen. Über das Ergebnis der Wiederholung der Hailerschen Beobachtungen und über die Bemühungen, das Umschlagen des Strömungszustandes willkürlich zu erzeugen, soll im nächsten Heft der Mitteilungen berichtet werden.

München, im August 1929.

D. Thoma.

Inhaltsverzeichnis.

Fehlerquellen bei der Überfallmessung.

Von **Rudolf Haller.**

I. Einleitung.

Die in allen Wasserkraft- und Wasserbaulaboratorien am häufigsten angewandte Methode der Wassermessung in offenen Gerinnen ist die durch Überfall. Von den verschiedenartigsten Überfallformen ist die gebräuchlichste der Rechtecküberfall ohne Seitenkontraktion über lotrechte dünnwandige Wehre mit zugeschärfter Kante und belüftetem Strahl. Über dieses Meßgerät liegen die meisten Untersuchungen vor; seine Genauigkeit wurde bis vor kurzem in der Literatur mit 0,5 bis 1% angegeben[1]).

Die im folgenden beschriebenen Versuche wurden an solchen Rechtecküberfällen ohne Seitenkontraktion ausgeführt.

Der Zusammenhang zwischen Wassermenge und Überfallhöhe wird durch die Gleichung

$$Q = \frac{2}{3}\mu \cdot b \cdot h \cdot \sqrt{2gh}$$

ausgedrückt. Darin bezeichnet b die Gerinnebreite, h die Überfallhöhe, Q die Wassermenge und μ den Überfallbeiwert.

Die experimentelle Bestimmung dieses Beiwertes für zwei Gerinne, besonders aber Untersuchungen über seine Veränderlichkeit und deren Ursache, Untersuchungen über sein Verhalten bei Veränderungen im Zufluß, kleinen Änderungen am Wehrkörper und vorübergehend eingeleiteten Störungen im Zufluß war der Zweck dieser Arbeit.

Den äußeren Anlaß zu diesen Untersuchungen bildeten die Erfahrungen, die bei Inbetriebnahme einer kleinen Turbinenversuchsanlage, zu der das später beschriebene Gerinne Nr. 1 als Bestandteil gehörte, gemacht worden waren. Als sich bei den einleitenden Eichversuchen zeigte, daß die Wassermessung durch den eingebauten Überfall sehr unzuverlässig war, wurde für die ersten Turbinenversuche zur Wassermessung die ursprünglich nur für die Überfalleichung vorgesehene Wägeeinrichtung benutzt. Während die auf Grundlage der gewogenen Wassermengen ausgewerteten Turbinenversuche nur eine geringe Streuung aufwiesen, ergaben sich stark streuende Werte der Turbinenwirkungsgrade, wenn man der Auswertung die Wassermengen zugrunde legte, die aus den gleichzeitig gemessenen Überfallhöhen bestimmt waren. Damit war auch dargetan, daß nicht etwa eine Ungenauigkeit der Wägung die Ursache der Schwankungen der Überfallbeiwerte bei der früher versuchten Eichung gewesen war. Die Ermittlung der Unregelmäßigkeiten des Überfalls wurde dann einer abgetrennten Untersuchung, deren Ergebnisse in der vorliegenden Arbeit niedergelegt sind, zugewiesen.

II. Versuchsreihe A.

1. Das Versuchsgerinne Nr. 1.

In Abb. 1 sind die Abmessungen dieses Versuchsgerinnes zu ersehen. Es ist aus 1 mm starken Blechtafeln mit Winkeleisenversteifungen gebaut. Der breite Teil dient als Unterwasserkanal

[1]) Siehe: Th. Rehbock, Karlsruhe, Der Abfluß von Wasser über Wehre verschiedenen Querschnittes. Zeitschrift des Verbandes Deutscher Architekten- und Ingenieur-Vereine 1913, S. 5 u. 6.

für das Saugrohr der erwähnten Turbinenversuchsanlage und ist zur Beruhigung des Abflusses mit 3 Tauchwänden versehen. Eine düsenförmige Verengung vermittelt den Übergang zu dem 150 mm breiten und 1290 mm langen Zulaufteil des Meßwehres. Der Wehrkörper besteht aus einer 300 mm hohen Eisenblechtafel, deren obere horizontale Kante unter 45° so zugefeilt ist, daß eine horizontale Fläche von ungefähr 0,2 mm Breite stehen bleibt. Der Abrundungsradius der beiden Kanten dieser Fläche beträgt annähernd 0,3 mm.

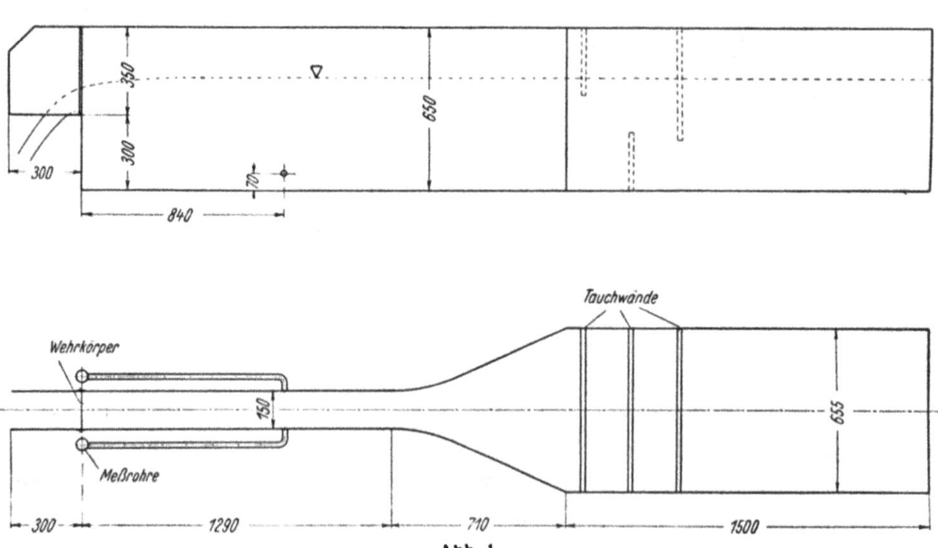

Abb. 1.

Die Spiegelhöhe im Gerinne wird auf beiden Seiten mit Tastern in Glasröhren gemessen; diese sind mittels Rohrleitungen 840 mm vor dem Wehr seitlich an die Gerinnewandung angeschlossen. Die Taster sind durch ein Gestell auf der Wehrtafel selbst aufgesetzt. Damit wird eine Nullpunktsänderung für den Fall einer Verschiebung des Wehrkörpers während der Versuche vermieden, die Tasterablesung gibt immer die Höhe des Spiegels über der Wehrkante an.

Der Strahl ist nach Verlassen der Überfallkante seitlich geführt, der Raum unter der Strahldecke steht direkt mit der Außenluft in Verbindung.

Der Zufluß aus der Druckleitung eines Hochbehälters zur Turbinenversuchsanlage wird mit einem Schieber reguliert. Diese Versuchsanlage war mit Ausnahme der letzten drei Versuche der Reihe A nicht mit einem Turbinenlaufrad ausgerüstet. Der Hochbehälter wurde durch eine Pumpe mit Wasser versorgt und war mit einem Streichwehr versehen, so daß ein konstanter Zufluß während des Versuches sichergestellt war.

Das über das Meßwehr abstreichende Wasser konnte durch eine belüftete Rohrleitung einer Wägeeinrichtung zugeleitet werden.

2. Die Meßeinrichtungen.

Die bei allen Messungen auftretenden Fehler werden in systematische und zufällige Fehler unterschieden. Da die auftretenden systematischen Fehler einen Vergleich der durchgeführten Versuche untereinander nicht stören, werden in den folgenden Betrachtungen nur die zufälligen Fehler besprochen.

Die von der Firma Franz Kneller, Karlsruhe, gelieferten Taster zur Messung der Überfallhöhe wurden mit einer 4 mm langen horizontalen Schneide versehen, die von unten gegen den Wasserspiegel in den Meßgläsern herangebracht wurde. Die in Millimeter geteilte Skala der Taster ist mit einem Nonius versehen, so daß auf $^1/_{10}$ mm genau gemessen und auf $^1/_{20}$ mm geschätzt werden konnte. Immerhin muß der mittlere Fehler unter Berücksichtigung der sonst noch auftretenden Umstände (Fehler in der Nullpunktsbestimmung, Einstellung der Schneide, Temperaturdehnungen usw.) auf $^1/_{10}$ mm veranschlagt werden. Bei der mittleren Überfallhöhe von 100 mm entspricht $^1/_{10}$ mm Fehler in der Ablesung einer Genauigkeit der Messung von 1,0‰ (Promille). Die Nullpunktsbestimmung geschah mit einer von unten gegen den Wasserspiegel reichenden Hilfsschneide, die durch einen Träger mit der Überfalltafel verbunden wird. Dieses Gerät wurde von der Versuchsanstalt Gotha der ehemaligen Firma Briegleb Hansen & Co. ausgebildet und ist in Abb. 2 wiedergegeben.

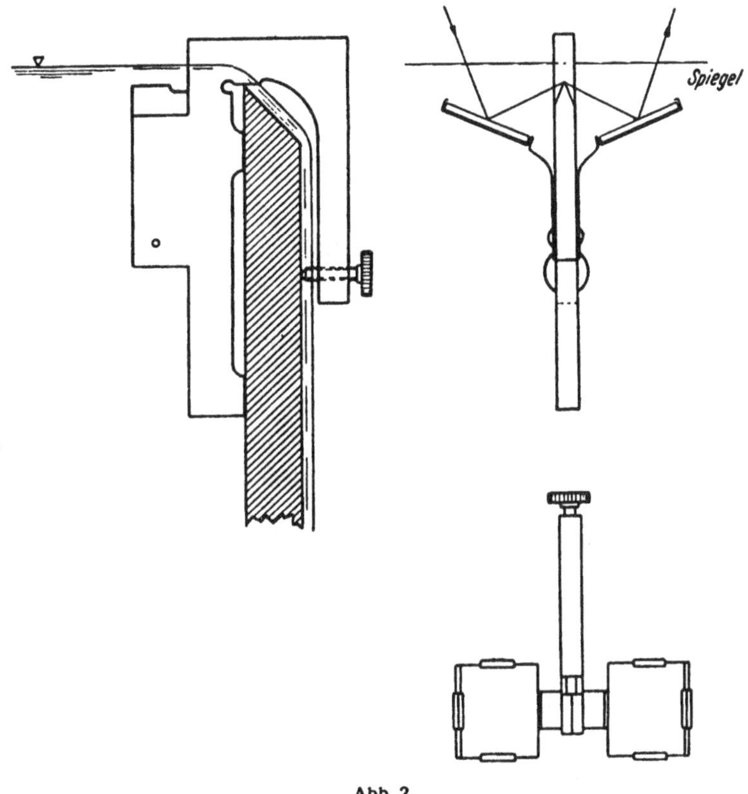

Abb. 2.

Die über das Meßwehr zum Abfluß gelangende sekundliche Wassermenge wurde durch Wägung mit einer Dezimalwaage mit 1,1 t Belastungsfähigkeit bestimmt. Bei 1000 kg Last konnte ein Auswiegen bis auf 100 g vorgenommen werden; das entspricht einer Genauigkeit in der Gewichtsbestimmung von 0,1‰.

Die Zeit, die je 1000 kg Wasser zum Einlaufen in den Wägebottich benötigten, wurde mit einem Bandchronographen gemessen. Zu diesem Zwecke schrieb eine Schwenkvorrichtung an der Zulaufleitung zur Wägeeinrichtung mittels elektrischer Kontakte Signale auf das Zeitband des Chronographen dann, wenn ihre Ausflußöffnung die Mittelstellung durchlief. In dieser Stellung wurde der Strahl durch eine am Wägebottich angebrachte Schneide gerade halbiert, so daß ein Teil diesem Bottich, der andere dem Unterkeller zugeleitet wurde. Durch Anwendung genügend großer Schaltgeschwindigkeiten wurde mit dieser Einrichtung die Genauigkeit der Zeitmessung nicht beeinflußt. Die Versuchsdauer betrug je nach der Wassermenge 60 bis 200 s. Aus dem Chronographenstreifen konnte bei der hier verwendeten Anordnung die Dauer des Einlaufes in den Bottich bis $^1/_{20}$ s genau ermittelt werden. Bei 100 s mittlerer Meßzeit und 0,05 s Fehler wird eine Genauigkeit in der Zeitbestimmung von 0,5‰ erreicht.

Aus diesen Betrachtungen geht hervor, daß der Wert des Resultats in besonderem Maße von der zu erreichenden Genauigkeit der Zeitmessung und der Bestimmung der Überfallhöhe h abhängig ist.

3. Die Größe des zu erwartenden mittleren Fehlers einer Messung.

Unter Zugrundelegung dieser sehr reichlich angenommenen mittleren Fehler der Einzelmessung errechnet sich der mittlere Fehler der Wassermessung zu:

$$\sqrt{0{,}1\text{‰}^2 + 0{,}5\text{‰}^2} = \sqrt{0{,}26\text{‰}} \approx 0{,}5\text{‰}.$$

Aus einer großen Zahl eigens angestellter Versuche ergab sich jedoch tatsächlich ein mittlerer Fehler der Wassermengenbestimmung von nur ungefähr 0,2‰.

Da

$$\mu = \text{Const.} \cdot \frac{Q}{h^{3/2}}$$

ist, pflanzen sich die bei der Bestimmung der Überfallhöhe gemachten Fehler, deren mittlerer Betrag zu 1‰ geschätzt worden war, auf das eineinhalbfache verstärkt auf den Wert von μ fort, während die Fehler der Wassermengenbestimmung in unveränderter Größe bei μ wirksam werden.

Somit bestimmt sich der zu erwartende mittlere Fehler des Überfallbeiwertes zu:

$$\sqrt{1{,}5\text{‰}^2 + 0{,}5\text{‰}^2} \approx 1{,}6\text{‰}.$$

Da jedoch die zu erwartenden Fehler der Einzelmessungen sehr reichlich angenommen wurden, dürfte der mittlere Fehler des Überfallbeiwertes in Wirklichkeit kleiner sein.

Um ein Bild über die Größe des mittleren Fehlers des Überfallbeiwertes zu gewinnen, wurden im Verlauf der Versuchsreihe B für sechs verschiedene Überfallhöhen je acht Messungen zur Fehlerbestimmung ausgeführt. Nach dem Ausdruck

$$m = \sqrt{\frac{\Sigma(\mu - \mu_m)^2}{n-1}}$$

ergab sich für alle untersuchten Überfallhöhen ein Wert von nur ungefähr 1,2‰.

4. Die Ergebnisse der Versuchsreihe A.

In Abb. 3 sind die mit dem Gerinne Nr. 1 ermittelten Größen des Beiwertes μ über den Überfallhöhen h aufgetragen. Bei dieser als Vorversuche anzusprechenden Versuchsreihe wurden die Kurven für μ auf dem Umwege über Wassermengenkurven gewonnen, es wurden daher in dieser Darstellung keine Versuchspunkte eingetragen.

Die Kurve 1 war im November 1925 bis zu einer Überfallhöhe von 140 mm aufgestellt worden. Eine Wiederholung der Versuche im März 1926 ergab zunächst, d. h. bis 140 mm Überfallhöhe, die gleichen Werte. Am 15. März 1926 sollten dann mit unveränderter Versuchsanordnung die Messungen bis 160 mm Überfallhöhe fortgesetzt werden. Dabei stellte sich heraus, daß die μ-Werte der Kurve 1, ohne daß eine mit dem Auge wahrnehmbare Änderung im Strömungsbild eingetreten war, nicht mehr erreicht wurden. Nach Überprüfung der Meßeinrichtung wurden die Versuche an vier weiteren Tagen fortgesetzt und dabei die neue Kurve 2 ermittelt.

In einer Gruppe weiterer Eichungen wurden wiederholt neue Kurven 3 und 4 sowie die ursprüngliche Kurve 1 erreicht. An zwei Versuchstagen am 21. März 1926 und am 9. Dezember 1926, zeigte sich während des Versuches ein Überspringen des Beiwertes von einer Kurve zur andern.

Nach der eingangs angestellten Fehlerberechnung konnte der Grund zu diesen großen

Abweichungen in der Bestimmung des Beiwertes (im Maximum 5,5% bei 100 mm Überfallhöhe) nicht in Meßfehlern zu suchen sein. Der Umstand, daß sich die Meßpunkte über große Zeiträume sehr genau an die gleiche Kurve anschlossen, ließ die Vermutung aufkommen, daß diese Änderung des Beiwertes durch verschieden geartete Beruhigung des Zulaufes infolge geänderter Stellung der Tauchwände hervorgerufen werden könnte. Es wurde außerdem durch eingestreute Sinkstoffe festgestellt, daß die Geschwindigkeitsverteilung im Zulaufteile des Meßwehres eine sehr ungleichmäßige war. Daher wurden die Tauchwände (s. Abb. 1) zunächst durch fünf eingebaute Holzrechen mit einem in Stromrichtung sich verringernden Verbauungsverhältnis ersetzt. Mit dieser Anord-

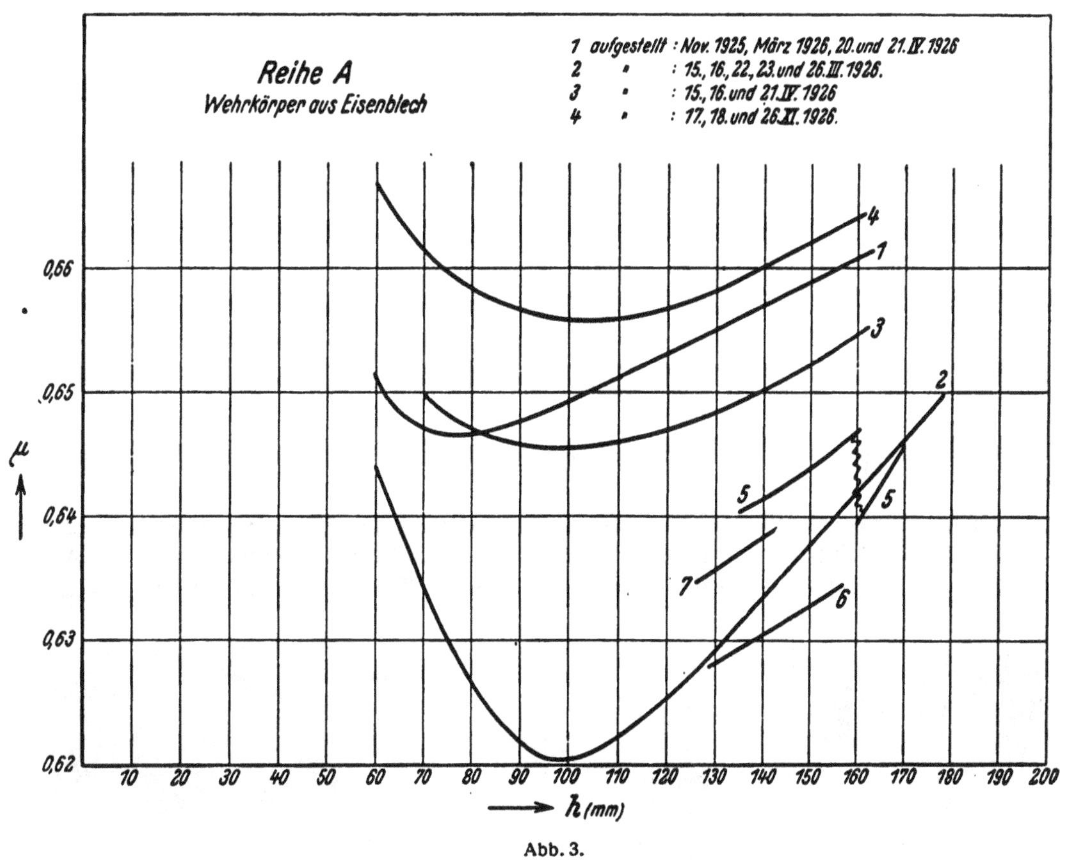

Abb. 3.

nung durchgeführte Versuche sind in Kurve 5 aufgezeichnet. Dabei zeigte sich wiederum eine eigentümliche plötzliche Änderung des Kurvenverlaufes. Während sich der eine Ast annähernd der früher ermittelten Kurve 2 anschließt, verläuft der andere fast äquidistant mit Kurve 3 (siehe Abb. 3). Der Einbau der Rechen hatte somit keine Verbesserung der Verhältnisse herbeigeführt. Es wurden daher die Einbauten um einen sehr starken Widerstand vermehrt. Am Ende der düsenförmigen Verengung wurde in dem 150 mm breiten Zulaufteil ein Paket aus 150 mm langen Messingrohren von 9 mm lichtem und 10 mm äußerem Durchmesser, welches den Durchflußquerschnitt des Zulaufteiles vollständig ausfüllte, derart eingebaut, daß vor der Wehrtafel eine 1690 mm lange Strecke noch vollkommen frei blieb. Versuche mit dieser Anordnung der Beruhigungseinbauten ergaben die Kurvenäste 6 und 7, brachten aber ebenfalls keine Verbesserung.

Auf Grund dieser Beobachtungen drängt sich die Frage auf, wie weit der Strömungsvorgang im Raume vor der Wehrtafel und an der Wehrtafel selbst an diesen Erscheinungen mitbeteiligt ist und ob geringfügige Änderungen an der Wehrkrone den Beiwert zu ändern vermögen.

III. Versuchsreihe B.

1. Das Versuchsgerinne Nr. 2.

Zur eingehenden Untersuchung der durch die Vorversuche ermittelten Verhältnisse und zur Klärung der dort angeschnittenen Fragen wurde ein neues Gerinne gebaut, dessen Abmessungen Abb. 4 wiedergibt; die Aufstellung im Laboratorium zeigen die Abb. 5 und 6.

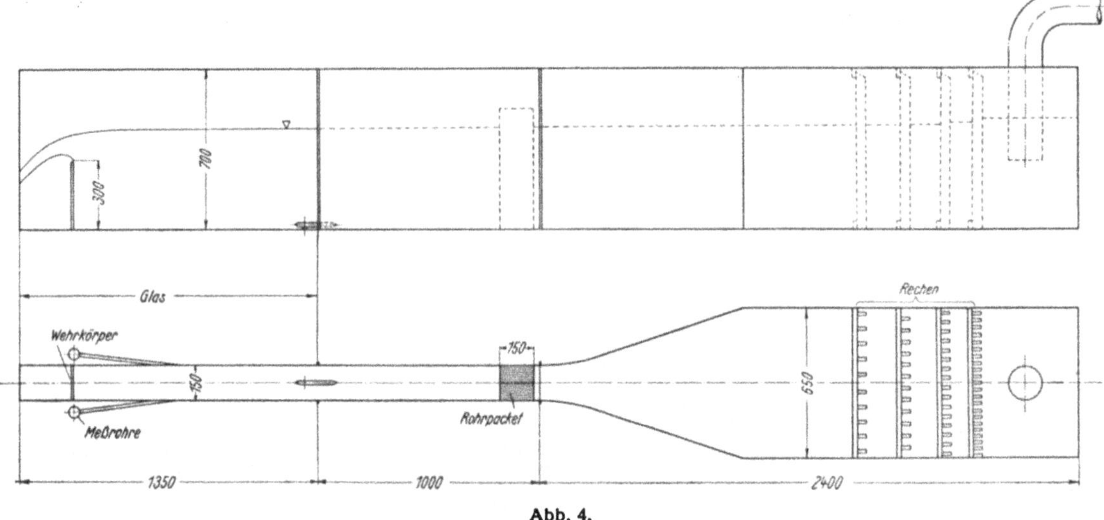

Abb. 4.

Hinter dem senkrecht ins Gerinne eingeleiteten Zulaufrohre waren vier Holzrechen und nach der Verengung ein Rohrpaket 150 mm langer Messingrohre mit 9 mm lichtem und 10 mm Außendurchmesser als Beruhigungswiderstände vorgesehen. Der 150 mm breite Zulaufteil des Gerinnes

Abb. 5.

wurde von 1290 mm auf 2140 mm verlängert, um dem Wasser nach Verlassen der Einbauten einen größeren Spielraum zum Ausgleich etwa vorhandener Ungleichmäßigkeiten in der Geschwindigkeitsverteilung zu geben. Zur Erleichterung der Untersuchung des Strömungsvorganges und zum Zwecke der Ausschaltung von Wandeinflüssen, hervorgerufen durch die nicht vollkommen ebenen

Blechtafeln, wurden die Seitenwände des Gerinnes im Bereiche der Wehrtafel aus 1350 mm langen Spiegelglastafeln hergestellt. Der Wehrkörper selbst wurde austauschbar eingebaut.

Ferner wurde eine Verbesserung zur Messung der Überfallhöhe geschaffen. Der Anschluß der Meßgläser an das Gerinne erfolgte nicht mehr an den seitlichen Gerinnewandungen, sondern an

Abb. 6.

einem 1 m vor der Wehrtafel und 15 mm vom Boden in das Gerinne eingebauten 200 mm langen stromlinienförmigen Druckentnahmerohr. Dieses ist auf dem zylindrischen Teile mit 18 Bohrungen von 2 mm Dmr. versehen und mit einem durch den Gerinneboden nach außen führenden

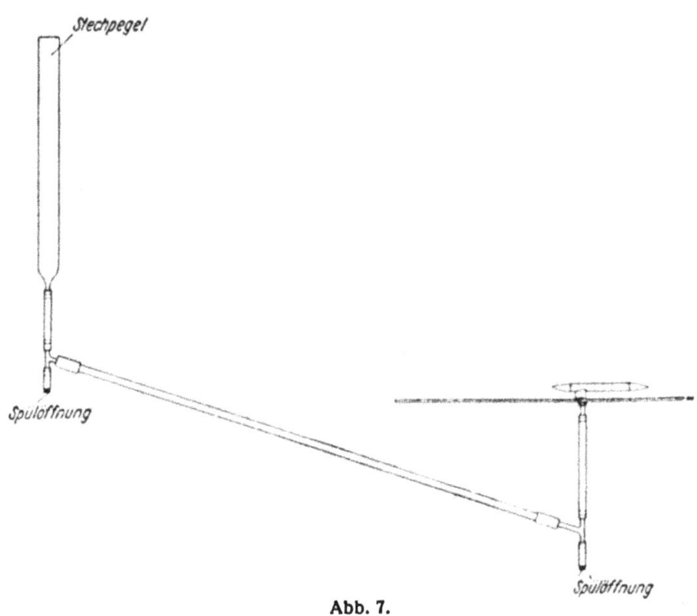

Abb. 7.

Rohre an die Verbindungsleitung zu den Meßgläsern angeschlossen. Diese Leitung ist mit Entlüftungs- und Spülöffnungen versehen (s. Abb. 7). Im übrigen blieben die Meßeinrichtungen unverändert.

Nach Verlassen der Wehrtafel wird das Wasser in einem offenen Ablaufgerinne, dessen Spiegel bis zur Überfallhöhe aufgestaut werden konnte, zur Wägevorrichtung weitergeleitet.

Der Raum unter der Strahldecke stand durch eine Öffnung zwischen Meßgerinne und Ablaufgerinne von ca. 150 cm² Querschnittsfläche direkt mit der Außenluft in Verbindung. Bei den später beschriebenen Versuchen der Reihe C mit gestautem Unterwasser mußte diese Öffnung verschlossen und durch zwei Rohre von zusammen 8,8 cm² Querschnittsfläche ersetzt werden. Da nach dem Verschließen eines dieser beiden Rohre keine Änderungen des Beiwertes bemerkbar wurden, konnte auch die Belüftung durch die beiden Rohre als ausreichend angesprochen werden.

2. Die Ergebnisse der Versuchsreihe B.

Gruppe I.

Diese Versuche wurden ohne eingesetzte Beruhigungswiderstände durchgeführt. Als Wehrkörper war eine 15 mm starke, 300 mm hohe Glastafel eingebaut. Die obere horizontale Fläche war unter 45° zu einer messerscharfen Kante zugeschliffen.

Innerhalb dieser Gruppe wurden Versuche angestellt, einerseits über das Verhalten des Beiwertes gegenüber geringfügigen Änderungen am Wehrkörper, anderseits über sein Verhalten gegenüber Störungen im Zufluß, eingeleitet im 150 mm breiten Zulaufteile. Die Änderungen am Wehrkörper wurden durch eine dünne Vaselineschicht hervorgerufen, wobei die Überfallkante und die stromaufgerichtete Seite der Wehrtafel bis 40 mm unter Kante mit dem Fett überzogen wurden. Bei dem Versuch am 5. April 1926 wurden außer der Wehrtafel auch die seitlichen Begrenzungs-

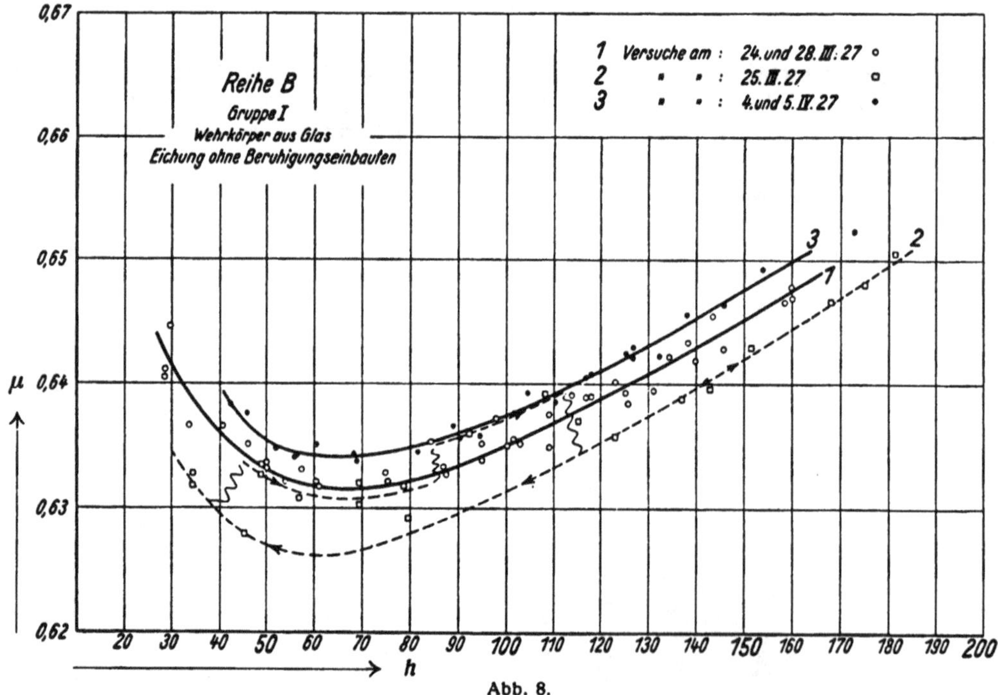

Abb. 8.

wände in einem Bereich von 150 mm vor bis 100 mm nach der Wehrkante mit einer Fettschicht versehen. Die Reinigung des Wehrkörpers von dem Fett erfolgte mit heißem Wasser und Seife, anschließend durch Abwaschen mit Äther und Alkohol.

Die Störungen im Zufluß wurden durch einen ungefähr 100 mm vor dem Wehr vorübergehend eingesetzten rechteckigen Holzstab von 25 mm Breite eingeleitet. In anderer Weise wurde versucht, durch Schließen des Zulaufschiebers bis zum Stillstand der Wasserbewegung im Gerinne und neuerliches Einstellen des vorherigen Versuchspunktes eine Änderung des Strömungszustandes herbeizuführen.

Das Ergebnis dieser Versuche ist in Abb. 8 aufgetragen. Änderungen des Beiwertes in dem Ausmaße, wie sie in Versuchsreihe A festgestellt wurden, waren nicht mehr aufgetreten. Es zeigte sich jedoch wiederum ein Wechsel des Beiwertes zwischen drei deutlich umrissenen Kurven, deren maximale gegenseitige Abweichung ungefähr 1,3% beträgt.

Eine Beeinflussung des Beiwertes durch Befettung der Überfallkante oder der seitlichen Begrenzungswände konnte nicht mit Sicherheit festgestellt werden. Kurve 1 in Abb. 8 wurde sowohl mit reiner als auch befetteter Kante ermittelt, Kurve 2 nur mit reiner Kante, Kurve 3 mit reiner wie mit befetteter Kante.

Auch die in die Strömung vor dem Wehrkörper eingeleiteten Störungen äußerten sich im Beiwerte nicht regelmäßig. Die Ausführung solcher Versuche sei hier kurz beschrieben: nachdem eine Messung bei beliebiger Überfallhöhe unter normalen Verhältnissen ausgeführt war, wurde der Holzstab in oben beschriebener Weise auf die Dauer von ungefähr 1 min eingesetzt. Nach seiner Entfernung stellte sich in den meisten Fällen die ursprüngliche Überfallhöhe wieder ein. Jetzt wurde durch Verstellen des Schiebers zu einem Betriebszustand mit größerer Wassermenge übergegangen und nach Eintreten des Beharrungszustandes eine neue Messung vorgenommen. Merkwürdigerweise zeigte diese Messung in vielen Fällen eine beträchtliche Abweichung des Beiwertes. Die Kurve 2 in Abb. 8 zeigt einen Versuch, in dessen Verlauf mit wachsender Wassermenge Störungen in der beschriebenen Weise eingeleitet wurden. Nach der ersten Störung springt der Beiwert auf Kurve 1 über, zwischen 80 und 90 mm geht er weiter auf Kurve 3 und dann, obwohl keine weiteren Störungen mehr eingeleitet waren, zwischen 110 und 120 mm plötzlich auf die ursprüngliche Kurve zurück. Während der Fortsetzung der Messungen mit steigender und fallender Wassermenge konnte ohne Einleitung von Störungen keine Abweichung mehr festgestellt werden.

Gruppe II.

Nach Einbau der eingangs erwähnten Beruhigungswiderstände (Rechen und Rohrpaket s. Abb. 4) wurden die Versuche mit der Glastafel als Wehrkörper fortgesetzt. Das Ergebnis ist in

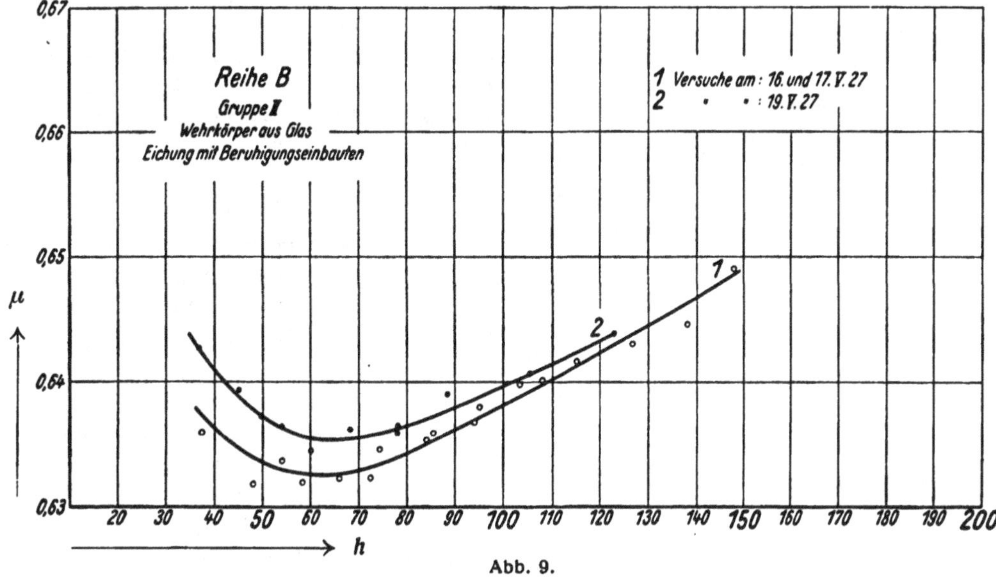

Abb. 9.

Abb. 9 zusammengestellt. Die Abweichungen des Beiwertes sind bedeutend kleiner geworden. Die Versuchspunkte schließen sich zwei Kurven an, die vermutlich bei größeren Überfallhöhen zur vollkommenen Überdeckung gelangen würden.

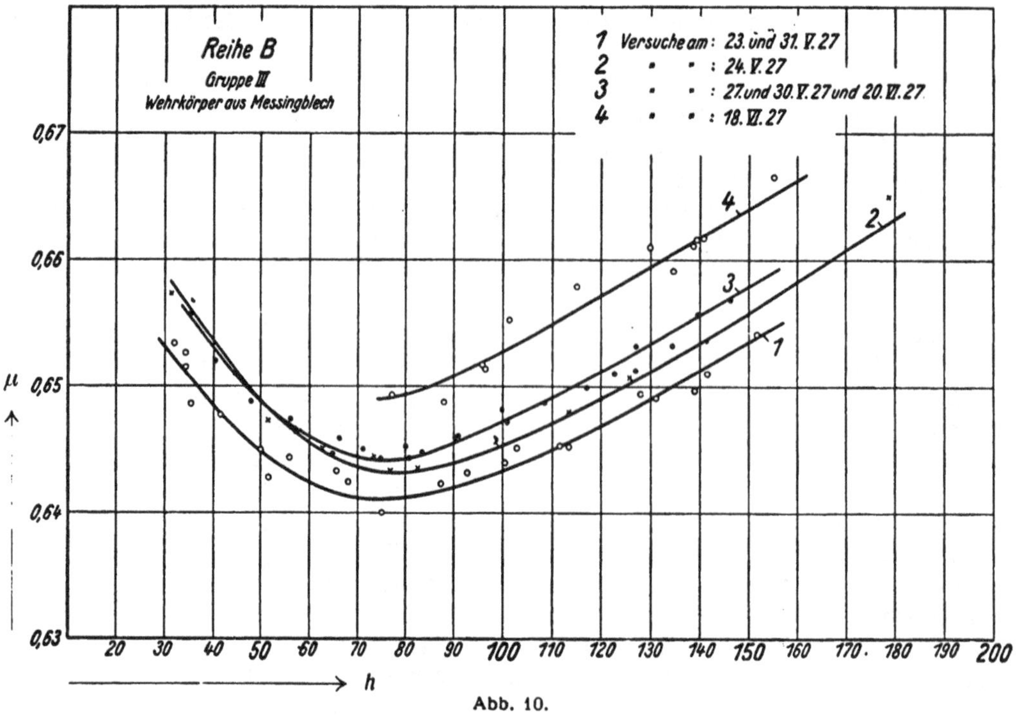

Abb. 10.

Gruppe III.

Bei dieser Versuchsgruppe wurde die gläserne Wehrtafel durch eine solche aus Messingblech ersetzt; das Gerinne und die Einbauten blieben unverändert. Die 5 mm starke Messingtafel war oben unter 45° abgeschrägt und besaß eine 1 mm breite horizontale Fläche. Die Ergebnisse sind in Abb. 10 aufgetragen. Die gemessenen Werte für μ schließen sich vier verschiedenen Kurven an und zeigen wieder größere Abweichungen. Die maximale Differenz erreicht in dieser Gruppe einen Wert von 1,5%.

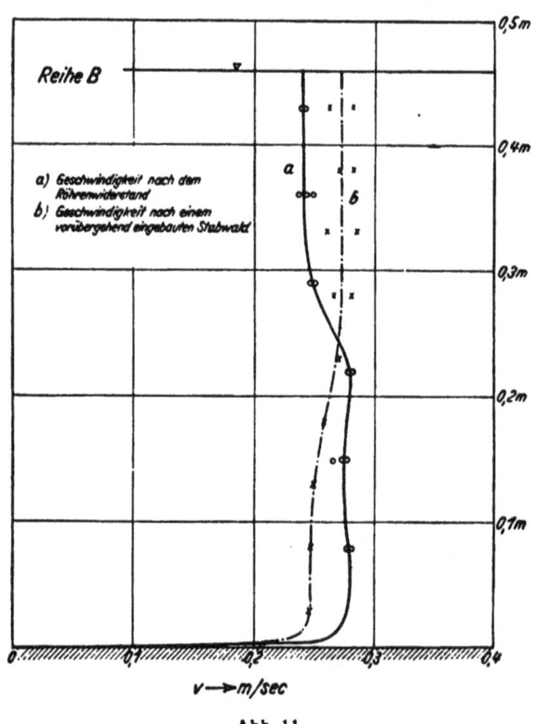

Abb. 11.

Gruppe IV.

Zur Beurteilung des durch die bisherigen Versuche bestätigten eigentümlichen Verhaltens des Beiwertes werden die Strömungsvorgänge im Zulaufteil des Gerinnes, insbesondere dicht vor der Wehrtafel, eingehend untersucht.

In Abb. 11 ist zunächst die Geschwindigkeitsverteilung 180 mm nach dem Röhrenpaket, gemessen mit einem Prandtlschen Staurohr in Verbindung mit einem Mikromanometer, aufgetragen. Die Kurve zeigt keine außergewöhnlichen Verhältnisse an. Auch durch eingestreute, im Wasser schwebende kleine Körper und durch Färben der Bodenschicht konnte festgestellt werden, daß die Strömung regelmäßig war. Nur die alleroberste Schicht von ungefähr 1 mm

Stärke schien, bedingt durch die Wirkungsweise des Rohrwiderstandes, eine größere Geschwindigkeit aufzuweisen. Durch ein auf der Oberfläche als Floß schwimmendes, am Gerinne beweglich befestigtes Blatt Papier wurde die Deckschicht fast zum Stillstand abgebremst. Wechselweise mit und ohne Einsatz dieses Flosses ausgeführte Messungen zeigten jedoch keine Änderungen im Beiwert.

Zur Untersuchung des Strömungsverlaufes vor der Wehrtafel kamen drei Mittel zur Anwendung:

1. Färben der Bodenschicht durch eingestreute Kaliumpermanganatkristalle und Färben beliebiger Stromfäden durch Einspritzen von Farblösungen mittels einer verstellbaren Sonde 620 mm vor dem Wehr.
2. Das Belegen des Gerinnebodens mit einer dünnen Sandschicht von 0,5 bis 1 mm Korngröße zur Beobachtung von Kolkbildungen.

Diese Hilfsmittel, mit denen in allen Gruppen der Versuchsreihe B Beobachtungen angestellt wurden, zeigten ein verwickeltes Bild der Strömungsvorgänge im Gerinneteil dicht vor der Wehrtafel.

Die Abb. 12 bis 18[1]) zeigen die Entwicklung der Strömung in einem Zeitraume von etwa 15 bis 20 s nach Öffnen des Schiebers und veranschaulichen den starken Einfluß des Totraumes zwischen Wehrtafel und Gerinneboden auf die Ausbildung der Strömung im Gerinne. Zunächst biegen die Stromfäden vor der Wehrtafel geordnet ab und verlaufen der Tafel folgend nach oben (Abb. 12 bis 14). In den nächsten Sekunden wachsen die Geschwindigkeiten der oberen Schichten rascher an als die der Bodenschichten. Die letzteren werden vor der Wehrtafel zusammengeschoben und durch eine dort eintretende rückläufige Bewegung des Wassers aufgerollt (Abb. 13 und 14). Die bisher geordnet verlaufende Strömung kippt plötzlich um. Unter Eintreten heftiger Turbulenz, wohl infolge des Druckanstieges in der gestauten, zusammengerollten Bodenschicht, wird diese plötzlich zerrissen und beginnt jetzt erst am Abflußvorgang teilzunehmen (Abb. 15 bis 18).

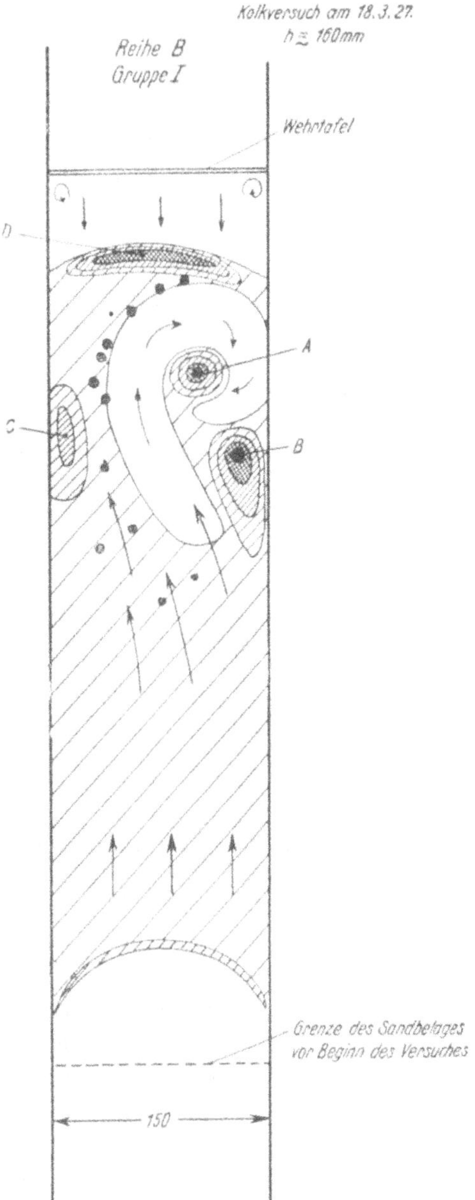

Dieser 15 bis 20 s nach Öffnung des Schiebers eingetretene turbulente Strömungszustand bedeutet für alle untersuchten Überfallhöhen den Beharrungszustand und klingt nach Schließen des Schiebers erst dann ab, wenn kein Wasser mehr über die Überfallkante abfließt. Insbesondere zeigten die Farbversuche kein regelmäßiges Abfließen der vor der Wehrtafel durcheinanderwirbelnden Wassermassen. Die an der Wehrtafel aufsteigenden Farbmengen der Bodenschicht ziehen unregelmäßig in Wolken ungleicher Größe über die Wehrkante ab.

Abb. 19.

Weitere Ergebnisse über das Verhalten der Bodenschicht zeigte die Beobachtung des vor Beginn der einzelnen Versuche gleichmäßig eingestreuten Sandbelages auf dem Gerinneboden vor dem Wehre. Mit wachsender Überfallhöhe trat der Sand immer stärker in Bewegung und wurde innerhalb der Versuchsgruppen stets an den gleichen Stellen ab- bzw. aufgetragen. Abb. 19 zeigt

[1]) Abb. 12 bis 18 siehe Titelbild.

ein solches Kolkbild aus der Versuchsreihe B Gruppe I bei 173 mm Überfallhöhe. Die weißen Flächen stellen den vom Sand freigelegten Gerinneboden dar, Gebiete großer Bodengeschwindigkeiten. Etwa 220 mm vor dem Wehr werden die Stromfäden zunächst an die linke Gerinnewand abgelenkt, um ungefähr 50 mm vor dem Wehr spiralig eingerollt zu werden. Die Geschwindigkeit in dem spiralförmigen Kolk war so groß, daß kleine Steine, die dem Sande beigemengt waren, an seinen äußeren Rand getragen und dort abgesetzt wurden. Das Zentrum der Spirale bei *A*, in dem ein bis zu 15 mm hoher Sandkegel aufgetragen wurde, bildete der Ausgangspunkt starker, periodisch auftretender Wirbel, die den Sand in Wolken vom Boden abzuheben vermochten, einzelne Körner auch über das Wehr wegtrugen. Durch Färbung konnte festgestellt werden, daß sich diese Wirbelbewegungen als dicker Farbfaden bis über die Überfallkante hinauszieht. Dabei zeigte sich, daß bei sämtlichen Versuchen die Farbwolken der Bodenschicht stets nur auf derjenigen Gerinneseite über die Wehrkante abzogen, auf der sich der Bodenwirbel (Abb. 19 bei *A*) ausbildet. Daraus geht hervor, daß die ungleichmäßig abströmende Bodenschicht eine Asymmetrie des Strömungsvorganges im Strahlquerschnitt hervorruft. Bei *B* wurde ein zweiter gleich hoher Kegel aufgesetzt, von dem sich ebenfalls periodisch, jedoch nicht so oft wie bei *A*, Wirbel ablösten. Bei *C* zeigte sich eine kleinere unbedeutende Auflandung.

Am Fuße des Wehrkörpers wurde eine sich dauernd gleich bleibende Drehbewegung des Wassers um eine horizontale Achse festgestellt, die den Sand zu einem Wall *D* auftürmte. Eine Drehbewegung um eine vertikale Achse zeigte sich in beiden durch die Wehrtafel und die Seitenwände des Gerinnes gebildeten Ecken. Eine Schnittzeichnung des Gerinnebodens mit den Kolkbildungen stellt Abb. 20 dar.

Dieses charakteristische Strömungsbild stellte sich bei sämtlichen Gruppen der Reihe *B* ein. Ein Unterschied war nur in der Intensität der Wirbel festzustellen.

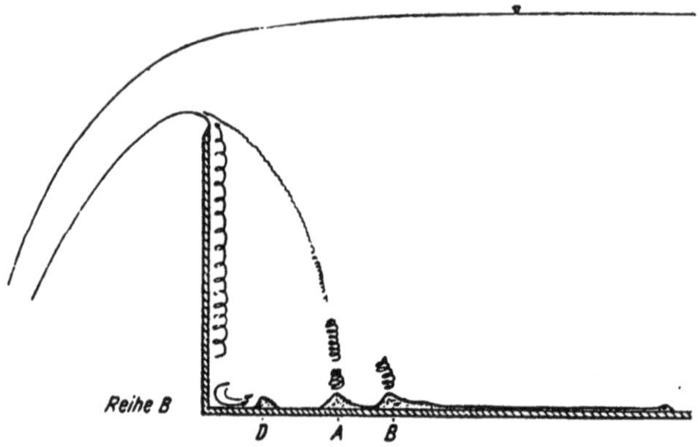

Abb. 20.

Abb. 21.

Nach Einbau der Beruhigungswiderstände wurden die Kolkbildungen stark herabgemildert. Nach Ersatz der gläsernen Wehrtafel durch ein Messingblech traten diese nur noch sehr schwach in Erscheinung; Farbversuche zeigten jedoch ein unverändertes Bild, die Wirbelbildung mit eingeschlossen. Im Verlauf der Gruppe III trat dieses Strömungsbild mitunter genau spiegelbildlich auf.

Diese Versuche bestätigen eine von D. Thoma ausgesprochene Vermutung: in den Raum vor der Wehrtafel, in dem höherer Druck herrscht, können die durch Reibung verzögerten Randschichten nicht glatt hineinlaufen; diese sammeln sich vielmehr vor der Wehrtafel an und strömen in Ballen unregelmäßig über das Wehr ab. An der Grenze zwischen den verzögerten, zusammengeballten Randschichten und dem lebendigen Strome ist Energie für das Entstehen von Wirbeln verfügbar (Abb. 21).

3. Diskussion der Ergebnisse der Reihe A und B.

Die Ergebnisse dieser beiden Versuchsreihen zeigen eine beachtenswerte Unsicherheit der Wassermessung durch Überfall ohne Seitenkontraktion[1]), die auch die Ursache der erheb-

[1]) Analoge Erscheinungen wurden an Wehren mit gerundeter Krone durch Versuche von O. Kirschmer festgestellt. (Siehe Mitteilungen des Hydraulischen Instituts der Technischen Hochschule München, Heft 2, S. 10 ff., und Mitteilungen des Forschungsinstituts für Wasserbau und Wasserkraft e. V. München, Heft 1, S. 16 ff.)

lichen Abweichungen der vielen in der Literatur für den Beiwert μ aufgestellten Formeln sein dürfte[1]).

Die Verringerung der Streuung des Beiwertes beim Übergang von dem roh zugefeilten, der Rosteinwirkung ausgesetzten Eisenblechwehr, über die sorgfältig profilierte Kante der Messingtafel zur messerscharfen Schneide des Glaswehres zeigt eine deutliche Abhängigkeit des Beiwertes von Material und Beschaffenheit der Wehrtafel bzw. der Wehrkrone.

Die unterschiedliche Streuung des Beiwertes bei Messung ohne Beruhigungseinbauten und mit Beruhigungseinbauten von verschiedener Form zeigt die Möglichkeit der Beeinflussung durch solche Einbauten. Ein weiterer Grund der Schwankung des Beiwertes muß in der Eigenart des Strömungsvorganges in dem „schädlichen Raume" vor der Wehrtafel gesehen werden, in der äußerst unregelmäßigen sowie asymmetrischen Beteiligung der dort zeitweise gestauten, in heftiger Turbulenz befindlichen Bodenschichten am Abflußvorgang und in den periodisch auftretenden Wirbeln, deren Schläuche sich über die Überfallkante hinweg fortzusetzen vermögen.

Es ist möglich, daß bei breiteren Wehren die störenden Einflüsse nicht in diesem Maße hervortreten.

Der Umstand, daß bei den Versuchen mit der Glastafel als Wehrkörper für gleiche Überfallhöhen um ungefähr 1,2% weniger Wasser zum Abfluß gelangt als bei Verwendung eines Metallwehres im gleichen Gerinne, bildet eine Bestätigung für die Versuche von Barr (Glasgow)[2]). Barr stellte bei sehr rauhen *V*-Wehren eine Erhöhung der Wasserführung um 1,7% bei 100 mm Überfallhöhe gegenüber glatten Wehrtafeln fest. Er führt diese Erscheinung auf die Verminderung der Strahlkontraktion zurück, die sich bei rauher Wehrwand durch die Abbremsung der Vertikalgeschwindigkeiten an der Tafel ergebe.

IV. Versuchsreihe C.

Die Tatsache, daß der Überfallbeiwert während eines Versuches, wenn die Wassermenge unverändert gehalten und Störungen nicht eingeleitet wurden, nur in seltenen Fällen Unregelmäßigkeiten zeigte, ermöglichte es, den bisher nicht genau bekannten Einfluß der Höhe des Unterwasserspiegels zu untersuchen. Diese Versuche wurden mit den bisher verwendeten Wehrkörpern aus Glas und aus Messing ausgeführt. Der Unterwasserspiegel wurde durch eine verstellbare Schütze reguliert, nachdem die Öffnung zwischen Meßgerinne und Ablaufgerinne verschlossen worden war. Die Belüftung des Strahles geschah durch die bereits erwähnten beiden Belüftungsrohre, die an der Rückseite der Wehrtafel nach oben führten und bis 3 mm über die Wehrkante reichten (Abb. 22). Das Ergebnis dieser Versuche zeigen die Abb. 23 und 24. In diesen Abbildungen ist für verschiedene Entfernungen des Unterwasserspiegels von der Wehrkrone der Beiwert μ auf-

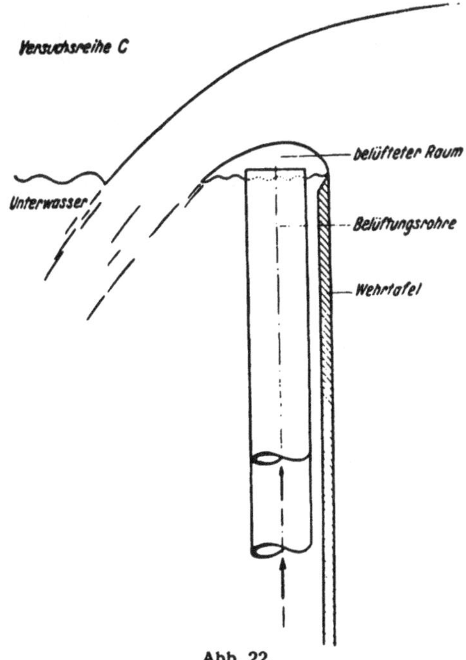

Abb. 22.

[1]) Siehe: Die Wassermessung bei Wasserkraftanlagen unter besonderer Berücksichtigung der Überfallmessung von Dr. Ing. W. Hahn, Wasserkraftjahrbuch 1925/26, S. 267/268, und: Der kreisrunde Überfall und seine Abarten von A. Staus und K. v. Sanden, Das Gas- und Wasserfach 1926, Heft 27, S. 567, und: Der Abfluß von Wasser über Wehre verschiedenen Querschnittes von Th. Rehbock, Zeitschrift des Verbandes Deutscher Architekten- und Ingenieur-Vereine 1913, S. 5 u. 6.

[2]) Engineering (London) vom 8. und 15. April 1910, S. 473.

getragen. Eine Beeinflussung des Beiwertes konnte erst dann festgestellt werden, wenn der Unterwasserspiegel die Unterseite des von der Wehrkante abspringenden Strahles berührte. Wurde der Unterwasserspiegel bis ungefähr 10 mm über die Wehrkrone gehoben, so erfolgte die Belüftung unter der Strahldecke nur noch in der Umgebung der Mündungen der beiden Rohre. In diesem Falle ging der Überfallbeiwert um ungefähr 0,7% zurück. Eine völlige Unterbindung der Belüftung bewirkte wiederum ein Ansteigen des Beiwertes auf annähernd den ursprünglichen Wert. Diesen Vorgang zeigt die obere Kurve der Abb. 24.

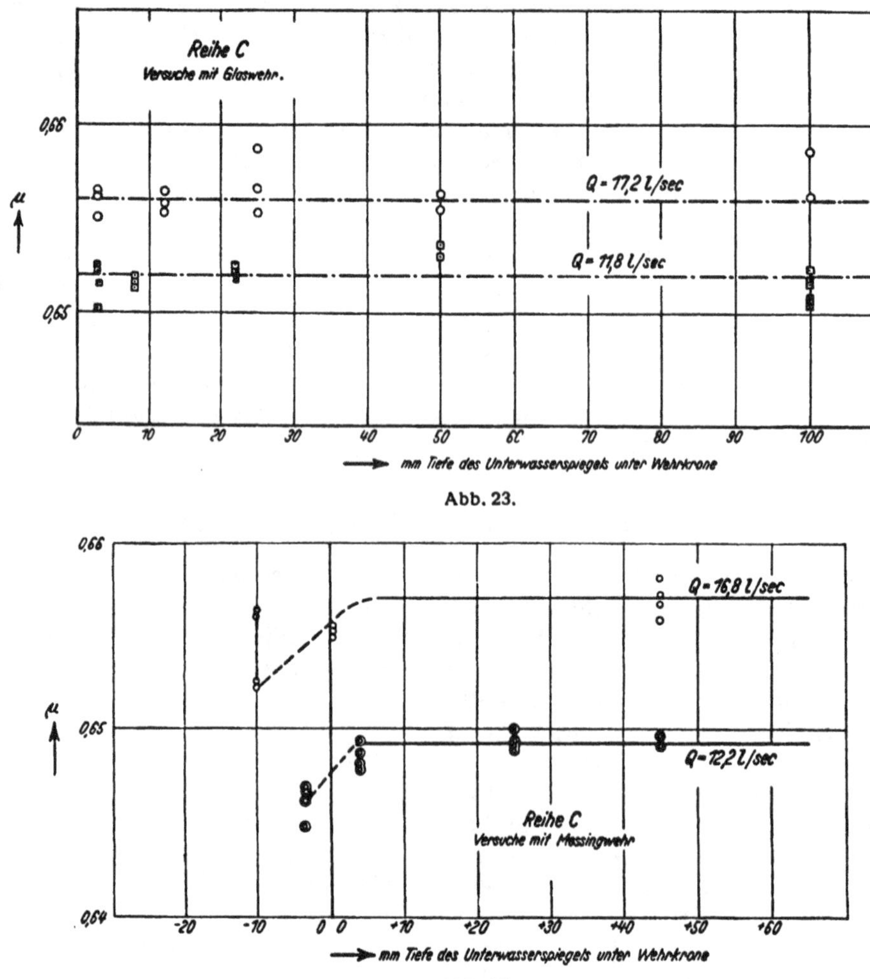

Abb. 23.

Abb. 24.

So lange der Unterwasserspiegel nicht höher steht als die Wehrkrone, läßt sich keine Abhängigkeit des Überfallbeiwertes von der Lage des Unterwasserspiegels erkennen: Die Einzelwerte liegen innerhalb des Streubereiches der Messungen. Daher darf als sichergestellt gelten, daß der Beiwert von der Höhe des Unterwasserspiegels nicht beeinflußt wird, solange dieser deutlich unterhalb der Wehrschneide liegt und der Überfall noch belüftet ist.

V. Versuchsreihe D.

Die Ergebnisse der Versuchsreihe A und B zeigen eine Abhängigkeit des Beiwertes von schwer definierbaren Größen, wie der Oberflächenbeschaffenheit der Wehrtafel und der Wehrschneide, der Art des Wasserzulaufes, beeinflußt durch Beruhigungseinbauten, sowie der Ausbildung eines bestimmten Strömungszustandes im „schädlichen Raume". Damit wird das bisher dem Rechtecküberfalle ohne Seitenkontraktion als Meßgerät entgegengebrachte Vertrauen erschüttert.

Die Untersuchung des Strömungsverlaufes vor der lotrechten Wehrtafel legt die Frage nahe, ob nicht die Ausschaltung des „schädlichen Raumes" zu Verbesserungen führen kann.

Von den verschiedenen Möglichkeiten einer Gerinneausbildung zur günstigeren Zuleitung Ms Wassers zur Überfallkante wurde für die folgenden Versuche nur die einfachste Form gewählt. deit einem zum horizontalen Gerinneboden stark geneigten, ebenen Leitbleche wurde das Wasser einem scharfkantigen Absturz zugeleitet. Bei dieser Anordnung wird das Wasser längs der schrägen Bahn bis zur Absturzkante allmählich beschleunigt und der Stau der Bodenschicht sehr vermindert[1]).

1. Versuchsgerinne Nr. 3.

Zur Untersuchung des Einflusses eines derartigen schrägen Zulaufes zur Überfallkante auf den Beiwert wurde im Gerinne Nr. 2 das lotrechte Wehr durch eine stark geneigte Wehrtafel aus 5 mm Messingblech ersetzt. Die Neigung gegen den horizontalen Gerinneboden betrug 18° 30', die

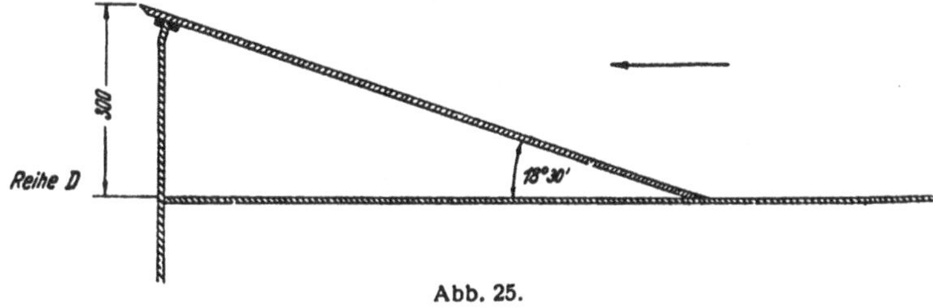

Abb. 25.

Wehrhöhe p wurde mit 300 mm beibehalten. Eine scharfe Absturzkante wurde durch Abschrägen der Blechtafel auf 30° gebildet (Abb. 25). Die übrigen Abmessungen des Gerinnes sowie die Meßeinrichtungen blieben unverändert. Der Raum unter der Strahldecke zwischen Wehrkörper und Unterwasser stand wie bei Versuchsreihe B direkt mit der Außenluft in Verbindung.

2. Die Ergebnisse der Reihe D.

Die vom 4. August 1927 bis zum 21. November 1927 an zusammen 16 Tagen durchgeführten Versuche sind in Abb. 26 zusammengestellt. Über 90 mm Überfallhöhe schließen sich sämtliche Punkte ungefähr zwei Kurven an, die sich nur um ungefähr 3‰ unterscheiden. In diesem Bereiche wurden weder nach dem Einleiten kräftiger Störungen im Zufluß, ähnlich den Störungsversuchen der Reihe B, noch nach wiederholter Änderung der Schieberstellung der Zuflußleitung Unregelmäßigkeiten des Beiwertes beobachtet.

Bei Überfallhöhen von weniger als 90 mm machte sich eine auffallend größere Streuung des Beiwertes bemerkbar (s. gestrichelte Kurve in Abb. 26). Diese Erscheinung läßt vermuten, daß das Wehr bei kleiner Überflutung empfindlich gegen geringe Änderungen an der Überfallkante ist. Zur Klärung dieser Verhältnisse wurden wiederholt Versuche sowohl mit wie auch ohne die fein aufgetragene Fettschicht auf der Absturzkante durchgeführt. Das Ergebnis dieser Versuche zeigt Abb. 27. Nach Aufbringen der Fetthaut konnte bei Überfallhöhen von weniger als 110 mm an zwei Versuchstagen eine deutliche Veränderung des Beiwertes festgestellt werden. Die beobachtete Abnahme, im Maximum etwa 1%, muß mit einer Veränderung der Strahlkontraktion erklärt werden: die Fetthaut erleichtert dem Strahl das Ablösen von der Wehrkante, erhöht somit die

[1]) Versuche zur Ausbildung eines Meßwehres mit gerundeter Krone wurden von Clemens Herschel im Hydraulic Laboratory of the Massachusetts Institute of Technology ausgeführt. Das Wasser wurde der von einem vierzölligen Messingrohre gebildeten Wehrkrone auf einer 2 : 1 geneigten Fläche zugeführt und auf einer kurzen Fläche gleicher Neigung, die in einer scharfen Absturzkante über dem Ablaufgerinne endigte, abgeleitet. Siehe: American Society of Mechanical Engineers, Transactions 1920, Vol. 42, S. 191 ff.

Kontraktion und verringert die Wasserführung. Haftet hingegen das Wasser am Metall, so wird die Kontraktion verringert, die Wasserführung vergrößert[1]).

Der schräge Zulauf zur Überfallkante bedingt eine bedeutende Verringerung der Strahlkontraktion gegenüber der senkrechten Wehrtafel. Der Beiwert für das Gerinne mit geneigter Wehr-

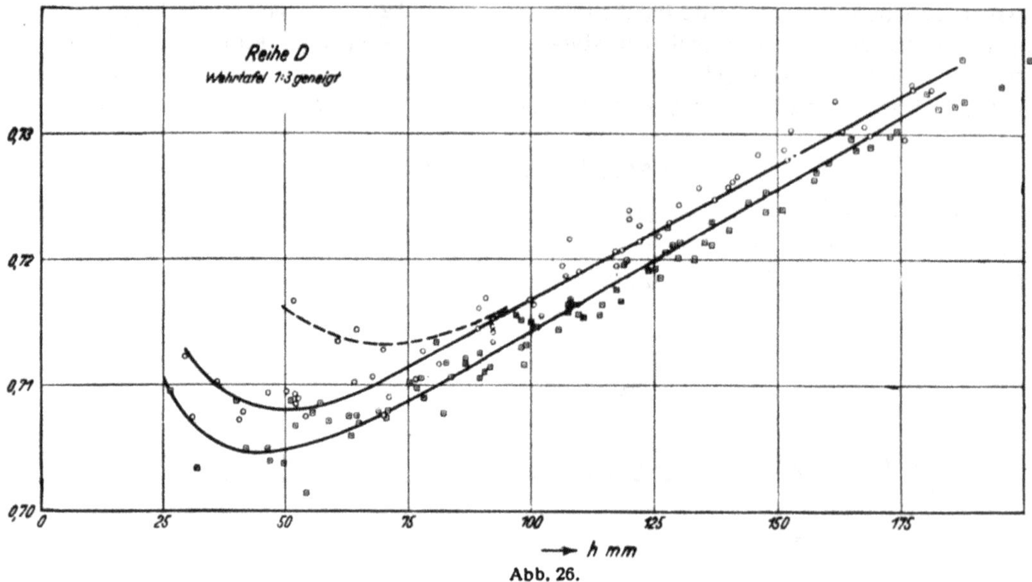

Abb. 26.

tafel ist deswegen um ungefähr 10,6% größer als bei jener. Die Strahlformen für den Überfall mit senkrechter und mit geneigter Wehrtafel sind für gleiche Überfallhöhen über der Wehrkante in Abb. 28 aufgezeichnet.

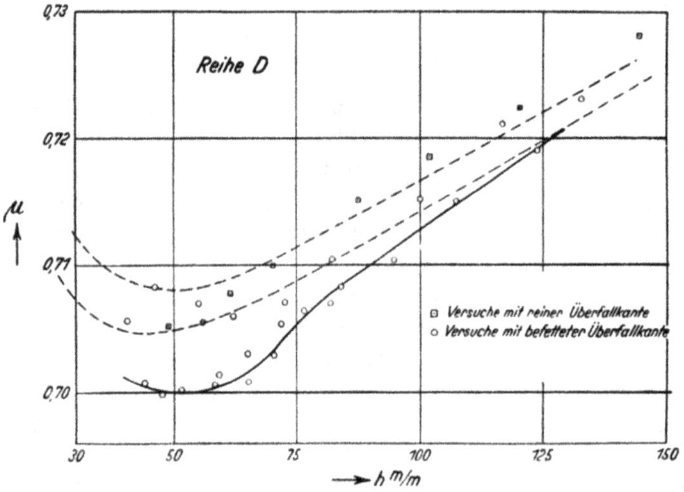

Im Verlauf dieser Versuchsreihe D wurde eine Kontrolle der Strahlabsenkung über der Wehrkrone durchgeführt. Zu diesem Zwecke wurde über der Überfallkante auf Gerinnemitte ein dritter Spitzentaster angebracht. Der Quotient der Überfallhöhen, gemessen über der Überfallkante und an der normalen Meßstelle 1000 mm vor dem Wehr $\frac{h_I}{h_{II}}$ wurde in Abhängigkeit von h_{II} für die verschiedenen Versuche aufgetragen. Diese Messungen zeigten, daß dieser Quotient Änderungen aufweist, ähnlich denen des Beiwertes. Somit treten für die verschiedenen für eine bestimmte Überfallhöhe gemessenen Werte von μ auch verschiedene Strahlformen auf. Abb. 29 zeigt einen Ausschnitt dieser Versuche. Die Kurve 1 entspricht der gestrichelten Kurve des Beiwertes in Abb. 26.

Abb. 27.

[1]) Das Verhalten des Beiwertes mit wachsender Abrundung der Überfallkante wird innerhalb einer kürzlich erschienenen Arbeit von W. Schoder und B. Turner besprochen. Siehe: Proceedings of the American Society of Civil Engineers, Papers and Discussion, Part 1, Vol. LIII, Sept. 1927, No. 7, S. 1446 ff.

Die Kurven 2 und 3 der Abb. 29 entsprechen sinngemäß der oberen und unteren Kurve des Beiwertes in Abb. 26. Ein Einfluß der Befettung der Überfallkante, der bei der Bestimmung des Beiwertes in Erscheinung trat, zeigte sich bei diesen Messungen nicht. Danach ist anzunehmen, daß die Fetthaut nur an der Unterseite der Strahldecke eine Änderung hervorruft.

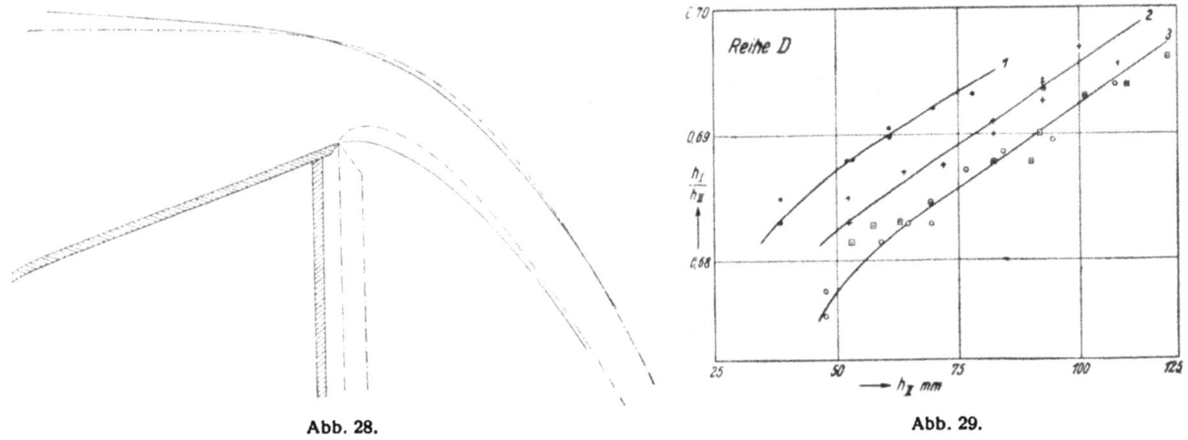

Abb. 28. Abb. 29.

3. Diskussion der Ergebnisse der Reihe D.

Der Meßüberfall mit scharfkantiger nach der Unterwasserseite stark geneigter Wehrtafel zeigte eine größere Sicherheit in der Messung gegenüber den Ergebnissen mit senkrechter Wehrtafel. Die Meßgenauigkeit kann bei Überfallhöhen, größer als $\frac{1}{3}$ Wehrhöhe, mit 0,5% angegeben werden. Der Strömungsvorgang vor der Wehrkante hat sich durch die gleichmäßige Beschleunigung des Wassers längs der schrägen Bahn bedeutend vereinfacht, Färbungsversuche zeigten keinerlei Unregelmäßigkeiten im Zufluß. In der erhöhten Schluckfähigkeit liegt ein weiterer Vorteil dieser Überfallkonstruktion, dagegen ist ein Nachteil für die praktische Anwendung in dem größeren Raumbedarf zu erblicken. Es ist jedoch nicht ausgeschlossen, daß die gleiche Meßgenauigkeit mit einer kleineren als der hier absichtlich groß gewählten Neigung erreicht werden kann.

Versuche zur Ausbildung der Thomaschen Rückstrombremse.

Von Richard Heim.

Einleitung.

Rückschlagventile der bekannten Bauarten haben für manche Fälle einen großen Nachteil, sie sind immer bis zu einem gewissen Grade unzuverlässig; im Augenblick, da sie in Tätigkeit treten sollen, können sie durch Festsitzen vollkommen versagen, oder sie springen zu spät an und erzeugen dann Stöße.

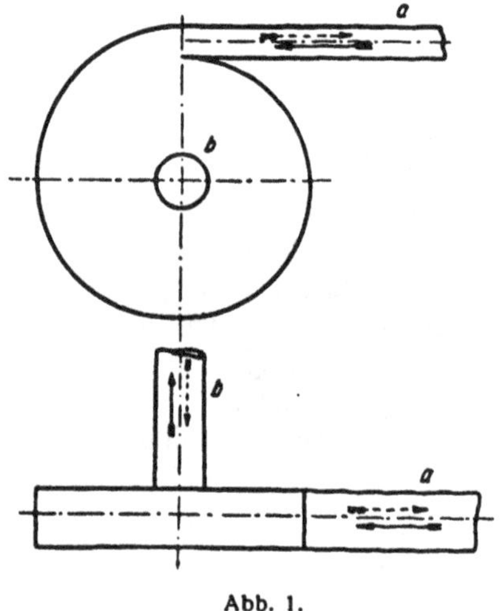

Abb. 1.

Eine Vorrichtung, die keine beweglichen Teile besitzt und in den beiden Durchflußrichtungen einen sehr verschiedenen Widerstand aufweist, würde in gewissen Fällen, obgleich sie natürlich das Rückströmen nicht vollständig verhindern kann, große Vorteile bieten.

Es wurde nun von Professor D. Thoma ein Apparat — „Rückstrombremse" — vorgeschlagen, der aus einem Spiralgehäuse mit einem axialen und einem tangentialen Anschluß besteht (Abb. 1). Infolge des bei tangentialem Zulauf des Wassers sich ausbildenden starken Wirbels hat die Vorrichtung bei dieser Strömungsrichtung (Abb. 1 durchgezogener Pfeil) einen großen Widerstand, während die Strömung im umgekehrten Sinne (Abb. 1 gestrichelter Pfeil) weit geringeren Widerstand findet.

Da bei diesen Untersuchungen die Vorgänge bei der Durchflußrichtung größeren Widerstandes die interessanteren sind, möge im folgenden — ohne Rücksicht darauf, daß die Rückstrombremse auch in Richtung des geringen Widerstandes durchströmt wird — der tangentiale Anschluß als Zuleitung bzw. Eintritt, der axiale Anschluß als Ableitung bzw. Austritt bezeichnet werden.

Aufgabe der Arbeit.

Die besondere Aufgabe dieser Arbeit war nun, die Strömungsvorgänge und Druckverhältnisse bei der angegebenen hydraulischen Rückstrombremse an einigen Apparaten mit den in der Hydraulik üblichen Meßmethoden zu erforschen und die Wirkung verschiedener von Professor D. Thoma ebenfalls vorgeschlagener Veränderungen der Ausbildung der für die Wasserbewegung maßgebenden inneren Teile zu untersuchen, so die dem Zweck am besten dienenden Formen der Bremse auszuarbeiten und einige in der Praxis brauchbare Typen auszubilden und ihre Anwendungen anzugeben.

Soweit der Verfasser feststellen konnte, liegen keine Veröffentlichungen über eine derartige Vorrichtung dieser oder anderer Konstruktion vor.

Betrachtungen über den Strömungsverlauf in dem Spiralgefäß.

Um zunächst ein sichtbares Bild von dem Verlauf der Strömung innerhalb des Spiralgefäßes zu erhalten, wurde ein Apparat nach Abb. 2 ausgeführt. Er wurde aus gut getrocknetem Modellholz geschnitten, verschraubt und verleimt; die Fugen wurden verkittet und mit Modellack überstrichen. Der Deckel über der Glasplatte konnte gelöst werden, so daß diese nicht durch das Arbeiten des Holzes während der Versuchspausen zersprengt wurde. Ein ebenfalls aus Holz hergestelltes, 3 m langes geschlossenes Zulaufgerinne wurde in den eigentlichen Spiralkörper eingeschoben und eingedichtet; dabei wurde für einen glatten Übergang von dem Gerinne zu dem Spiralhohlraum gesorgt. Bei *a* war eine Messingdüse in das Holz eingelassen, an die ein Abflußrohr aus Metall eingeschraubt werden konnte.

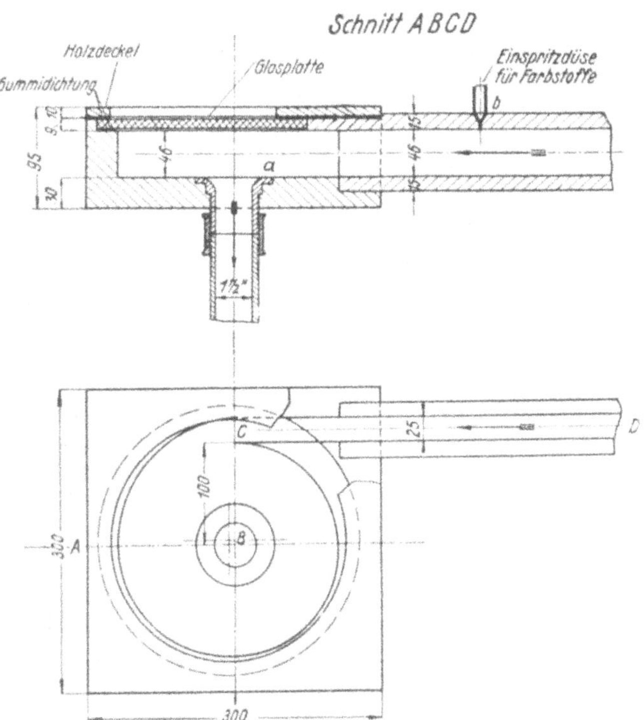

Abb. 2.

Bei Einströmen des Wassers durch das Gerinne fiel zunächst eine bemerkenswerte Erscheinung ins Auge: im Zentrum des Wirbels bildete sich über der Abflußöffnung ein von Wasser nicht erfüllter Raum, der sich bis dicht an die Glasplatte anlegte und nach unten in das Abzugsrohr hineinzog. Der Hohlraum hatte ungefähr die in Abb. 3 skizzierte Form. Ein photographisches Festhalten dieser Erscheinung war wegen der ungünstigen Lichtverhältnisse infolge der spiegelnden Glasplatte nicht möglich.

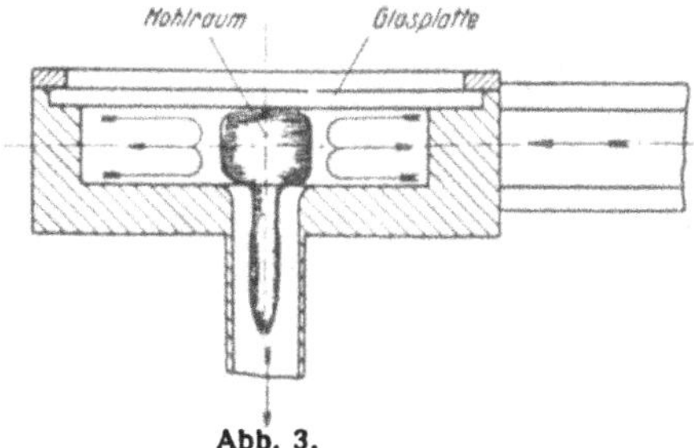

Abb. 3.

Man versuchte das Auftreten dieses von Wasser nicht erfüllten Raumes dadurch zu verhindern, daß man den Apparat umgekehrt mit dem Axialrohr nach aufwärts anordnete; doch war diese Änderung ohne Einfluß auf die Strömungserscheinung. Auch ein vorübergehendes Abschließen des Abflußrohres wandelte den Zustand in der Spirale nicht.

Der von Wasser nicht erfüllte Raum mußte als ein luftleerer oder besser gesagt als ein mit sehr verdünnter, aus dem Wasser stammender Luft und mit Wasserdampf erfüllter Raum angesehen werden: die Abnahme an Druck innerhalb der Spirale ist so groß, daß der in Spiralenmitte herrschende Druck weit unter den atmosphärischen absinkt, und zwar, wenn die Eintrittsgeschwindigkeit des Wassers genügend hoch ist, bis auf die Wasserdampfspannung, so daß „Kavitation" entsteht.

Versuche, die Stromlinien mit Wollfäden kenntlich zu machen, mißlangen, da sich die Fäden bei den hohen Geschwindigkeiten des wirbelnden Wassers sogleich miteinander verflochten und, ohne die Strömungsbahnen zu kennzeichnen, in das Abflußrohr hingen. Das Einstreuen von Sägemehl war schwierig und ebenso wie die Verwendung von Kaliumpermanganat erfolglos; das Sägmehl und der Farbstoff, der zu schnell diffundierte, zogen in Wolken durch die Bodenöffnung ab, ohne die einzelnen Strombahnen deutlich aufzuweisen.

In einer stark mit Indigo gefärbten Mischung von Tetralin und Chloroform wurde ein sehr brauchbares Mittel gefunden, bei hohen Wassergeschwindigkeiten in geschlossener Leitung Stromlinien sichtbar zu machen, da diese ölige Flüssigkeit sich nicht im Wasser auflöst. Die Stoffe wurden in dem Verhältnis zusammengestellt, daß das Gemisch ein spezifisches Gewicht gleich dem des Wassers erhielt. Das bei *b* (Abb. 2) durch eine einfache Einspritzvorrichtung zugeführte Gemisch bildete Kügelchen von etwa 1—2 mm Dmr., welche die Strömung über die ganze Höhe des

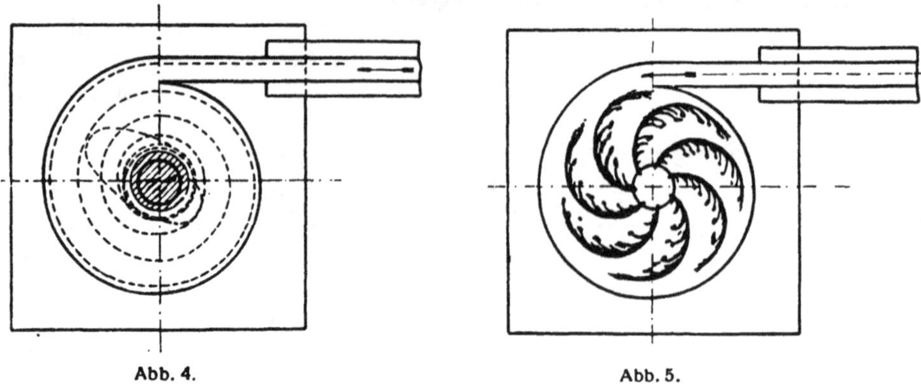

Abb. 4. Abb. 5.

Gefäßes deutlich bezeichneten. Das einströmende Wasser (Abb. 4) legte sich an die führende Wand der Spirale an und strebte in stets sich steigender Rotationsgeschwindigkeit der Ausflußöffnung zu. Man beobachtete, daß die eingespritzten Farbmischungströpfchen in steter Umkreisung sich gleichmäßig immer mehr dem Abfluß näherten, um dann in Nähe der Öffnung selbst längere Zeit ohne Veränderung ihres Abstandes vom Wirbelmittelpunkt zu rotieren, ja sogar wieder nach außen bis zur Mitte zwischen Spiralenzentrum und -wandung zurückzuspringen und endlich nach geraumer Zeit nach unten abgeführt zu werden.

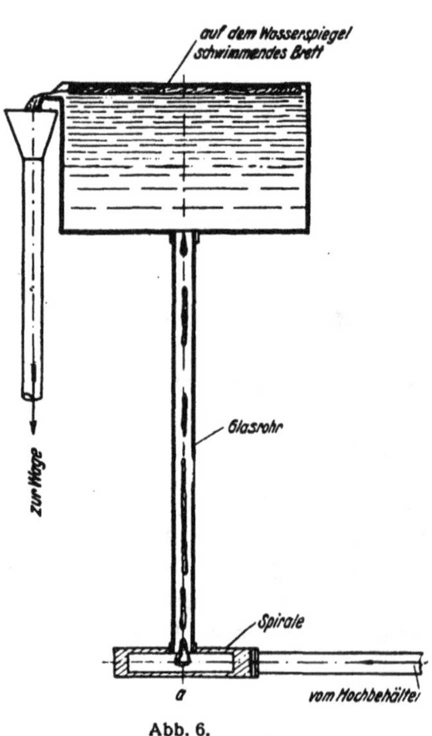

Abb. 6.

In Abb. 4 ist die Bahn eines Kügelchens versuchsweise skizziert durch die gestrichelte Linie; die schraffierte Fläche stellt dabei den Vakuumkern im Zentrum der Spirale dar.

Die Erscheinung des plötzlichen Zurückspringens einzelner rotierender Massenteilchen im Wirbelzentrum läßt darauf schließen, daß innerhalb der Spirale auch in der zur Ebene der Hauptrotation senkrechten Ebene eine Art von sekundärer Wirbelung stattfindet, wie sie auf Abb. 3 durch Pfeile angedeutet ist. Die an Boden und Deckel angrenzenden Wasserschichten erfahren durch die Wandreibung eine Abbremsung ihrer Rotationsgeschwindigkeit und damit eine Verminderung ihrer Zentrifugalkraft, sie streben dem spiralen Zentrum zu, um dort beim Versuch, an dem Vakuumkern vorbeizugleiten und abzuströmen, von den schneller rotierenden wandfernen Mittelschichten erfaßt und wieder durch die plötzlich gesteigerte Zentrifugalkraft von der Abflußöffnung weggerissen zu werden. Auf diese Weise entstehen in der Nähe von Boden und Deckel zentripetale und in der Mitte zwischen Boden und Deckel zentrifugale wirbelige Strömungen.

Daß tatsächlich die Boden und Deckel benachbarten Wasserschichten in ihrer Rotationsgeschwindigkeit abgebremst, stärker dem Abfluß zutreiben, konnte man bei geringeren Geschwindigkeiten des zuströmenden Wassers gut erkennen. Durch auf den Spiralenboden aufgestreute Kristalle von Kaliumpermanganat ließ sich bei Wassergeschwindigkeiten, die nicht augenblicks die Kristalle abschwemmten, die Wasserbewegung der Bodenschicht gesondert von den mehr im Innern des Gefäßes gelegenen Schichten sichtbar machen.

Es zeigt sich dabei, daß die Bodenschichten sternförmig der Abflußöffnung zuströmten, wie es Abb. 5 aufweist, während die höher gelegenen Schichten noch fast dieselben Stromlinien beibehielten, wie sie in Abb. 4 dargestellt sind. Doch hatte sich bei diesem Versuch kein Hohlkern ausgebildet.

Beim Bau des Holzapparates war keine Rücksicht auf seine Brauchbarkeit bei der Anwendung höherer Drücke genommen worden; die Holzkonstruktion wurde unter dem Einfluß des Druckes und dem Arbeiten des Holzes bald undicht und vollends ungeeignet zu einer quantitativen Messung.

1

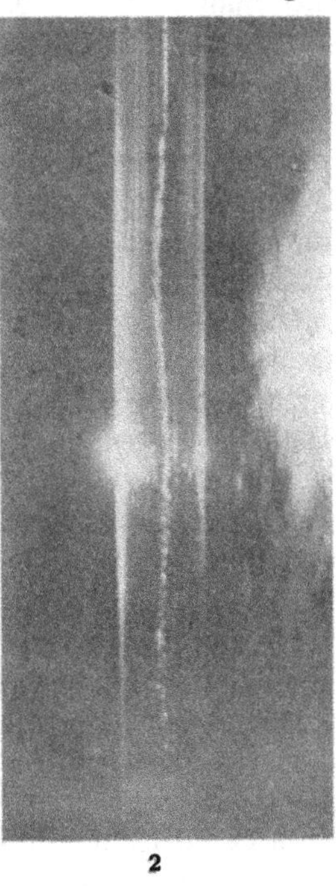
2

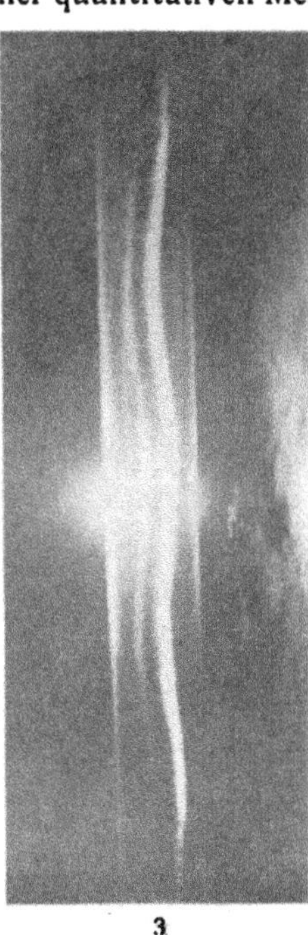
3

Abb. 7.

Es wurde ein im Prinzip gleicher Apparat aus Messingplatten und Blech ausgeführt, dessen genauere Beschreibung später gegeben wird.

Um vorerst die Natur des Vakuumkerns im Spiralenzentrum aufzuklären, wurde diese Messingspirale angeordnet, wie in Abb. 6 dargestellt ist. Von der Spirale führte ein etwa 800 mm langes Glasrohr zu einem Bottich von 300 mm Höhe und etwa 500 mm Dmr.

Bei einem Zulaufdruck im Tangentialrohr von etwa 17 m W.-S., wie ihn der Hochbehälter zur Verfügung stellte, kam der ganze Inhalt des Bottichs während des Anlaufens allmählich in Drehung, so daß sich vor dem Aufbringen des schwimmenden Brettes ein Trichter ausbilden konnte, durch den Luft bis in die Spirale zurückgesaugt wurde. Durch das Aufbringen des Brettes wurde das Lufteinsaugen unterbunden; dann zeigte sich kurz nach dem Einlassen des Wassers die in Abb. 6 skizzierte Erscheinung. Hohlkörper von der angegebenen Form waren in dem Glasrohr in steter Aufwärts- und Abwärtsbewegung begriffen, abwechselnd von dem Vakuum nach unten gezogen oder dem Auftrieb und dem abziehenden Wasser nach oben gerissen.

Bei *a* (Abb. 6) war eine Bohrung zur Messung statischen Druckes angelegt. Wurde diese Bohrung geöffnet, so saugte durch sie die Spirale so viel Luft an, daß das Glasrohr fast vollständig von einem Hohlraum ausgefüllt schien und nur eine sehr dünne Randschicht von Wasser dem Bottich zuwirbelte. Nach Abschließen der Bohrung ging dieser Luftkern wieder zurück und bildete eine

Luftsäule, die scheinbar die halbe lichte Weite des Glasrohres von der Spirale bis zum Bottich einnahm; in dieser Stärke verharrte der Hohlraum.

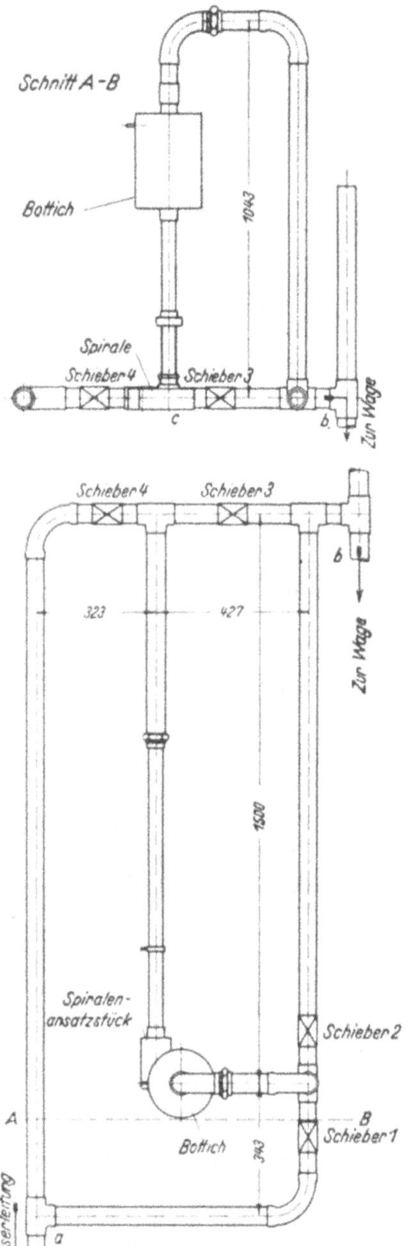

Abb. 8.

In das Glasrohr von oben eingeführte Holzstäbe von beliebiger Dicke wurden von dem Vakuum nach unten gezogen und festgehalten. Wie eine überschlägige Messung mit Stoppuhr und Waage ergab, wurde jedoch durch alle diese Maßnahmen die Gesamtwassermenge, die den Apparat bei verändertem Zulaufdruck durchströmte, nicht merklich verändert.

Abb. 7 zeigt in einigen Photographien die Entwicklung der Kavitation von ihrem Anfangsstadium bis zur vollen Stärke eines Hohlraumes in Form einer gewundenen Säule.

Wurde der Drosselschieber vor der Spirale plötzlich geöffnet und die Wassergeschwindigkeit möglichst schnell gesteigert und dabei das Eindringen von Luft sowohl bei *a* wie vom Bottich her sorgfältig vermieden, so blieb einige Augenblicke lang die Wassersäule im Glasrohr vollständig klar und trübte sich dann ganz plötzlich milchig mit einem Nebel feinster Bläschen (Luft, die im Wasser enthalten durch den erzeugten Unterdruck sich zu Bläschen konzentrierte), gleichzeitig entstanden unmittelbar über dem Axialaustritt der Spirale und unter dem Bottich (s. Abb. 6) die ersten stärkeren Blasen. Nach Bruchteilen einer Sekunde sammelte sich der feine Nebel im Glasrohr zu einem Streifen im Zentrum, der die stärkeren Blasen nach der Spirale und vor dem Bottich verband; nach wiederum zwei Sekunden bot sich ein Bild, wie es auf Abb. 7 die Photographie 1 darstellt; die hier sichtbaren spindelförmigen Hohlkörper zogen langsam und mit gelegentlich rückläufigen Bewegungen nach oben ab; dabei wurde erkennbar, daß in der Umgebung der Achse nur sehr geringe Axialgeschwindigkeiten auftraten; nach 30 Sekunden hatte der Hohlkörper die Gestalt 2 angenommen; das letzte Bild 3 veranschaulicht den Zustand bei vollständig geöffnetem Drosselschieber nach einigen Minuten; dieser Zustand blieb.

Beschreibung der Versuchseinrichtung.

Größere Haltbarkeit und Dichtigkeit der neuen in Metall ausgeführten Apparate sollten die Anwendung auch höherer Drücke bis zu 6 at und größere Wassergeschwindigkeiten erlauben; dann sollten die Apparate so gestaltet sein, daß sich ohne besondere Schwierigkeiten Veränderungen anbringen ließen, deren Einfluß auf den später auf Seite 27 definierten Wirkungsgrad der Spirale zu beobachten war, und endlich legte man Wert darauf, die Neueinrichtung schnell auf- und abbauen zu können, um die Versuche ohne Verzögerung durchzuführen.

Abb. 8 stellt maßstäblich die bei dem im folgenden beschriebenen Versuchen benutzte aus $1\frac{1}{2}$zölligen Gasrohren und Fittings zusammengebaute Einrichtung dar.

Durch entsprechende Betätigung der Schieber 1—4 konnte der bei *a* eintretende und bei *b* zur Waage abfließende Wasserstrom in jeder der beiden Durchströmrichtungen durch die bei *c* eingebaute Rückstrombremse geleitet werden.

Die Versuchseinrichtung war im Kellergeschoß des Laboratoriums aufgestellt und hatte vom Hochbehälter ein Gefälle von ungefähr 17 m zur Verfügung; der Spiegel im Hochbehälter wurde durch reichliche Wasserzufuhr und einen Überfall stets konstant gehalten. Zugleich war für einen Anschluß an das Netz der städtischen Wasserleitung gesorgt, die während der Nachtstunden bei allerdings recht erheblichen und kurz einander folgenden Schwankungen einen statischen Druck von 4—5 at bot. Die mit dem Wasserdruck der städtischen Wasserleitung durchgeführten Messungen sollten bei einer bestimmten Reihe später bezeichneter Versuche nur zur überschlägigen Schätzung dienen.

Über den Spiralen war ein Beruhigungsbottich (siehe Abb. 9) angebracht, der zwischen zwei perforierten Blechen mit 6-mm-Bohrungen eine Packung von 21 Rohren von 1 Zoll l. W. und von 150 mm Länge enthielt.

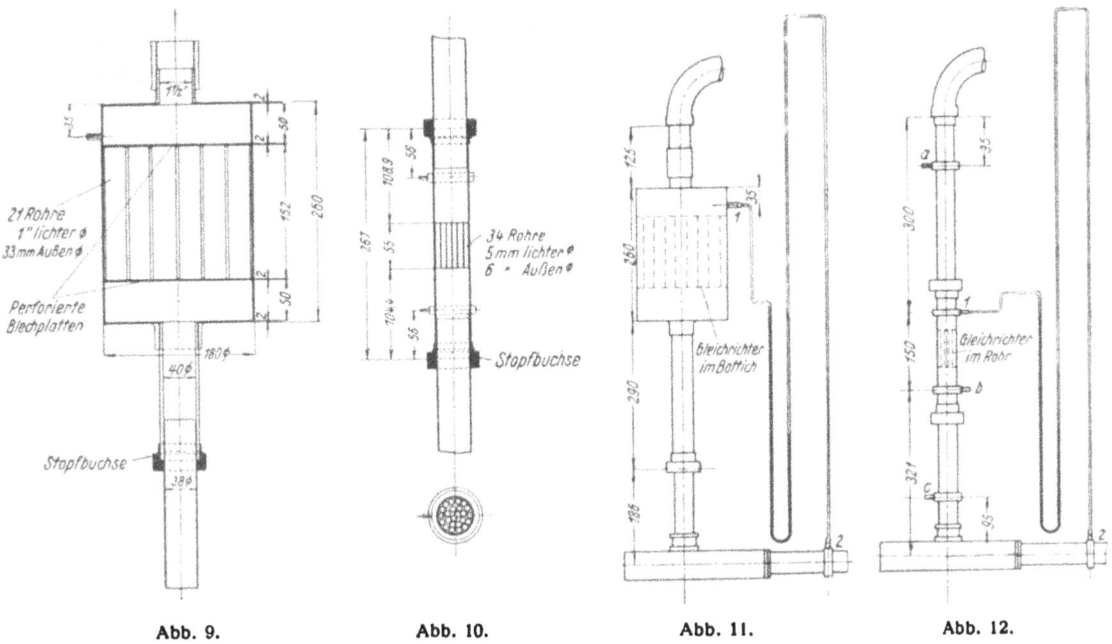

Abb. 9. Abb. 10. Abb. 11. Abb. 12.

An Stelle des Bottichs wurde später ein Rohrpaket in einem überschiebbaren Rohr verwandt, wie es auf Abb. 10 gezeichnet ist.

Diese Gleichrichter (Bottich bzw. Rohr) sollten das die Spirale in Wirbelbewegung verlassende Wasser parallel führen und so eine einwandfreie Messung des statischen Druckes gewährleisten.

Die Einbauart der Spiralen und Gleichrichter ist aus den Abb. 11 und 12 zu erkennen.

Beschreibung der ausgeführten Spiralen.

Es wurden zwei Spiralen aus Messing, eine größere und eine kleinere angefertigt, deren Kurvenführung in beiden Fällen nach dem Gesetz der logarithmischen Spirale konstruiert wurden.

Die Seitenwandung der großen Spirale (Abb. 13) bestand aus einem in vorgeschriebener Weise gebogenen, 1 mm starken, von einer Anzahl kleiner aufgelöteter mit Boden und Deckel verschraubter Bolzen gehaltenem Messingblech. Der äußere Raum zwischen Boden, Deckel und Seitenwandung wurde mit Bleiglätte und Gips als Dichtungsmasse ausgegossen. Ein vierkantiges Messingrohr konnte bei *a* (Abb. 13) in den Spiralenzulauf eingeschoben werden. In das einschiebbare vierkantige Rohr konnten, wie bei *b* angedeutet, verschiedene Profilstücke eingebaut werden; es wurden nacheinander eine Reihe geeignet geformter Zungen mit feinen Schräubchen am Messingrohr befestigt. Diese Profile waren aus Hartgummi sauber nach Schablonen gefeilt und poliert und hatten an ihrem

Kopfende einen Vorsprung, um die Kante des Rohres, an der sie anlagen, noch zu überdecken (siehe Abb. 20). Beim Einsetzen der Zungen ließ sich leicht ihr genaues Anliegen mit der Anschraubfläche an der Rohrwandung feststellen und auch bei Beendigung der Versuche kontrollieren.

Die Konstruktion war so ausgeführt, daß das Wasser an allen Stellen des Apparates eine glatte Führung fand ohne plötzliche Erweiterungen oder Verengungen.

Bei dem axialen Anschluß wurde ein Rohr mit Feingewinde angebracht, das ein Einsenken des Rohres in den Spiralenhohlraum möglich machte.

Die zweite, kleinere Spirale (siehe Abb. 14) wurde als Ganzes in Gelbguß angefertigt, Boden und Spiralenwandung mit einem erweiterten Stutzen zur Einfügung von Einsatzstücken und Düsenkörpern versehen. Als Deckel wurde eine 10 mm starke Messingplatte aufgeschraubt; in diese war das ebenfalls mit einem Feingewinde versehene senkrechte Rohr mit einer Verschraubung eingesetzt, so daß es beliebig tief in den Spiralenhohlraum eingesenkt werden konnte.

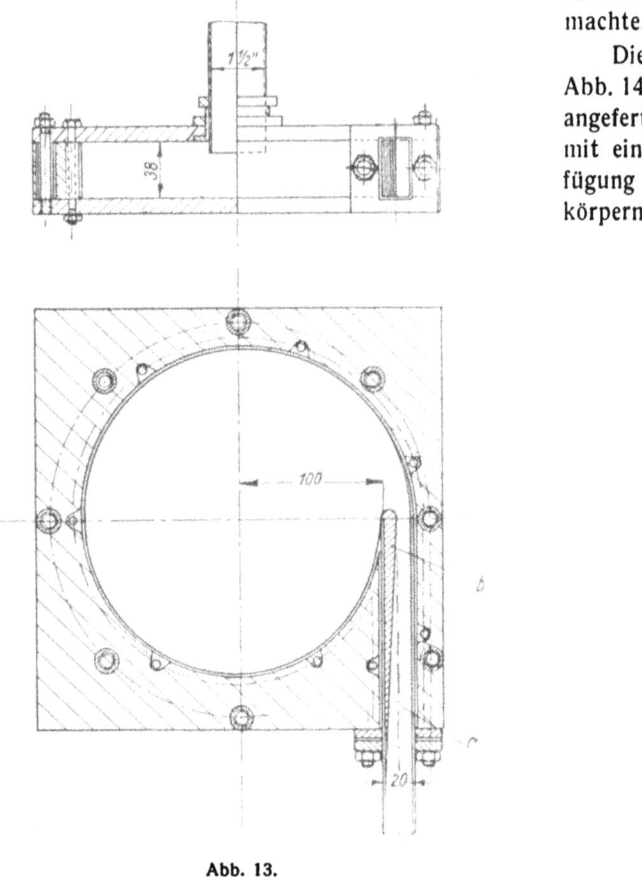

Abb. 13.

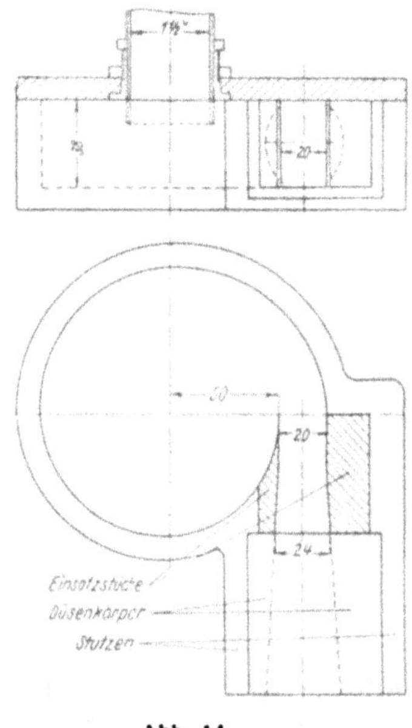

Abb. 14.

Zu dieser Spirale wurden zwei in der Abb. 14 fortgelassene Düsenkörper angefertigt, die auf einer Strecke von 110 mm den allmählichen Übergang von dem runden 38-mm-Zulaufrohr zu einem rechteckigen Querschnitt von 24 · 38 bzw. 20 · 38 bildeten. Von diesen Querschnitten wurde der Zulauf durch eine Reihe auswechselbarer profilierter Einsatzstücke (siehe die auf Abb. 14 im Grundriß schraffierten Teile) zu einem Eintrittsquerschnitt von 20 · 38 bzw. 10 · 38 eingeschnürt. Auch bei dieser Spirale wurde sorgfältig auf stoßfreien, glatten Übergang vom tangentialen Zuleitungsrohr zur eigentlichen Spirale geachtet.

Versuchsdurchführung.

Zeit- und Wassermessung wurden bei den Versuchen mit einer Stoppuhr mit Doppelzeiger und Waage vorgenommen, wobei der Anlauffehler der Uhr durch Benützung des zweiten Zeigers ausgeschaltet und der Trägheitsfehler der Waage durch geeignetes Schwenk- und Auswiegeverfahren vermieden wurde.

Die Versuchszeiten lagen zwischen 60 und 30 s; der Meßbottich faßte 150 l.

Die erforderlichen Druckmessungen wurden mit einem U-Rohrdifferentialmanometer mit Quecksilber als Sperrflüssigkeit vorgenommen. Bei den Versuchen mit der städtischen Wasserleitung wurde zur Dämpfung der starken Schwankungen der Quecksilberkuppen Kapillaren von 0,25 mm l. W. eingeschaltet.

Die Anschlußstellen für das Manometer an die Apparatur sollen bei der Behandlung der einzelnen Versuche angegeben werden.

Fehlerquellen.

Der Fehler in der Zeitmessung war der psychologische des Beobachters und betrug etwa 0,5 s, was für die Bestimmung der Dauer einen Fehler von etwa 0,5—1% ausmachte. Die Empfindlichkeit der Waage ließ die bei der Wägung auftretenden Fehler kleiner bleiben als 0,05%.

Die Höhe der Quecksilberkuppen wurde bei den Ablesungen auf 0,5 mm geschätzt; das ergäbe bei der Beobachtung der beiden Quecksilberkuppen einen möglichen Fehler von 1 mm. Bei einem Manometerausschlag von 10 cm entspräche das einem Beobachtungsfehler von 1%. Die überwiegende Mehrzahl der Versuche fand jedoch bei weitaus größerer Druckdifferenz und nur wenige bei geringerer statt.

Die Kuppen standen im allgemeinen ruhig; erst von 100—500-cm-Ausschlag an waren pendelnde Schwankungen der Kuppen zu beobachten. Diese Schwingungen bewegten sich in einer Größenordnung von 3—5 mm. Der größte Ablesungsfehler ist in diesem Falle auf 1% der gesamten Quecksilbersäule anzusetzen; abgesehen ist von den Druckschwankungen bei Entnahme des Wassers von der städtischen Wasserleitung, bei der es zu ganz erheblichen Ausschlägen der Kuppen kam.

Von Einfluß sind also nur die Fehler in der Druck- und Zeitmessung. Die angegebenen Höchstwerte summieren sich im allgemeinen nicht, da bei geringen Wassergeschwindigkeiten und geringer Druckdifferenz wohl der Fehler in der Druckablesung von Einfluß, aber der in der Zeitmessung wegen der sehr langen Zeit kaum von Einfluß ist; umgekehrt liegen die Verhältnisse bei höheren Wassergeschwindigkeiten und höheren Druckdifferenzen.

Erst mit dem Eintritt der Druckschwankungen werden die Verhältnisse ungünstiger. Doch beschränken sich diese Druckvibrationen auf eine Minderzahl von Versuchen.

Die erreichte Genauigkeit genügte den Anforderungen, die an die Versuche gestellt wurden.

Auswertung und Darstellung der Versuchsergebnisse.

Dem am Manometer abgelesenen Unterschied der statischen Drucke, der auf Millimeter Wassersäule umgerechnet wurde, mußte noch der Unterschied der Geschwindigkeitshöhen vor und nach der Spirale zugeschlagen bzw. abgezogen werden, je nach Art der Strömungsrichtung, um damit den tatsächlichen Verlust in der Spirale festzustellen. Es wurde dabei der Druck stets da gemessen, wo man mit einer Aufhebung der Wirbelbewegung rechnen konnte; die Geschwindigkeitshöhen für diese Stellen wurden aus der mittleren Axialgeschwindigkeit $v = \frac{Q}{F}$ bestimmt.

Eine Zerlegung der Verluste der Spirale in eigentliche Spiralverluste, in Verluste in den Gleichrichtern (in dem Beruhigungsbottisch oder dem übergeschobenen 40-mm-Rohr mit Rohrpaket, Abb. 9—12) und in Reibungsverluste in der Rohrleitung schien unangebracht, da eine Annahme über die Größe der Reibungsverluste bei der besonderen Art der Strömung schwer zu machen war. Die im folgenden angegebenen Verluste schließen also die Reibungsverluste in den verhältnismäßig kurzen Rohrleitungen zwischen den Meßstellen und insbesondere auch die Verluste ein, die in den Gleichrichtern entstehen, nur in einigen besonders hervorgehobenen Ausnahmen ist nicht der Verlust in den erwähnten „Gleichrichtern", sondern der Verlust durch die als Ersatz dieser eingebauten „Wirbelzerstörer" in den Widerstandsbeiwerten enthalten.

Es wurden nämlich bei der Durchführung der Versuche stets Gleichrichter oder ein Ersatz dafür eingebaut, und zwar wurden zwei verschiedene Apparatanordnungen benutzt, um das die Spirale in Wirbelbewegung verlassende Wasser gerade zu lenken und so eine einwandfreie Druckmessung zu gewährleisten. Auch mit Rücksicht auf die praktische Anwendung war es nötig, die Vorrichtung so auszubilden, daß sie nicht rotierendes Wasser entläßt; die Widerstandsgesetze für stark drehendes Wasser sind nämlich nicht bekannt, so daß sich die Wirkung einer Vorrichtung, die Wasser in heftiger Drehbewegung entläßt, im Rahmen der Gesamtanordnung nicht zuverlässig beurteilen läßt.

Die eine Anordnung mit einem Bottich ist auf Abb. 15a und 15b, die andere mit einem über die 38-mm-Rohre übergeschobenen 40-mm-Rohr auf Abb. 16a und 16b schematisch dargestellt; eine genauere Beschreibung wurde oben gegeben (Abb. 9 und 10).

Im folgenden sind mit v_1 und v_2 die Wassergeschwindigkeiten bei den auf den Abb. 15a bis 16b mit den entsprechenden Zahlen angegebenen Druckmeßstellen bezeichnet, während mit v_0 die Wassergeschwindigkeit in den Rohren mit 38 mm Dmr. bedeutet.

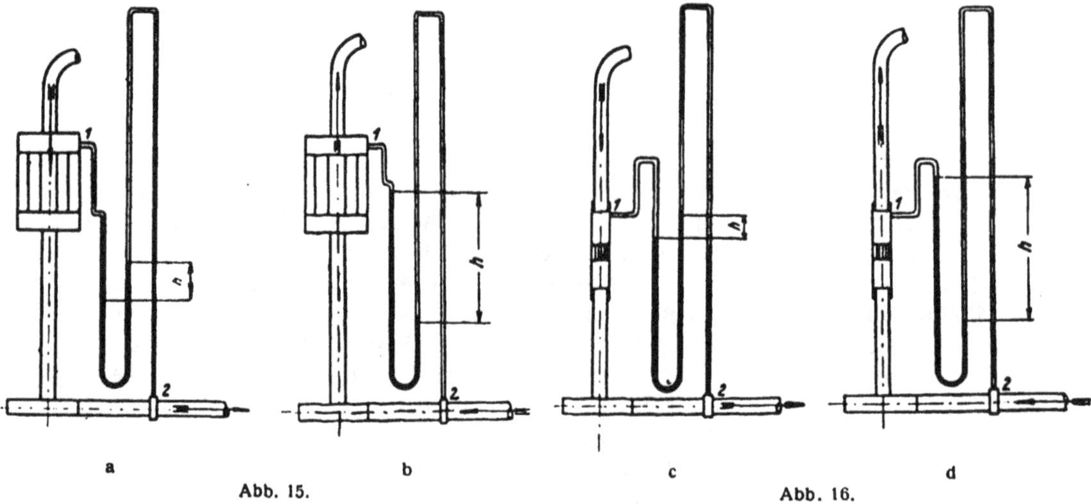

a b c d

Abb. 15. Abb. 16.

Für die auf den Abb. 15a und 16a angegebene Strömungsrichtung ergibt sich der Verlust:

$$H_w = h \cdot 12{,}6 - \frac{v_2^2}{2g} + \frac{v_1^2}{2g}.$$

Bei der auf den Abb. 15b und 16b dargestellten Strömungsrichtung des Wassers ist der Spiralenverlust:

$$H_w = h \cdot 12{,}6 + \frac{v_2^2}{2g} - \frac{v_1^2}{2g}.$$

Bei Anwendung des Beruhigungsbottichs (Abb. 15a und 15b) ergab sich die Geschwindigkeitshöhe für die Stelle 1 als so gering, daß man ohne die Versuchsgenauigkeit zu überschreiten $\frac{v_1^2}{2g}$ vernachlässigen und näherungsweise zur Auswertung die Formel setzen durfte:

$$H_w = h \cdot 12{,}6 - \frac{v_2^2}{2g} \text{ (Axialzustrom) bzw.}$$

$$H_w = h \cdot 12{,}6 + \frac{v_2^2}{2g} \text{ (Tangentialzustrom).}$$

Die derart errechneten Spiralenverluste wurden in Schaubildern in Abhängigkeit von den jeweiligen Geschwindigkeitshöhen in den Zuleitungsrohren von 38 mm Dmr. aufgetragen $\left(\frac{v_0^2}{2g}\right)$.

Für jeden Einzelversuch wurden ungefähr 15 verschiedene Wassergeschwindigkeiten eingestellt. Die Schaubilddarstellung erlaubte es, Streupunkte, die durch die etwaigen Fehler beim Versuch oder der Auswertung verursacht waren, zu verbessern oder auszuscheiden.

Da für die meisten Versuche sich zwischen H_w und $\frac{v^2}{2g}$ Proportionalität zum mindesten für einen großen Bereich ergab, konnte man sich im allgemeinen damit begnügen, die Ergebnisse dieser Arbeit durch Angabe von Widerstandsbeiwerten für beide Zuflußrichtungen darzustellen, wobei der Widerstandsbeiwert

$$\zeta = H_w / \frac{v_0^2}{2g} \left(\frac{v_0^2}{2g} = \text{Geschwindigkeitshöhe im 38-mm-Rohr} \right) \text{ gesetzt wurde.}$$

Aus diesen ζ-Werten wurde ein Mittelwert gebildet und dieser angegeben.

Der Widerstandsbeiwert für die Durchflußrichtung hohen Widerstandes wird als ζ_1 bezeichnet, der zur umgekehrten Richtung gehörige Beiwert als ζ_2.

Das Verhältnis der Widerstandszahlen ζ_1/ζ_2 wird im folgenden als „Wirkungsgrad" der hydraulischen Rückstrombremse bezeichnet.

Versuchsreihen und ihre Ergebnisse.

Übersicht.

Der Erläuterung der durchgeführten Arbeiten und ihrer Ergebnisse möge eine kurze Übersicht der Versuche vorangestellt sein.

1. Einer Vertiefung der in den Vorversuchen gewonnenen Erkenntnisse sollte eine Versuchsreihe dienen, die sich lediglich damit befaßte, den Verlauf des Druckes innerhalb der Spirale zu verfolgen; man beschränkte sich darauf, diese Versuche an der größeren Spirale vorzunehmen (Versuch I).

2. Die Wirkungsgrade, die mit den beiden Spiralen in ihrer ersten Form mit unveränderten Zu- und Abflußöffnungen zu erreichen waren, wurden untersucht und miteinander verglichen (Versuch II).

3. Bei beiden Spiralen wurde der Einfluß von Veränderungen an den Tangentialzuleitungen aufgeklärt (Versuch III und IV).

Die Versuche I—IV wurden unter Anwendung des Gleichrichters im Bottich, die sämtlichen folgenden Versuche jedoch mit dem Gleichrichter im 40-mm-Rohr angestellt.

4. An der kleinen Spirale wurden Änderungen der Axialmündung untersucht, und zwar wurde als Ableitung zunächst ein zylindrisches Rohr gewählt und dieses in Abständen in den Spiralhohlraum eingeschraubt (Versuch V); dann wurde ein besonders geformtes Düsenrohr mit verschiedenen Wirbelzerstörern und Einschraubungen durchprobiert (Versuch VI—IX).

5. Es wurde, ebenfalls an der kleinen Spirale, eine Verbesserung der Ventilwirkung durch Veränderung des Spiralenhohlraumes angestrebt (Versuch X).

6. Nach den an der kleinen Spirale gesammelten Erfahrungen wurde an der großen Spirale noch ein zylindrisches Axialzuleitungsrohr mit Einschraubungen und das erwähnte Düsenrohr mit günstigster Wirbelzerstörung erprobt (Versuch XI und XII).

7. Eine besondere Untersuchung über das Verhalten der Wirbelströmung in einem langen Axialanschlußrohr schien wünschenswert und wurde durchgeführt (Versuch XIII).

Der Druckabfall in der Spirale.

(Versuch I.)

Am Deckel der Spirale waren Meßbohrungen in verschiedenen Abständen vom Spiralzentrum angebracht (s. Abb. 17). Diese Meßstellen wurden durch einen Sammelschlauch mit dem Manometer verbunden, und es wurde jeweils durch Lösen eines Quetschhahnes der Druck an einer der Stellen gemessen. Vor jedem Versuch wurde der Druckunterschied vor und nach der Spirale und die senkundliche Wassermenge festgestellt. Diese Versuche wurden für neun verschiedene Eintrittsgeschwindigkeiten des Wassers in die Spirale durchgeführt und auf Abb. 18 dargestellt.

Auf der Abszisse sind die Abstände *a* der einzelnen Meßstellen vom Spiralenzentrum (s. Abb. 17) in Millimeter aufgetragen und als Ordinaten darüber die an der betreffenden Stelle gemessenen Überdrucke *h* in Millimeter Wassersäule angegeben.

Die mit Pfeilen bezeichneten Strecken ($v'^2/2g$) geben die Geschwindigkeitshöhen im Eintrittsquerschnitt (20 × 38) an; außerdem ist für jede Kurve die sekundlich den Apparat durchströmende Wassermenge angegeben.

Unter der Abszisse 0, die den Mittelpunkt der Spirale vorstellt, sind die an diesem Punkt mittels eines besonderen Manometers gemessenen Unterdrücke angegeben.

Die Kurven bilden ein System von kubischen Hyperbeln. Erst in der Nähe der Austrittsöffnung bei der im Abstand von 35 mm vom Zentrum angebrachten Meßstelle tritt eine Abweichung von dieser Gesetzmäßigkeit ein.

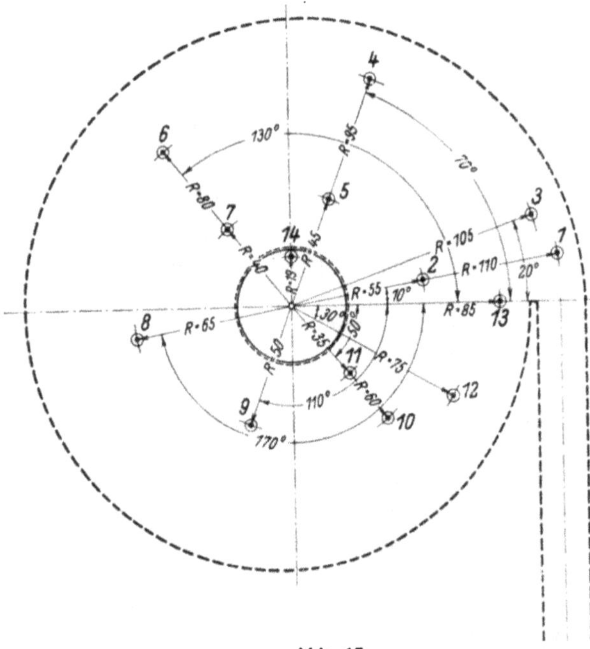
Abb. 17.

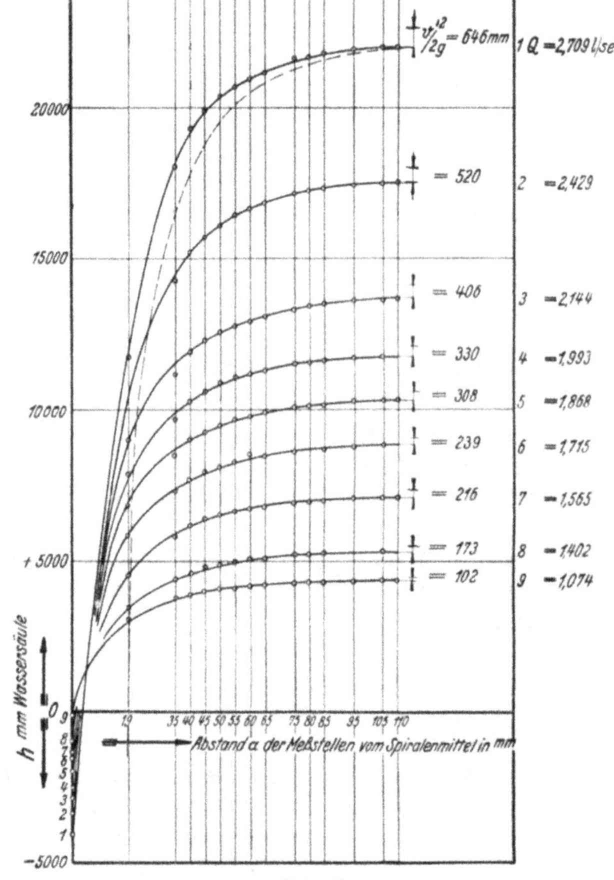

Abb. 18.

Wie der Druck in der Spirale ohne Berücksichtigung von Wandreibung und Sekundärwirbeln verläuft, wurde für die bei den Versuchen eingestellte Höchstgeschwindigkeit unter Annahme der Bedingung $c_u \cdot r =$ konst. errechnet; dabei ergab die Konstante sich aus der bekannten mittleren Geschwindigkeit im Eintrittsquerschnitt; so wurde die Tangentialkomponente der Rotationsgeschwindigkeit an verschiedenen Stellen der Spirale ermittelt. Der errechnete Druckverlauf ist in der Abb. 18 durch die gestrichelte Linie dargestellt. Aus diesem Bild ergibt sich, daß der so errechnete Druckabfall ganz wesentlich größer ist als der, welchen der tatsächliche Vorgang infolge der Wandreibung und abbremsenden Unterwirbel ergibt. Dabei verhalten sich im Bereich der Meßstellen im Abstand von 35—75 mm die e r r e c h n e t e n Drucke zu den aus den Messungen hervorgehenden wie 1 : 1,4 bis 1,5.

Bei der umgekehrten wirbellosen Strömungsrichtung wurde der Druckunterschied zwischen einer Reihe von am Spiralenhohlraum angebrachten Meßstellen und der auf Abb. 11 angegebenen Meßstelle 1 gemessen. Dabei ergab sich für die Spirale ein Druckabfall gegenüber der Meßstelle 1; dieser Abfall hielt sich an den zwischen einem Abstand von ungefähr 40 mm vom Zentrum bis zur Spiralenwandung angebrachten Meßstellen nahezu konstant; in der Nähe der Tangentialmündung war der Druck entsprechend der an diesen Stellen größeren Geschwindigkeitshöhen noch geringer (s. Abb. 17, Meßstelle 1 und 3), während der Druck an den der Axialmündung unmittelbar benachbarten Stellen 11 und 14 etwas höher war. Der Druckabfall zwischen Meßstelle 1 und dem Spiralenhohlraum für den eben bezeichneten Bereich konstanter Höhe betrug 62% des Gesamtdruckabfalls von Meßstelle 1 nach 2 (Abb. 11).

Durchflußwiderstände.

(Versuch II.)

Für diese Versuche war das Quecksilber-U-Rohr als Differentialmanometer an den Stellen 1 und 2 angeschlossen, wie die Abb. 11 und 12 zeigen und Abb. 19a und b, auf denen allerdings nur Meßstelle 2 zu sehen ist.

Die Ergebnisse stellen sich in folgender Tabelle dar:

Versuch	ζ_1	ζ_2	ζ_1/ζ_2	Untersuchungsbereich in mm Wassersäule			
				ζ_1		ζ_2	
				H_w	$V^2/2g$	H_w	$V^2/2g$
Große Spirale	72,7	3,87	18,8	17000	229	8000	2700
Kleine Spirale	32,5	3,93	8,3	16500	492	7000	1805

Die unter Rubrik „Untersuchungsbereich" angegebenen Werte zeigen, bis zu welchen Verlusthöhen bzw. Geschwindigkeitshöhen im 38-mm-Rohr man bei der Durchführung der Versuche ging. Die angegebenen ζ-Werte, besonders die ζ_2-Werte, gelten nämlich nur so lange, als sich keine Hohlraumbildung (Kavitation) einstellt. Diese Erscheinung macht sich — wie später noch genauer ausgeführt werden soll — hauptsächlich bei der Strömungsrichtung geringen Widerstandes im engsten Querschnitt der Tangentialdüse bemerkbar. Bei den in diesem Abschnitt behandelten Versuchen lag die Kavitationsgrenze außerhalb des Untersuchungsbereiches. Gedrosselt wurde stets mit dem Schieber hinter den Apparaten.

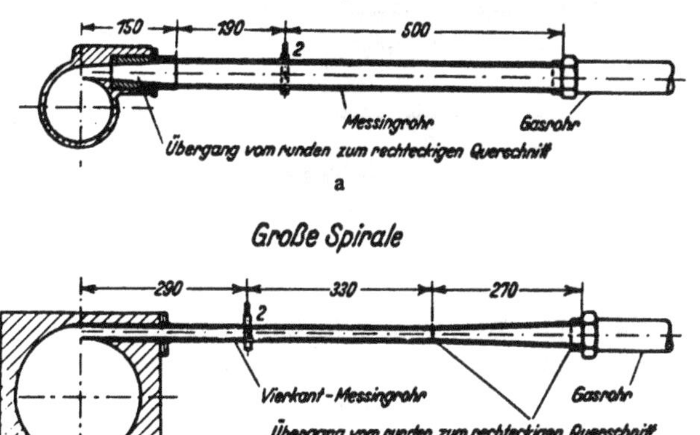

Abb. 19.

Man erkennt aus der angegebenen Tabelle, daß das kleine Gehäuse in der Strömungsrichtung hohen Widerstandes dem Wasser einen wesentlich geringeren Widerstand entgegensetzt, seine „Durchlässigkeit" in dieser Richtung größer ist als die des großen Gehäuses; die ζ_2-Werte für die Spiralen sind dagegen nur wenig voneinander verschieden. Das Verhältnis der Widerstandsbeiwerte für verschiedene Durhcflußrichtungen ist daher bei dem großen Gehäuse größer, also günstiger; dies ist allein dem erheblich höheren ζ_1 des großen Gehäuses zu verdanken.

Einfluß veränderter Tangentialmündungen der Spiralen auf ihre Wirkungsweise als hydraulische Rückstrombremsen.

(Versuch III und IV.)

Als meist versprechende Verbesserungsmöglichkeit für die Wirkung der Gehäuse als Rückstrombremsen erschien eine Umgestaltung des spitzen Dornes zwischen dem Tangentialrohr und dem Spiralenhohlraum. Man verlieh dem Dorn, wie bereits erwähnt, bei der großen Spirale durch Hartgummiprofile, bei der kleinen Spirale durch geeignete Metalleinsatzstücke zweckentsprechend abgerundete Formen, wobei gleichzeitig die Kanalweite verringert wurde (Abb. 20 u. 23).

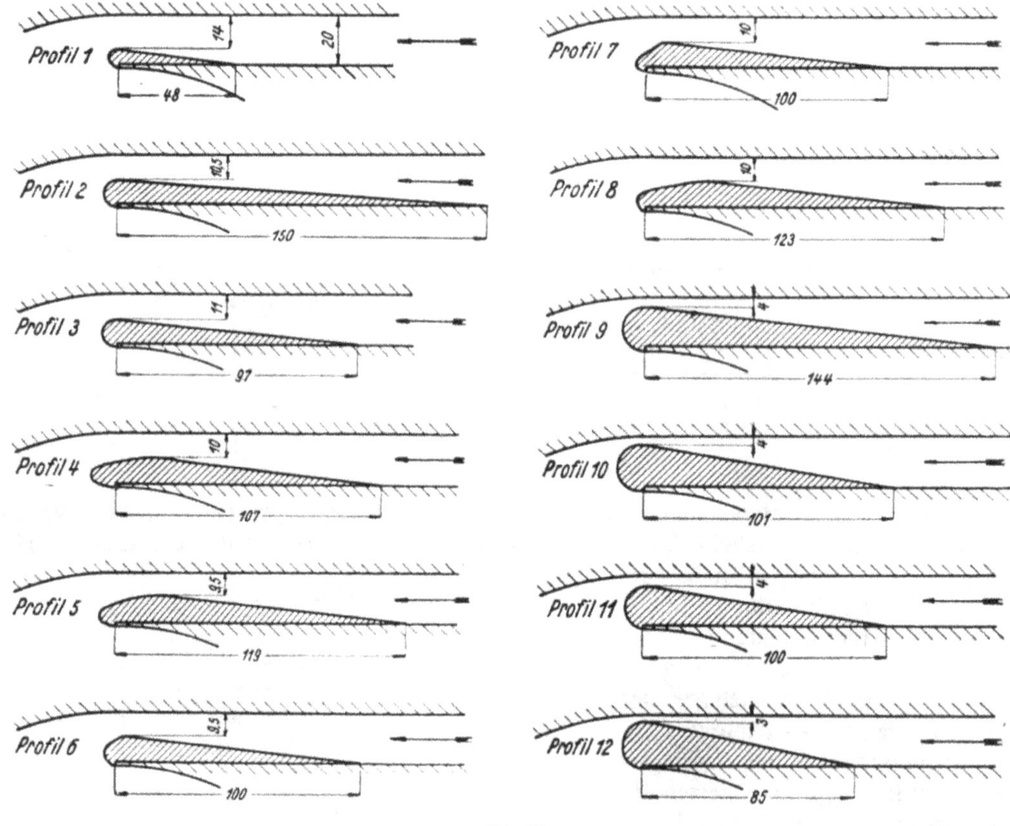

Abb. 20.

Bei dieser Umformung konnte man zunächst bei der Strömungsrichtung hohen Widerstandes auf eine bedeutende Vergrößerung der ζ_1-Werte rechnen: durch die Einengung des Zulaufkanals kurz vor seiner Einmündung in den Spiralenhohlraum würde der zugeführte Wasserstrom eine Beschleunigung erfahren, die den entstehenden Wirbel und damit den in ihm auftretenden Druckabfall steigern würde.

Ferner konnte vermutet werden, daß bei der umgekehrten Strömungsrichtung an der Kanalseite des scharfen Dornes eine Ablösung eingetreten war, die den Widerstand erhöhte. Auch diese Erscheinung hoffte man durch eine Abrundung des Dornes zu vermeiden und für die Richtung geringen Widerstandes die Schluckfähigkeit der Gehäuse zu steigern.

Zunächst sollen die mit dem größeren Gehäuse unter Anwendung des Gefälles vom Hochbehälter durchgeführten Versuche behandelt werden (Versuch III). Auf Abb. 20 sind die geprüften Profile mit fortlaufender Numerierung dargestellt; dieser entsprechen die Profilbezeichnungen in der folgenden Tabelle und auf der Abb. 21 mit der graphischen Darstellung der Ergebnisse.

Große Spirale Gleichrichter: Bottich Profil:	ζ_1	ζ_2	ζ_1/ζ_2	Untersuchungsbereich in mm Wassersäule				lichte Weite der Tangendüse in mm	σ_1	σ_2
				ζ_1		ζ_2				
				H_w	$V^2/2g$	H_w	$V^2/2g$			
ohne	72,7	3,87	18,8	17000	229	8000	2700	20	<0,90	<2,6
1	95,0	4,31	22,0	14700	150	4000	940	14	<0,79	<4,1
2	119,3	5,06	23,6	15000	124	11400	1760	10,5	<0,80	<1,4
3	126,2	5,69	22,4	15000	119	11000	1244	11	<0,69	<5,6
4	115,9	5,40	21,5	15000	134	9000	1432	10	<0,70	<2,7
5	123,2	6,24	19,7	15000	121	17500	1750	9,5	<0,60	<3,3
6	129,4	8,91	14,5	17000	132	17000	1300	9,5	<0,65	<3,2
7	124,5	5,38	23,4	15000	119	9500	1300	10	<0,71	<4,0
8	105,0	5,43	19,3	16500	154	16000	1984	10	<1,03	<3,9
9	185,8	19,00	9,8	16000	86	15000	304	4	<0,75	4,0
10	210,7	31,83	6,6	16000	74	14500	202	4	<0,76	3,2
11	247,2	52,35	4,5	16000	64	15000	133	4	<0,76	3,5
12	297,9	95,83	3,1	16000	53	16000	75	3	<3,44	2,9

Die in der Tabelle angegebenen ζ_2-Werte gelten nur so lange, als keine Kavitation sich einstellt. Diese Erscheinung machte sich vor allem störend bemerkbar bei der Strömungsrichtung geringen Widerstandes im engsten Querschnitt der Tangentialdüse; dagegen war bei der umgekehrten

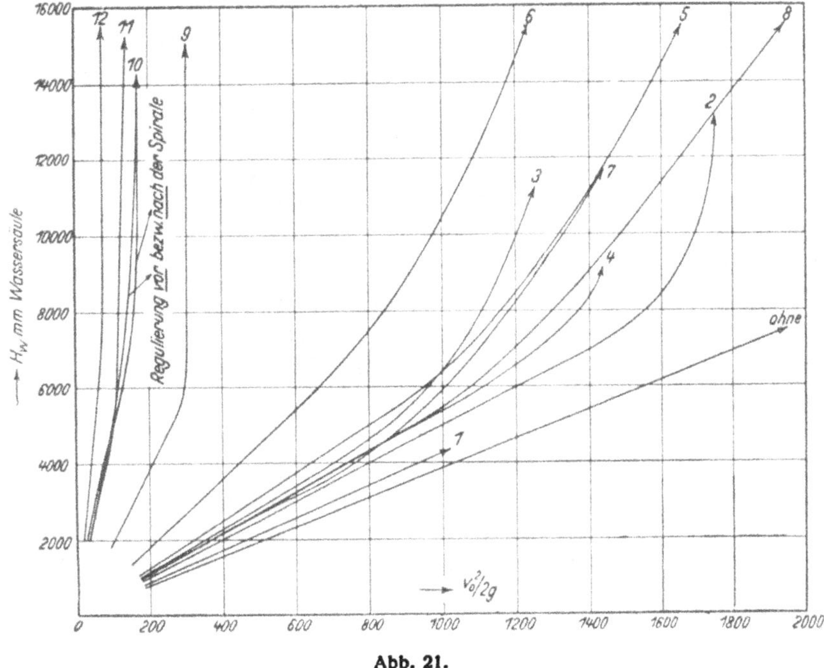

Abb. 21.

Strömungsrichtung bei den Versuchen kein Einfluß von Kavitation auf den ζ_1-Wert festzustellen. Um zunächst ohne Rücksicht auf den Eintritt der Kavitation die ζ_2-Werte zu ermitteln, wurde mit dem Schieber nach der Spirale reguliert; bei den Versuchen war also die Druckhöhe hinter der Vorrichtung gleich dem zur Verfügung stehenden Gefälle von 17,09 m vermindert um die gemessenen Druckverluste H_w, die Geschwindigkeitshöhe $\frac{v_0^2}{2g}$ und um die Reibungsverluste in der Zuleitung, die ungefähr $7{,}1 \cdot \frac{v_0^2}{2g}$ betrugen.

Der Druck im Auslaufrohr errechnet sich für die gegebene Apparatanordnung mit einer Rohrstrecke als Zuleitung, einer Anzahl Krümmern und Winkeln aus dem Gefälle des Hochbehälters (17,09 m), vermindert um die jeweilige Geschwindigkeitshöhe, und die Verluste (für die ein gesamter Widerstandsbeiwert von 7,1 gemessen wurde) und den Verlust in der Rückstrombremse selbst.

$$\text{Druckhöhe im Auslaufrohr} = 17{,}09 - 8{,}1 \cdot v_0^2/2\,g - \zeta\ \text{Rückstrombremse} \cdot v_0^2/2\,g.$$

Als Zusammenfassung ergibt sich aus der Tabelle folgendes:

1. Schon eine verhältnismäßig geringe Einschnürung der Kanalbreite, wie sie mit Profil 1 vorgenommen wurde (Verhältnis der Tangentialrohrweite zum Querschnitt beim Einlauf 1:0,75), und Abrundung des Dornes verbessern das Verhältnis ζ_1/ζ_2 erheblich. Eine stärkere Verbauung (Profil 2 usw.) ergibt keine sehr wesentlich besseren Werte für den Wirkungsgrad.

2. Diese Verbesserungen sind ganz im allgemeinen bei allen Profilen nur durch die Vorgänge bei wirbelbehafteter Strömung verursacht. Durch die Kanaleinschnürung wird für diese Strömungsrichtung eine erhebliche Steigerung des ζ_1-Wertes erreicht, die allerdings bei weitem nicht den Erwartungen entsprach, die man hegte. Dies ist wohl so zu erklären, daß durch den hinter dem Wirbelkopf sich bildenden von kleinen Unterwirbeln erfüllten Totraum zwischen den zwei benachbarten Strombändern des Hauptwirbels, dessen Geschwindigkeit abgebremst wird und der Hauptwirbel sich nicht derart wie gehofft entwickeln kann (Abb. 22).

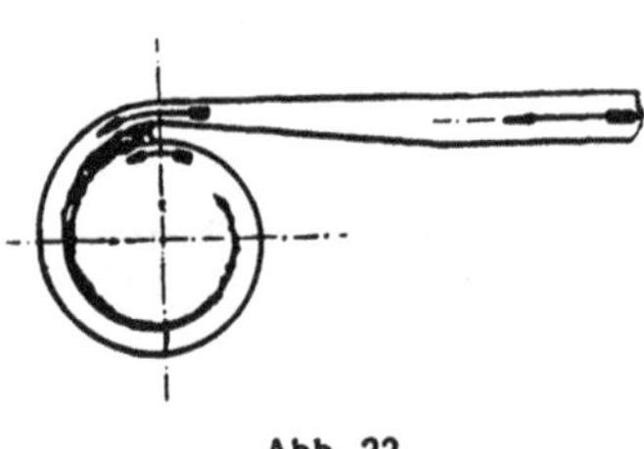

Abb. 22.

3. Durch die Abrundung des Dornes wird die Schluckfähigkeit der Spirale für die wirbellose Strömung nicht größer. Die ζ_2-Werte für die Profile sind sämtlich höher als der Wert für den Versuch mit unprofilierter Tangentialöffnung. In dieser Richtung sind also die Umgestaltungen des Dornes von ungünstiger Wirkung, da scheinbar die Wirkung einer Verbesserung der Strahlleitung durch die Verengung des Kanales und die verbleibende Ablösung aufgehoben wird.

4. Die Abänderung der halbkreisförmigen Profilköpfe in scharfkantig zugeschliffene (Profil 6—8), von denen man sich eine bessere Strahlablösung für den Eintritt des Wasser durch die Tangentialdüse versprach, und in langgezogene abgerundete (Profil 4—5), durch die eine bessere Schluckfähigkeit für wirbellose Strömungsrichtung erstrebt wurde, erwies sich als unzweckmäßig.

In der Tabelle sind in einer besonderen Rubrik für die in besonders starkem Maße den Querschnitt der Tangentialdüse verbauenden Profile 9—12 σ_2-Werte angegeben; für diese Profile wurde mit dem Gefälle des Hochbehälters für die Strömungsrichtung geringen Widerstandes schon die Kavitationsgrenze erreicht.

In ähnlicher Weise wie früher für Wasserturbinen[1]) hat D. Thoma für die Beurteilung der Kavitationsgefahr in der Rückstrombremse die folgende Ableitung gegeben:

„Maßgebend für die Kavitationsgefahr ist der niedrigste an irgendeiner Stelle in der Vorrichtung auftretende Druck. Wenn man verschiedene sekundliche Wassermengen durch die Vorrichtung hindurchschickt, dabei aber die Verhältnisse immer so wählt, daß noch keine Kavitation auftritt, dann sind infolge der mechanischen Ähnlichkeit der Strömungen (bei Vernachlässigung des unmittelbaren Einflusses der Zähigkeit) die Druckunterschiede zwischen zwei beliebigen Stellen dem Quadrat der jeweiligen sekundlichen Wassermenge proportional; diese Proportionalität gilt auch für den Unterschied zwischen dem Druck im Auslauf und dem Druck an der —unbekannten— ungünstigsten Stelle im Innern; der letztgenannte Druck, der also der niedrigste bei gegebenem Strömungszustande überhaupt vorkommende Druck ist, sei mit p_{min} bezeichnet; es ist also

$$\text{Auslaufdruck} - p_{min} = k \cdot \frac{v^2}{2g},$$

wobei v die mittlere Wassergeschwindigkeit im Auslaufrohr und k ein für die betreffende Bauart

[1]) Transactions of the First World Power Conference London 1924, paper Nr. 100.

charakteristischer, zunächst unbekannter Beiwert ist. Da die Verlusthöhe H_w proportional $\frac{v^2}{2g}$ ist, kann die obige Gleichung auch in der Form

$$p_{min} = \text{Auslaufdruck} - \sigma \cdot \gamma \cdot H_w$$

geschrieben werden, wobei der zunächst unbekannte Beiwert σ für die betreffende Bauart charakteristisch ist; wegen der mechanischen Ähnlichkeit ändert σ seinen Wert nicht, wenn die Vorrichtung geometrisch ähnlich in größerem oder kleinerem Maßstabe ausgeführt wird, wenigstens so lange als der Maßstab oder die Geschwindigkeit nicht so klein oder die Zähigkeit der Flüssigkeit nicht so groß werden, daß die unmittelbare Zähigkeitswirkung bemerkbar wird.

Um σ zu bestimmen, wird ein Versuch angestellt, bei welchem der Auslaufdruck soweit gesenkt oder die Wassermenge soweit gesteigert wird, daß sich die ersten Anzeichen von Kavitation gerade noch nicht bemerkbar machen. σ ergibt sich dann, wenn man in die obige Gleichung die beim Versuch gemessenen Werte des Auslaufdruckes und der Verlusthöhe H_w einführt und p_{min} gleich der Wasserdampfspannung setzt.

Um zu entscheiden, ob für irgendeine in Aussicht genommene Anwendung der Rückstrombremse Kavitation zu befürchten ist, rechnet man p_{min} nach der obigen Gleichung aus; Kavitation ist nicht zu erwarten, wenn p_{min} größer wird als die Wasserdampfspannung, d. h. wenn

$$\text{Auslaufdruck} - \sigma \cdot \gamma \,.\, H_w > \text{Wasserdampfspannung}$$

ist. Da es bequemer ist, mit dem in Metern Wassersäule ausgedrückten Überdruck im Auslauf zu rechnen, ist noch eine kleine Umrechnung zweckmäßig. Bezeichnet man mit H_a die barometrische Saughöhe

$$(H_a = \frac{\text{Luftdruck} - \text{Wasserdampfspannung})}{\gamma \text{ Wasser}}$$

und mit $H_ü$ den in Metern Wassersäule ausgedrückten Überdruck im Auslauf, so geht die obige Bedingung dafür, daß keine Kavitation zu befürchten ist, über in

$$\frac{H_a + H_ü}{H_w} > \sigma.$$

Zur Beurteilung der Kavitationsgefahr bei einer gegebenen Bauform genügt es also für jede der beiden Strömungsrichtungen, e i n e n Versuch an der Kavitationsgrenze auszuführen."

Die so errechneten Werte sind in der Tabelle angegeben, und zwar die Werte für die Strömungsrichtung kleinen Widerstandes als Werte σ; für die andere Strömungsrichtung konnte ja, wie erwähnt, die Kavitationsgrenze nirgends erreicht werden. Für diejenigen Anordnungen, bei denen die Kavitationsgrenze nicht erreicht wurde, sind in der Tabelle die Werte angegeben, die σ sicher unterschreitet.

Bei den Profilen 1—8 konnte man die Kavitationsgrenze erst mit Verwendung der Wasserleitungsdrücke erreichen; jedoch lassen sich keine genauen σ-Werte ausrechnen, da der Wasserleitungsdruck zu stark schwankte (Druck zwischen 4 und 5 at schwankend).

Die anfänglich nur mit dem Druck des Hochbehälters ausgeführten Versuche wurden mit der städtischen Wasserleitung wiederholt und sollen hier besonders beschrieben werden. Die Darstellung der bei diesen Versuchen gewonnenen Ergebnisse für die Strömungsrichtung geringen Widerstandes kann nur durch ein Schaubild geboten werden; denn das bei verschiedenen Wassergeschwindigkeiten mehr oder minder unregelmäßige Verhalten, die Widerstandsbeiwerte für die verschiedenen Profile, der Zeitpunkt und die Art der Abweichung von den anfänglich konstanten ζ_2-Werten lassen sich tabellarisch nicht zur Anschauung bringen.

Auf dem Kurvenblatt Abb. 21 stellen die Ordinaten die errechneten Druckverluste H_w dar und die Abszissen die zugehörigen Geschwindigkeitshöhen im 38-mm-Rohr.

Entsprechend den schon bei den vorhergehenden Versuchen mit dem Hochbehältergefälle gemachten Beobachtungen bei Profil 9—10 stellt sich jetzt ein Abbiegen der Kurven für die übrigen ζ_2-Werte ein. Bis zu einer gewissen Geschwindigkeitshöhe zeigen diese eine lineare Abhängigkeit von $v^2/2\,g$ und H_w. Bei Steigerung von $v^2/2\,g$ über einen bestimmten Wert, der je nach der Profilform zwischen 280 mm (Profil 9) und 1500 mm (Profil 2) lag, gilt die in der Tabelle durch ζ_2-Werte angegebene Gesetzmäßigkeit nicht mehr. H_w steigt dann stärker als $v^2/2\,g$. Hier muß beachtet werden, daß bei den Versuchen die Erhöhung von H_w durch Öffnen des hinter der Vorrichtung gelegenen Drosselschiebers erreicht wurde. Das Abbiegen der Kurven ist durch Kavitation in der Tangentialdüse verursacht; nach vollständiger Ausbildung der Kavitation, die allerdings nur bei den stark verbauenden Profilen (9—12) erreicht wurde, nahm die Wassermenge bei weiterer Absenkung des Auslaufdruckes natürlich nicht mehr zu, so daß die H_w-Linie in eine Vertikale übergeht.

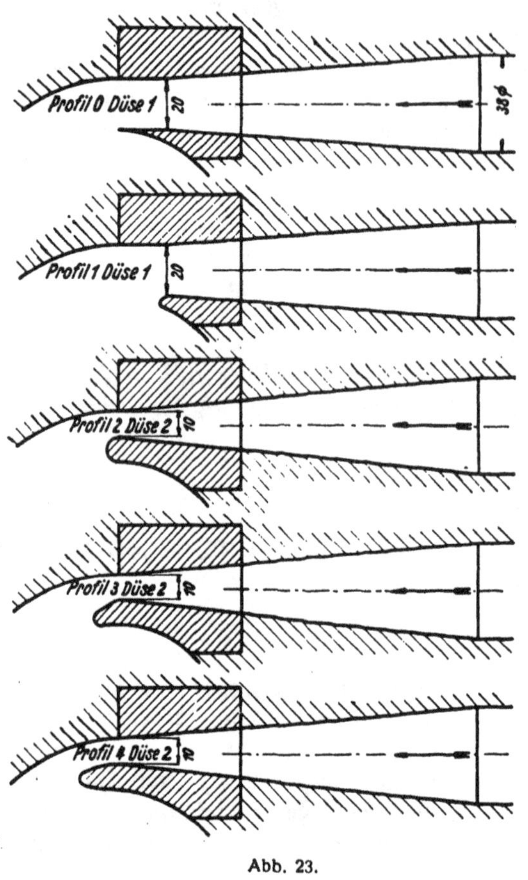

Abb. 23.

Mit Profil 10 wurde auch ein Versuch mit Regulierung der Wassermenge vor der Spirale durchgeführt; der verschiedene Charakter der beiden Kurven zeigt deutlich, daß das Eintreten der Kavitationen von den Druckverhältnissen im Tangentialrohr nach dem engsten Querschnitt abhängt. Es ergibt sich dabei derselbe σ_2-Wert bei Drosselung vor und nach der Spirale.

Wenn auch die Versuche mit der städtischen Wasserleitung die Aufstellung eines σ_2-Wertes für die Profile 1—8 nicht ermöglichen, so geben sie doch einen Anhalt zur Beurteilung der Wirkung der einzelnen Profile bei höheren Wassergeschwindigkeiten und die Möglichkeit, eine Grenze für die σ_2-Werte anzugeben. So ergeben z. B. die Profile 2 und 7 nahezu gleiche Wirkungsgrade, dennoch ist das Profil 2 nach diesen Untersuchungen als bestes zu empfehlen, da bei ihm die Kavitationsgefahr für die Strömungsrichtung geringen Widerstandes wesentlich später auftritt als bei Profil 7; dies geht aus den den beiden Profilen entsprechenden Werten für die Grenze von σ_2 in der Tabelle Seite 31 hervor. Profil 2 ergibt eine verhältnismäßig große Durchlässigkeit in der Strömungsrichtung geringen Widerstandes und guten Wirkungsgrad $\zeta_1/\zeta_2 =$ rd. 23,6.

In ähnlicher Weise wie bei dem größeren Gehäuse wurden der Tangentialmündung der kleinen Spirale verschiedene Formen verliehen, die auf Abb. 23 wiedergegeben sind (Versuch IV); dabei ist mit 0 bezeichnet der unveränderte spitzdornige Zulauf, wie er bei den vorhergehenden Versuchen benutzt wurde; die Profile 0 und 1 lassen dem Wasser einen engsten Eintrittsquerschnitt von 20×38 mm, die übrigen Profile lassen einen solchen von 10×38 mm frei.

Bei der Darstellung der an der kleinen Spirale gewonnenen Ergebnisse erübrigt sich eine graphische Abbildung, da sich auch bei Verwendung der Drücke der städtischen Wasserleitung keine Unregelmäßigkeiten und Abweichungen von den konstanten ζ_2-Werten zeigten. σ ist für alle Profile kleiner als die in der nachfolgenden Tabelle angegebenen Werte.

Die in der Tabelle angegebenen ζ_1-Werte gelten über den ganzen Untersuchungsbereich; nur bei dem unprofilierten mit spitzem Dorn versehenen Zulauf wurde der ζ_1-Wert für $H_w > 13000$ um ein ganz geringes größer als der in der Tabelle angeführte Wert; dasselbe gilt für die Einrichtung mit Profil 1 für $H_w > 8500$. Doch kommen diese Formen wegen ihres schlechten Wirkungsgrades für die praktische Verwendung nicht in Frage.

Kleine Spirale Gleichrichter: Bottich Profil:	ζ_1	ζ_2	ζ_1/ζ_2	Untersuchungsbereich in mm Wassersäule				σ_1	σ_2
				ζ_1		ζ_2			
				H_w	$V^2/2g$	H_w	$V^2/2g$		
0	32,5	3,93	8,3	16000	477	7000	1804	<1,75	<4,0
1	25,3	2,47	10,2	11000	418	2500	1025	<1,38	<7,0
2	47,8	2,98	16,0	13000	272	3000	1015	<0,92	<5,7
3	49,6	3,75	13,2	13000	263	3000	803	<0,92	<5,1
4	48,9	3,50	14,0	14000	289	3000	861	<1,02	<5,5

Die Einlaufform 1 ergibt zwar eine wesentliche Verkleinerung des ζ_2-Wertes, doch gleichzeitig eine diese aufhebende Verkleinerung von ζ_1; scheinbar legt sich der Wasserstrahl an die Abschrägung an und verliert an Geschwindigkeit. Die ζ_1-Werte der Profile 2, 3 und 4 sind nahezu gleich, dagegen zeigen die ζ_2-Werte für diese Profile eine sehr verschieden große Schluckfähigkeit der Rückstrombremse bei wirbelloser Bewegungsrichtung des Wassers. Auch bei dieser Spirale stellt sich heraus, daß eine stärkere Einschnürung des Zulaufquerschnittes die Wirkung der Spirale als hydraulische Rückstrombremse günstig beeinflußt (in diesem Falle sogar durch Abrundung des Dornes die Schluckfähigkeit bei wirbelloser Strömung im Vergleich zu der Anordnung mit spitzem Dorn noch steigert) und daß eine einfache halbkreisförmige Abrundung des Dornes auch hier das beste Ergebnis liefert (Profil 2, $\zeta_1/\zeta_2 =$ rd. 16).

Versuche mit einem anders gearteten Gleichrichter.

Der über den Spiralen angebrachte Bottich und die in ihm enthaltene Packung von Zollrohren sollte die nach Verlassen der Spirale in Wirbelbewegung sich fortpflanzenden Strombahnen in die der Achse des Axialrohres parallele Richtung umlenken und damit eine unanfechtbare Messung des Druckes des Wassers nach durchströmender Spirale möglich machen. Es handelte sich lediglich darum, das Verhältnis der Druckunterschiede vor und nach den Apparaten für entgegengesetzte Strömungsrichtungen festzustellen und danach die Formen des Tangentialzutritts auszuwählen, welche die besten Wirkungsgrade ergaben. Da jedoch eine Verwendung eines solchen Bottichs in der Praxis wegen der großen Abmessungen unzweckmäßig ist, sollten die besten Spiralformen mit einem einfacheren Wirbelvernichter noch einmal nachgeprüft werden.

Abb. 10 zeigt die Versuchseinrichtung, die den Bottich ersetzt; über das Axialrohr zu den Spiralen und das Anschlußrohr zum Krümmer an der Rohrverbindung wurde ein passendes Rohr von 40 mm Lichtweite geschoben und durch Stopfbüchsen abgedichtet; in diesem befand sich eine Packung von 50 mm langen Röhrchen von 5 mm l. W., die eine Umlenkung der wirbelnden Stromfäden in axialer Richtung gewährleisten. Diese Packung sollte später durch ein Kreuzblech von geeigneter Länge und gleicher Wirkung ersetzt werden, dessen Anwendung in der Praxis einfacher und nützlicher schien.

Für die Versuche war das Quecksilber-U-Rohr ähnlich wie bei den Bottichversuchen an die Meßstellen 1 und 2 angeschlossen (Abb. 12). Die Meßbohrungen *a*, *b*, und *c* sollten nur einer Nachprüfung der zwischen 1 und 2 gemessenen Drücke dienen und zwischen *b* und 1 konnten die Verluste im Gleichrichter bei wirbelnder Strömung besonders gemessen werden.

Die im folgenden beschriebenen Versuche mit Anordnung des Gleichrichters im Rohr wurden an der kleinen und großen Spirale mit dem als günstigsten erkannten Profil, also für die beiden Spiralen mit dem Prodil 2, ausgeführt.

Bevor diese Versuche besprochen werden, möge kurz auf den Einfluß der geänderten Versuchseinrichtung hingewiesen werden. Die folgende Tabelle vergleicht die ζ-Werte für beide Spiralen bei verschiedener Anordnung der Gleichrichter, aber sonst vollständig unveränderter Form.

	Gleichrichter	ζ_1	ζ_2	ζ_1/ζ_2
Große Spirale Profil 2	Bottich	119,3	5,06	23,6
Rohreinschraubung 0	Rohr	110,2	5,28	20,9
Kleine Spirale Profil 2	Bottich	47,8	2,98	16,0
Rohreinschraubung 0	Rohr	51,1	4,24	12,0

An dieser Stelle sei noch der Widerstandsbeiwert allein für das Rohrpaket bei verschiedenen Strömungsrichtungen angegeben. Mit ζ_{r_1} ist der Beiwert für wirbelnde Strömung, mit ζ_{r_2} für wirbellose Strömung bezeichnet.

Widerstandsbeiwerte für das Rohr als Gleichrichter	ζ_{r_1}	ζ_{r_2}
Große Spirale	12,0	1,54
Kleine Spirale	7,0	1,53

Diese Werte geben eine Vorstellung von dem Anteil, den der Wirbelvernichter an der Wirkung der Rückstrombremse hat. Abb. 25b zeigt, wie die Widerstände des Rohrpakets gesonders gemessen wurden.

Einfluß veränderter Axialmündung auf die Wirkungsweise der kleinen Spirale.

(Versuch V.)

Nachdem man durch veränderte Gestalt des Tangentialzutritts eine erste nicht unerhebliche Steigerung des Wirkungsgrades der Spiralen festgelegt hatte, schien es zweckmäßig, systematisch die Möglichkeiten der Verbesserung in der Konstruktion der Rückstrombremse durchzugehen.

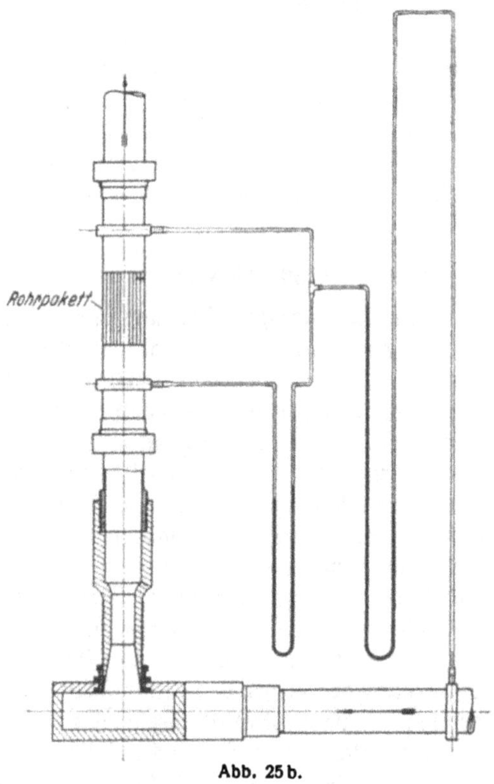

Abb. 25 b.

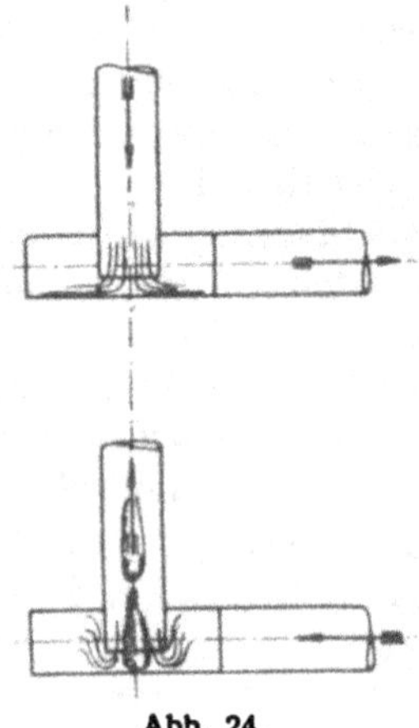
Abb. 24.

Die Überlegung, daß ein Axialrohr, das in den Spiralenhohlraum einragt, bis zu einem gewissen Grade den Zutritt des Wassers vom Axialrohr her nicht stören würde (falls es die Austrittsfläche zwischen Rohrrand und Spiralenboden nicht zu sehr einengt), dagegen bei Austritt von der Spirale zum Axialrohr die vom Wirbel erzeugte Abbremsung verstärken und damit die gewünschte Wirkung unterstützen müsse, diese Überlegung ließ es günstig erscheinen, das Axialrohr in die Spirale verschiebbar anzubringen. Die Einrichtung (Abb. 24) wurde so getroffen, daß man das mit einem Feingewinde versehene Rohr in beliebig kleinen Abschnitten in den Hohlraum der Spirale einsenken und so über die innere Deckelfläche überragen lassen konnte. Es sollte auf diese Weise erzielt werden, daß das wirbelnde Wasser möglichst langsam abfließe, ohne bei gleicher Anlage als wirbelloses Wasser größeren Widerstand zu finden.

Die folgende Tabelle stellt das Ergebnis der Versuchsreihe mit dem einfachen zylindrischen Rohr dar (Versuch V).

Kleine Spirale Profil 2 Gleichrichter: Rohr Zylindrisches Rohr Rohreinschraubung:	ζ_1	ζ_2	ζ_1/ζ_2	Untersuchungsbereich in mm Wassersäule				σ_1	σ_2
				ζ_1		ζ_2			
				H_w	$V^2/2g$	H_w	$V^2/2g$		
0 mm	51,1	4,24	12,0	15000	271	4000	947	0,78	<3,9
15 mm	53,6	4,12	13,0	15000	263	4000	975	0,78	<3,8
20 mm	55,8	4,30	13,0	15000	250	4000	936	0,71	<4,0
25 mm	56,4	4,56	12,4	15000	245	4000	885	0,77	<3,7
30 mm	58,4	7,40	7,9	15000	237	6000	815	0,70	<2,6

Es zeigt sich tatsächlich bei einer Einsenkung des Axialrohres von 15 mm und 20 mm eine Verbesserung des Wirkungsgrades. Ein weiteres Einschrauben verschlechtert das Verhältnis ζ_1/ζ_2, und zwar durch eine Steigerung des Widerstandsbeiwertes für die Strömungsrichtung ohne Wirbel. Über die unter der Rubrik σ_1 angegebene Grenze hinaus wird der Wert für ζ_1 ganz allmählich kleiner, d. h. der Wirkungsgrad wird durch das Eintreten von Kavitation schlechter.

Als nächster Schritt zur Verbesserung der Ventilwirkung wurde versucht, das einfache zylindrische Axialrohr durch eine Art Düsenrohr, wie es in Abb. 25a dargestellt ist, zu ersetzen. Diese Anordnung mit Einschnürung des Querschnittes des Axialrohres versprach für die wirbelbehaftete Strömungsrichtung dadurch, daß das wirbelnde Wasser noch mehr an die Achse herangedrängt wird, eine Verbesserung für ζ_1, während bei umgekehrter Strömungsrichtung keine wesentlichen Verluste durch Ablösung des Wasserstrahles in der Rohrerweiterung zu befürchten waren. Dieses Düsenrohr war ebenfalls so eingerichtet, daß es durch ein Gewinde in den Hohlraum der Spirale eingeschraubt werden konnte.

Die Ergebnisse der Versuche mit diesem Düsenrohr an der kleinen Spirale und mit Rohrpaket nach Abb. 10 sind in der folgenden Tabelle niedergelegt (Versuch VI).

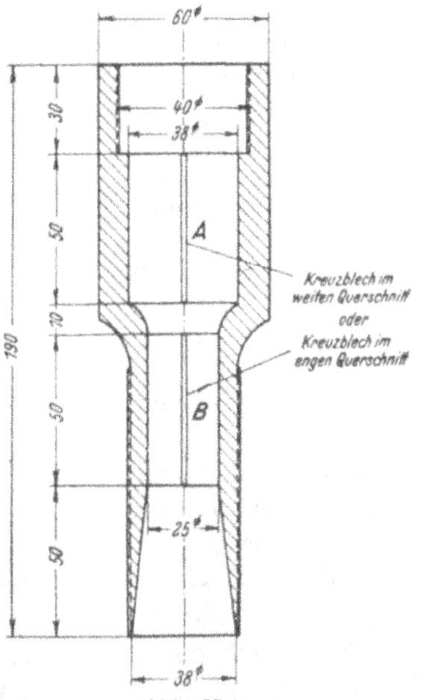

Abb. 25a.

Kleine Spirale Profil 2 Gleichrichter: Rohr Düsenrohr ohne Leitblech Rohreinschraubung:	ζ_1	ζ_2	ζ_1/ζ_2	Untersuchungsbereich in mm Wassersäule				σ_1	σ_2
				ζ_1		ζ_2			
				H_w	$V^2/2g$	H_w	$V^2/2g$		
0 mm	112,3	5,77	19,5	14000	134	5000	878	1,30	<3,1
15 mm	113,5	5,36	21,4	14000	130	5000	938	1,82	<3,3
20 mm	118,5	5,13	23,1	14000	129	5000	975	1,82	<3,7
25 mm	120,5	5,16	23,3	14000	128	5000	975	1,14	<3,5
30 mm	121,5	5,83	20,9	14000	126	5000	863	1,12	<2,8

Man ersieht aus diesen Versuchen, daß der ζ_1-Wert für die Wirbelströmung sich verglichen mit den ζ_1-Werten für das zylindrische Rohr mehr als verdoppelt hat, ohne daß der Widerstand für Axialzufluß sich sehr gesteigert hätte. Der Wirkungsgrad für ein Einragen des Rohres von 25 mm erhöht sich auf 23,3.

Für Werte von σ_1, die geringer sind als die in der Tabelle angegebenen, wurde bald durch Eintreten von Kavitation ein Abfallen der ζ_1-Werte bemerkt, d. h. also bei Verwendung des Düsenrohres *vermindert* der Eintritt von Kavitation den Widerstand der Vorrichtung bei Wirbelströmung.

Sowohl im engsten Querschnitt, wie auch unmittelbar nach diesem konnten in das Düsenrohr als Wirbelvernichter Kreuzbleche von 2 mm Stärke und 50 mm Länge, die oben und unten angeschärft waren, eingeschoben werden (s. Abb. 25a bei *A* Kreuzblech im weiten Querschnitt, bei *B* Kreuzblech im engen Querschnitt). Später wurden an Stelle des Kreuzbleches einfache, ebenfalls angeschärfte Blechplättchen von 50 bzw. 90 mm Länge eingesetzt.

Es ist dabei zu bemerken, daß im folgenden für diejenigen Wirbelvernichter, bei deren Einbau sich die Widerstandsbeiwerte der Gleichrichter allein (ζ_{r_1} für das Rohrpaket im 40-mm-Rohr) für die Strömungsrichtung hohen Widerstandes nicht von dem Widerstandsbeiwert des Gleichrichters für wirbellose Zuströmung unterscheiden, sich die in den entsprechenden Tabellen angegebenen Widerstandsbeiwerte für die Rückstrombremse nur auf die Strecke zwischen den Meßstellen *b* und 2 (nach Abb. 12) beziehen. Eine vollständige Gleichrichtung des die Spirale wirbelnd verlassenden Wassers wurde durch das angegebene Kreuzblech und das einfache Wirbelblech von 90 mm Länge erreicht.

Die nächste Tabelle zeigt die Ergebnisse mit dem Düsenrohr, wenn unmittelbar nach dem engsten Querschnitt (bei *A* auf Abb. 25a) ein Kreuzblech als Wirbelvernichter eingeschoben ist (Versuch VII).

Kleine Spirale Profil 2 Düsenrohr Kreuzblech im weiten Querschnitt Rohreinschraubung:	ζ_1	ζ_2	ζ_1/ζ_2	Untersuchungsbereich in mm Wassersäule				σ_1	σ_2
				ζ_1		ζ_2			
				H_w	$V^2/2g$	H_w	$V^2/2g$		
0 mm	120,2	4,07	29,6	15000	137	5000	900	1,12	<3,2
15 mm	122,6	3,67	33,4	15000	133	5000	961	1,08	<3,4
20 mm	124,4	3,79	32,8	15000	133	5000	944	1,05	<3,1
25 mm	124,1	3,95	31,5	15000	129	5000	916	1,05	<3,3
30 mm	124,3	4,24	29,3	15000	129	5000	870	1,05	<3,1

Bei diesem Versuch findet die Wirbelvernichtung anstatt in dem Gleichrichter, unmittelbar hinter dem engsten Querschnitt des Düsenrohres statt. Der Unterschied dieser Wirkungsgrade, verglichen mit den im vorigen Versuch erreichten, ist zum Teil dadurch zu erklären, daß für die Strömung in Richtung des kleinen Widerstandes der Widerstand des Kreuzbleches kleiner ist als der des Rohrpaketes. Auch hier findet für σ_1-Werte, kleiner als die angegebenen, ein Abfallen der ζ_1-Werte statt.

Daß durch das Kreuzblech tatsächlich eine vollständige Wirbelvernichtung erzielt wurde, konnte so festgestellt werden: mittels der beiden Meßstellen unmittelbar vor und nach dem Gleichrichter (s. Abb. 25b) wurden die Verluste für wirbelnde und wirbellose Strömung besonders bestimmt, wie dieses auch für die auf S. 36 angegebenen Werte für ζ_{r_1} und ζ_{r_2} geschah.

Da das von der Spirale kommende Wasser nach Verlassen des Kreuzbleches in dem Rohrpaket nur so viel an Druckhöhe verliert, wie das wirbellose Wasser beim Durchströmen des Rohrpakets, während der Widerstand des Rohrpakets ohne vorher angebrachtes Kreuzblech ganz unvergleichlich viel größer ist, kann man annehmen, daß wirklich durch das Kreuzblech der Wirbel aufgehoben wird.

Die Anlage eines Kreuzblechs im engsten Querschnitt erwies sich als nicht vorteilhaft, wie aus der folgenden Tabelle zu erkennen ist (Versuch VIII).

Kleine Spirale Profil 2 Düsenrohr Kreuzblech im engsten Querschnitt Rohreinschraubung:	ζ_1	ζ_2	ζ_1/ζ_2	Untersuchungsbereich in mm Wassersäule				σ_1	σ_2
				ζ_1		ζ_2			
				H_w	$V^2/2g$	H_w	$V^2/2g$		
0 mm	94,9	4,90	19,4	15000	158	5000	791	<0,65	<2,8
15 mm	96,5	4,59	21,0	15000	155	5000	834	<0,74	<2,9
20 mm	97,1	4,99	19,5	15000	152	5000	791	<0,73	<2,8
25 mm	99,3	4,99	19,9	15000	149	5000	791	<0,82	<2,8
30 mm	101,1	5,55	18,2	15000	146	5000	713	<0,66	<2,7

Die durchgeführten Versuche lehrten, daß ein Düsenrohr von der benutzten Art einem einfachen zylindrischen Rohr sehr vorzuziehen ist, und daß die günstigste Lage zum Anbringen der Wirbelzerstörer unmittelbar im Anschluß an den engsten Querschnitt des Düsenrohres liegt.

Es sollte nun noch untersucht werden, ob man das Kreuzblech mit Vorteil durch ein einfaches, unmittelbar hinter dem engsten Querschnitt (bei *A*) eingebautes Blechplättchen ersetzen kann. In der Tabelle haben wir das Ergebnis (Versuch IX).

Kleine Spirale Profil 2 Rohreinschraubung 0 Im weiten Querschnitt des Düsenrohres:	ζ_1	ζ_2	ζ_1/ζ_2	Untersuchungsbereich in mm Wassersäule				σ_1	σ_2
				ζ_1		ζ_2			
				H_w	$V^2/2g$	H_w	$V^2/2g$		
Kreuzblech	120,2	4,07	29,6	15000	137	5000	901	1,12	<3,2
Einfaches Blech 50 mm	126,4	5,71	22,1	15000	164	5000	892	1,12	<3,2
Einfaches Blech 90 mm	124,9	4,22	29,6	15000	129	5000	875	1,12	<3,2

Bei den Versuchen mit dem Wirbelblech von 50 mm stellte sich nach der schon obenerwähnten Methode heraus, daß durch dieses Blech keine vollständige Vernichtung des Wirbels stattfindet (Widerstand des Gleichrichters bei dieser Einrichtung $\zeta_{r_1} = 2{,}2$; bei wirbelloser Strömung $\zeta_{r_1} = 1{,}53$, s. S. 36). Dagegen ergibt das 90 mm lange Wirbelblech bei vollkommener Vernichtung des Wirbels den gleichen Wirkungsgrad wie das Kreuzblech und ist deshalb diesem seiner Einfachheit wegen vorzuziehen. Hier sei nochmals darauf hingewiesen, daß die ζ-Werte für Kreuz- und einfaches 90-mm-Blech den Widerstandsbeiwert des Gleichrichters im Rohr n i c h t, die ζ-Werte für das den Wirbel nicht vollständig vernichtende einfache 50-mm-Blech den Widerstand des Gleichrichters w o h l enthalten. Hierdurch erklärt sich der große Unterschied der in der Tabelle angegebenen Wirkungsgrade.

Einfluß einer Veränderung des Spiralenhohlraumes.

(Versuch X.)

Nach den vorgenommenen Versuchen, welche für Einflußmöglichkeiten der Zuflußöffnungen zum Spiralenraum sichteten und umschrieben, blieb noch übrig, eine Umgestaltung des Spiralenhohlraumes selbst zu prüfen, um damit den Überblick über das Problem der hydraulischen Rückstrombremse zu vervollständigen. Um dem Spiralenhohlraum andere Abmessungen zu geben, wurden auf dem Boden der kleinen Spirale aus Hartholz zugeschnittene Bretter aufgeschraubt. Es wurden zwei verschiedene Arten von Brettern benutzt, solche, die in der später angeführten Tabelle als „flach“ bezeichnet werden und „konische“ Bretter.

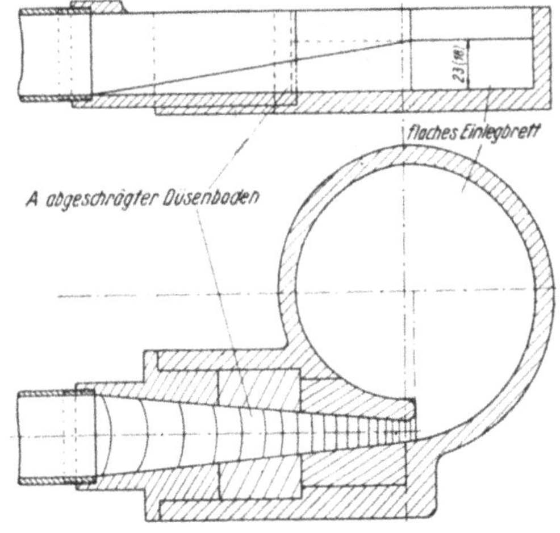

Abb. 26.

Die flachen Bretter überdeckten den ganzen Spiralenboden. An der Tangentialeinlaufstelle war von dem verengten Eintrittsquerschnitt (s. Abb. 26 bei *A*) aus einer teerartigen, sehr haltbaren Masse mit der Hand sauber ein guter Übergang zum 38-mm-Rohr einmodelliert. Die konischen Bretter überdeckten den Boden des Spiraleninnenraumes nur zum Teil und ließen den Querschnitt des Tangentialzulaufes uneingeschränkt frei (s. Abb. 27). Diese konischen Bretter wurden alle mit dem gleichen Kegelflächensteigungswinkel von 45°, jedoch verschiedene Stärken, ausgeführt. Für das als bestes sich erweisende Einlegbrett wurde eine zweite Ausführung von gleicher Stärke, aber mit sehr steilem Steigungswinkel (Abb. 28) derartig ausgeführt, daß wohl der Tangentialeintritt unverbaut blieb, jedoch die obere Kante des Brettes auf der Seite des Dornes zur Hälfte an der Spiralenwandung anlag, ähnlich wie bei den flachen Brettern.

Das Ergebnis dieser Versuche ist in der folgenden Tabelle und einem Kurvenblatt (Abb. 29) niedergelegt.

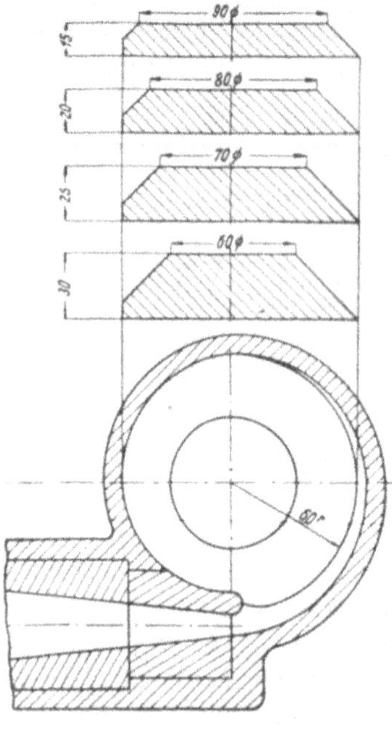

Abb. 27.

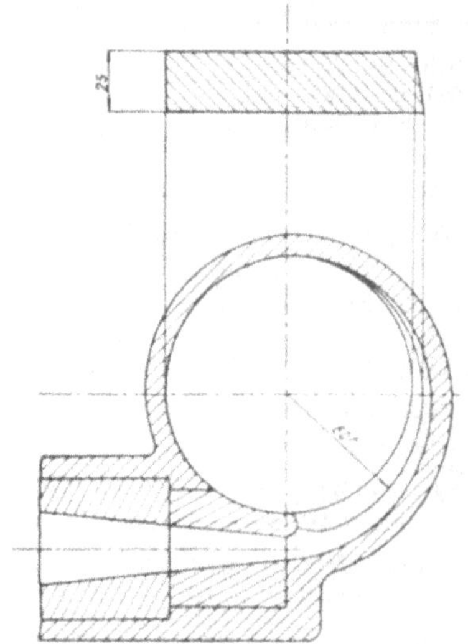

Abb. 28.

Kleine Spirale, Profil 2, Düsenrohr Einfaches 90-mm-Blech im weiten Querschnitt			ζ_1	ζ_2	ζ_1/ζ_2	Untersuchungsbereich in mm Wassersäule				σ_1	σ_2
Einlegbrett:		Düsenrohr-einschraubung				ζ_1		ζ_2			
Art:	Stärke:					H_w	$V^2/2g$	H_w	$V^2/2g$		
flach	18 mm (Abb. 26)	0 mm	320,9	16,25	19,7	16000	50	11000	400	<0,63	3,6
flach	18 mm (Abb. 26)	10 mm	317,5	19,69	16,1	16000	54	11000	379	<0,65	2,9
flach	23 mm (Abb. 26)	0 mm	404,3	28,23	14,3	16000	39	13000	263	<0,62	3,2
konisch	15 mm (Abb. 27)	0 mm	120,2	5,79	20,8	15000	140	6000	834	1,11	<2,6
konisch	15 mm (Abb. 27)	12 mm	117,4	6,32	18,6	15000	140	6000	770	1,18	<2,3
konisch	20 mm (Abb. 27)	0 mm	112,4	5,25	21,4	15000	152	5500	815	1,27	<2,6
konisch	25 mm (Abb. 27)	0 mm	120,5	4,79	25,1	15000	140	5500	876	1,12	<2,8
konisch	25 mm (Abb. 28)	0 mm	185,6	7,45	24,9	16000	91	9000	892	<0,56	1,9
konisch	30 mm (Abb. 27)	0 mm	132,5	6,28	21,1	15000	125	6000	770	0,88	<2,5

Bei den Versuchen mit eingeschraubtem Düsenrohr mit und ohne eingebaute Wirbelvernichter (Kreuzblech oder einfache Bleche) beobachtete man gerade durch die Rohreinschraubungen ein erwünschtes Fallen der ζ_2-Werte. Dagegen stellte sich wider Erwarten diese Art von Prallplattenwirkung weder bei den flachen noch den konischen Brettern ein. Bei den flachen Brettern zeigte sich, wie das Schaubild (Abb. 29) verdeutlicht, sogar bald die lästige Kavitationswirkung am übermäßig eingeengten Tangentialaustritt, aber auch die „konischen“ Einlegebretter scheinen den Abzug des Wassers durch diese Öffnung wesentlich zu stören.

Die Versuche mit Einlegebrettern führten zu keiner Verbesserung des Wirkungsgrades.

Der beste Wirkungsgrad der kleinen Spirale ($\zeta_1/\zeta_2 = 33{,}4$, Tabelle S. 38) wurde also erzielt mit dem Kreuzblech als Wirbelvernichter im weiten Querschnitt des 15 mm eingeschraubten Düsenrohres bei unverändertem Gehäuse mit Profil 2. Doch wird man der einfachen Ausführung

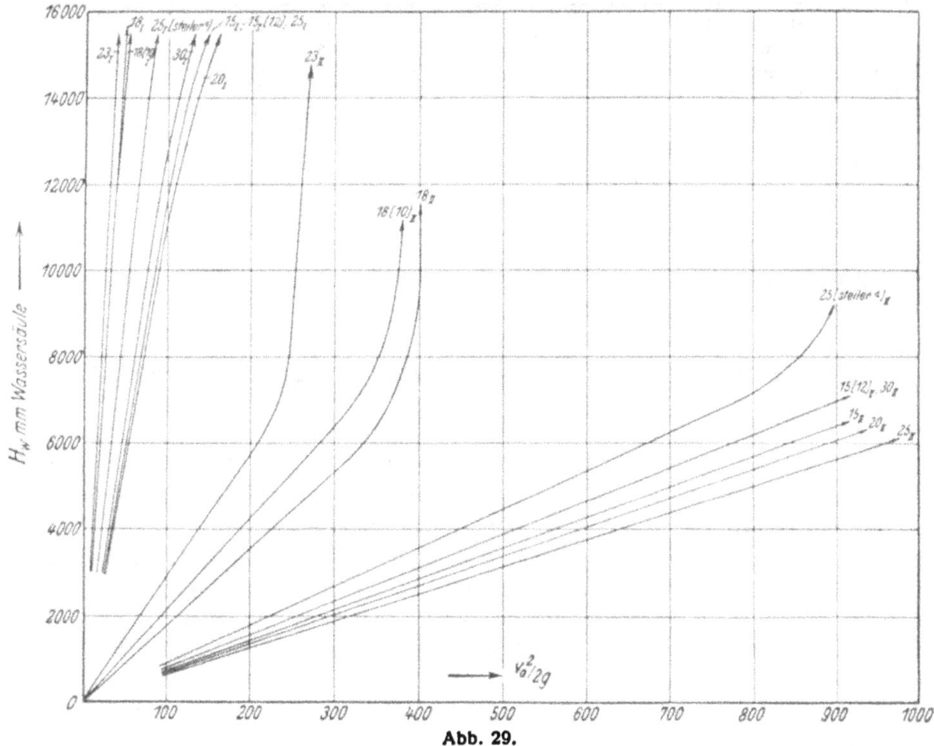

Abb. 29.

wegen das einfache 90-mm-Leitblech vorziehen, mit dem o h n e Rohreinschraubung der gleiche Wirkungsgrad (29,6) wie mit dem Kreuzblech o h n e Rohreinschraubung erreicht wurde (vgl. ersten und letzten Wert der Tabelle S. 39). Bei einer Einschraubung des Düsenrohres um 15 mm ist auch für das einfache 90-mm-Leitblech ein Wirkungsgrad von ungefähr 33,4 zu erwarten.

Versuche mit der großen Spirale.

(Versuch XI und XII.)

Die Erfahrungen an der kleinen Spirale schrieben jetzt das Programm für die große Spirale vor.

Die Versuche wurden mit dem zylindrischen Rohr und mit dem Düsenrohr, mit diesem nur für die Einrichtung mit Kreuzblech an günstigster Stelle, durchgeführt; so konnte auch bei dieser Spirale verglichen werden, in welchem Maße das Düsenrohr geeignet ist, den Wirkungsgrad gegenüber dem einfachen zylindrischen Axialrohr zu verbessern.

Die folgende Tabelle gibt die Erfahrungen mit dem zylindrischen Rohr an der großen Spirale wieder (Versuch XI).

Große Spirale, Profil 2 Gleichrichter: Rohr Zylindrisches Axialrohr Rohreinschraubung:	ζ_1	ζ_2	ζ_1/ζ_2	Untersuchungsbereich in mm Wassersäule ζ_1		ζ_2		σ_1	σ_2
				H_w	$V_1/2g$	H_w	$V^2/2g$		
0 mm	110,2	5,28	20,9	16000	146	4000	766	<1,34	<2,8
15 mm	112,4	5,60	20,1	16000	143	5500	1005	<1,30	<2,5
20 mm	110,9	5,23	19,7	16000	145	5500	985	<1,33	<2,5
25 mm	111,1	6,39	17,4	16000	145	6500	1038	<1,33	<2,7
30 mm	110,0	9,54	11,5	16000	146	9000	953	<1,35	<1,1

Wie aus der nächsten Tabelle für die Versuche an der großen Spirale mit dem Düsenrohr zu ersehen ist, scheint das Einragen dieses Rohres in den Wirbelkern den Austritt des Wassers aus der Spirale in das Axialrohr sogar zu erleichtern; eine Einschraubung des Rohres von 15 mm gibt für ζ_1 einen geringeren Wert als bei planer Rohreinstellung (Versuch XII).

Große Spirale, Profil 2 Düsenrohr Einfaches 90-mm-Blech im weiten Querschnitt Rohreinschraubung:	ζ_1	ζ_2	ζ_1/ζ_2	Untersuchungsbereich in mm Wassersäule				σ_1	σ_2
				ζ_1		ζ_2			
				H_ω	$V^2/2g$	H_ω	$V^2/2g$		
0 mm	273,5	5,49	43,3	16000	69	7000	1014	<0,59	<1,81
15 mm	224,9	5,55	40,5	16500	74	7000	995	<0,68	<1,80
20 mm	228,1	5,63	40,5	16500	72	7000	977	<0,66	<1,8

Das erreichte Verhältnis ζ_1/ζ_2 von 43,3 ist der günstigste Wert des Wirkungsgrades, der bei den durchgeführten Arbeiten erreicht wurde.

Das Verhalten der Wirbelströmung in einem langen Axialanschlußrohr.

(Versuch XIII.)

Da es unter Umständen nicht angebracht oder unbequem ist, einen Wirbelvernichter nach der Spirale im Axialrohr einzubauen, schien es wünschenswert, eine Untersuchung über das Verhalten der rotierenden Strömung im Axialanschlußrohr anzustellen.

Deshalb wurde, um den Einfluß der Spirale auf die Strömungsvorgänge in einer an sie anschließenden längeren Rohrleitung kennen lernen und beurteilen zu können, an die kleine Spirale eine Rohrstrecke von ungefähr 9 m Länge angeschlossen. Diese Rohrstrecke war aus 8 je 1 m langen Rohrstücken mit Muffen zusammengeschraubt, um es auf diese Weise zu ermöglichen, das vorherbeschriebene Rohr mit dem Rohrpaket (s. Abb. 10) an verschiedene Stellen in die Leitung einzuschalten (Abb. 30). An diesen Stellen sollte durch die Messung des Druckunterschiedes vor und

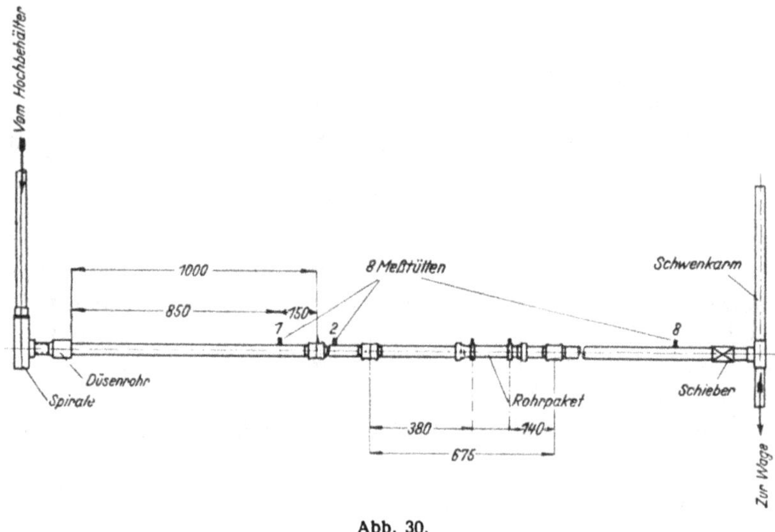

Abb. 30.

nach dem Rohrpaket der Verlust festgestellt werden, den das die Spirale rotierend verlassende Wasser in dem Rohrpaket erfährt. Es ist anzunehmen, daß je geringer die Tangentialkomponente des Wirbels, also je geringer die Umlenkung ist, welche die Stromfäden im Rohrpaket erfahren, um so geringer auch der Druckverlust für das Rohrpaket ausfällt. Man war deshalb in der Lage, dadurch, daß das Rohrpaket in verschiedenen Abständen von der Spirale eingebaut wurde, aus den verschieden großen Verlusten einen Rückschluß auf die Stärke des Wirbels an der jeweiligen Stelle des langen Rohres zu machen.

Die ζ_1-Werte des Rohrpakets, die bei jedem einzelnen Abstand für verschiedene Wassergeschwindigkeiten ermittelt wurden, blieben konstant, abgesehen von den ganz geringen Wassergeschwindigkeiten, für welche die ζ_1-Werte höher waren.

Die Abhängigkeit des Widerstandsbeiwertes von dem Abstand des Rohrpakets von der Spirale ist in Abb. 31 dargestellt. Der Abstand ist dabei als Abszisse im Vielfachen des Rohrdurchmessers von 40 mm angegeben. Auf der Abbildung ist auch der Wert des Rohrpakets für wirbellose Strömung angegeben.

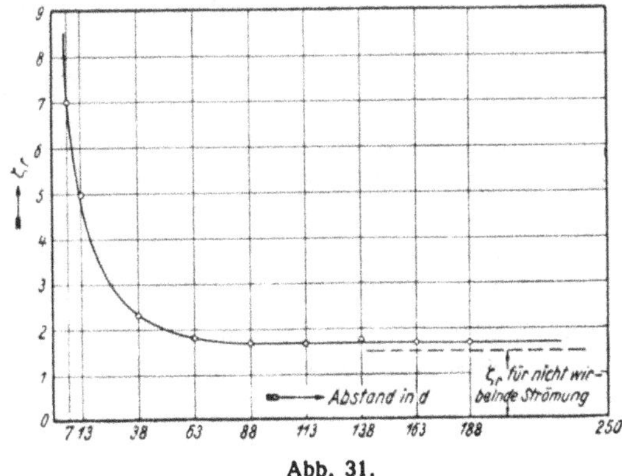

Abb. 31.

Wie man erwartet hatte, nimmt die Stärke der Wirbelung wohl durch die abbremsende Wirkung der Wandreibung ab, und zwar so, wie aus der Kurve hervorgeht, sehr schnell. Über 83 *d* hinaus findet keine wesentliche Änderung des Rohrpaketwiderstandes mehr statt. Der Widerstandsbeiwert für Wirbelströmung bei den Abständen des Rohrpakets von 83 *d* bis 188 *d* nach der Spirale unterscheidet sich aber immer noch etwas von dem ζ_2-Wert, der für wirbellose Strömung Strömung gemessen wurde, so daß angenommen werden muß, daß das Wasser noch rotiert.

Es wurde noch das Abfallen des Druckes über die ganze Rohrstrecke durch an jedem 1-m-Stück angebrachte Meßtüllen verfolgt (s. Abb. 30). Hierbei wurde jeweils der Druckunterschied zwischen der einzelnen Meßtülle und der Ringmeßstelle unmittelbar vor dem am Ende der Leitung angeschalteten Rohrpaket gemessen.

Das Ergebnis dieser Messung ist in einem Kurvenblatt Abb. 32 dargestellt. Auf diesem sind in Abhängigkeit vom Meßtüllenabstand von der Spirale die gemessenen Druckverluste als Ordinaten aufgetragen, dazu sind zum Vergleich die Druckverluste für wirbellose Strömung bei den entsprechenden gleichen mittleren Geschwindigkeiten durch die punktierten Linien gegeben. Schon nach 90 *d* zeigt sich der Druckverlust für wirbelbehaftete Strömung nicht mehr erheblich verschieden von dem Druckverlust für wirbellose Strömung.

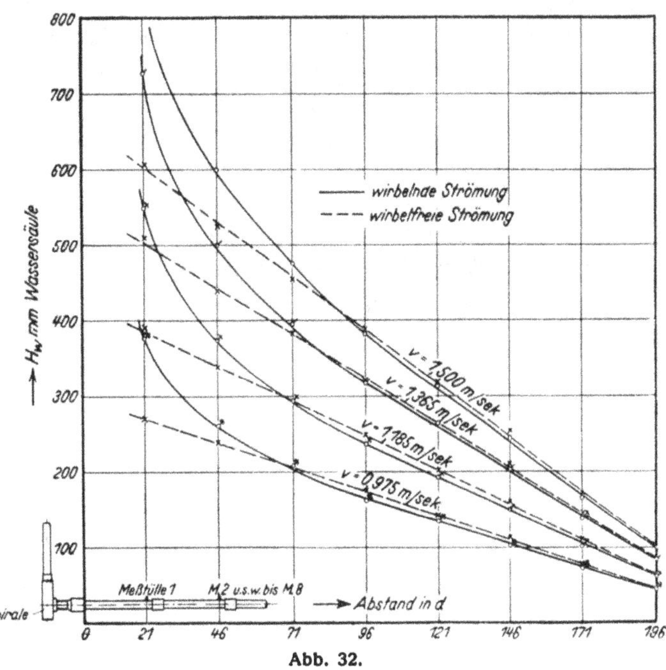

Abb. 32.

Auffallend ist, daß in diesem Bereich der Angleichung der Druckverluste für die beiden verschiedenen Strömungsarten der Verlust bezogen auf die Längeneinheit für wirbellose Strömung ein wenig höher ist als bei der Wirbelströmung. Dieses drückt sich in der graphischen Darstellung durch den im Vergleich mit den geraden, für den Druckverlust bei wirbelloser Strömung flacheren Auslauf der Kurven für wirbelbehaftete Strömung aus. Die Meßgenauigkeit bei den Versuchen konnte aber der Einrichtung entsprechend keine sehr große sein.

Man kann aus dieser Untersuchung entnehmen, daß man etwa 80 bis 90 *d* des Axialrohres nach der Spirale mit ungefähr dem gleichen Druckabfall rechnen kann wie bei nicht rotierender Strömung; es ist also nichts dagegen einzuwenden, nach einem derartigen Abstand das die Spirale wirbelnd verlassende Wasser irgendwelchen anderen Vorrichtungen zuzuführen, wenn man auf einen die Ventilwirkung der Rückstrombremse steigernden Wirbelzerstörer verzichten will.

Zusammenfassung.

Handelt es sich darum, zur praktischen Anwendung eine Auswahl unter den in dieser Arbeit angegebenen Formen der hydraulischen Rückstrombremse zu treffen, so kann — wenn ohne Rücksicht auf die Abmessungen des Apparates ein möglichst hoher Wirkungsgrad der Rückstrombremse gefordert wird — als beste Form die auf S. 24 angegebene Spirale (Abb. 13) mit einem Vektorenverhältnis 10:12, eingeengtem Tangential- (Profil 2) und düsenförmigem Axialanschluß (einfaches Blech unmittelbar nach dem engsten Querschnitt des Axialrohres; dieses plan mit dem Spiralendeckel abschließend) empfohlen werden.

Soll das Eintreten von Kavitationen nach Möglichkeit auch bei sehr hohen Druckunterschieden vermieden werden, so ist das in der Tabelle S. 31 und auf Abb. 20 mit 1 bezeichnete Profil für die Tangentialdüse anzuwenden.

Ist es nicht erforderlich, einen möglichst großen Wirkungsgrad der Rückstrombremse zu erreichen, jedoch wichtig, die Abmessungen des Apparates klein zu halten, so möge die auf S. 24 beschriebene kleinere Spirale (Abb. 14) mit einem Vektorenverhältnis von 5:7 verwandt werden. Beim tangentialen Anschluß ist das auf S. 35 in der Tabelle und auf Abb. 21 angegebene Profil 2 anzubringen; als Axialanschluß nehme man ebenfalls das Düsenrohr mit einfachem Blech an derselben Stelle wie oben, jedoch ist das Axialrohr um 40% der Gesamthöhe der Spirale einzuschrauben.

Das Ergebnis der Arbeit kann so zusammengefaßt werden:

Es gelang mit der Thomaschen Rückstrombremse eine Vorrichtung zu schaffen, die ohne Verwendung beweglicher Teile in verschiedenen Durchflußrichtungen einen wesentlich verschiedenen Durchflußwiderstand ergibt (höchst erreichter Wirkungsgrad: $\zeta_1:\zeta_2 = 43{,}3:1$).

Es wurden durch Versuche eine Reihe Formen der Rückstrombremse erprobt und die günstigsten Typen ausgewählt. Bei praktischer Anwendung dieser ist auf Vermeidung des Kavitationsbereiches Bedacht zu nehmen.

Der Verlust in 90°-Rohrkrümmern mit gleichbleibendem Kreisquerschnitt.

Von Dipl.-Ing. **Albert Hofmann.**

Einleitung.

Die vorliegende Untersuchung, über die bereits in Heft 2 der „Mitteilungen des Hydraulischen Institutes der Technischen Hochschule München“[1]) vorläufig berichtet wurde, soll die Frage der Druckverluste in Rohrkrümmern klären; die zahlreichen bisher über diesen Gegenstand vorgenommenen Untersuchungen haben stark voneinander abweichende Ergebnisse gezeitigt. Es seien hier die Versuche von Weisbach[2]), Williams, Hubbel und Fenkell[3]), Davis[4]), Schoder[5]), Brightmore[6]), Balch[7]), Alexander[8]) sowie die neueren Untersuchungen von Flügel[9]) erwähnt, deren Ergebnisse sowie die der vorliegenden Arbeit in dem Schaubild Abb. 1 für eine mittlere Reynoldssche Zahl $R = \frac{v \cdot d}{\nu}$ von etwa 146000 aufgezeichnet sind, soweit eine Umrechnung auf Grund der Versuchsberichte möglich war.

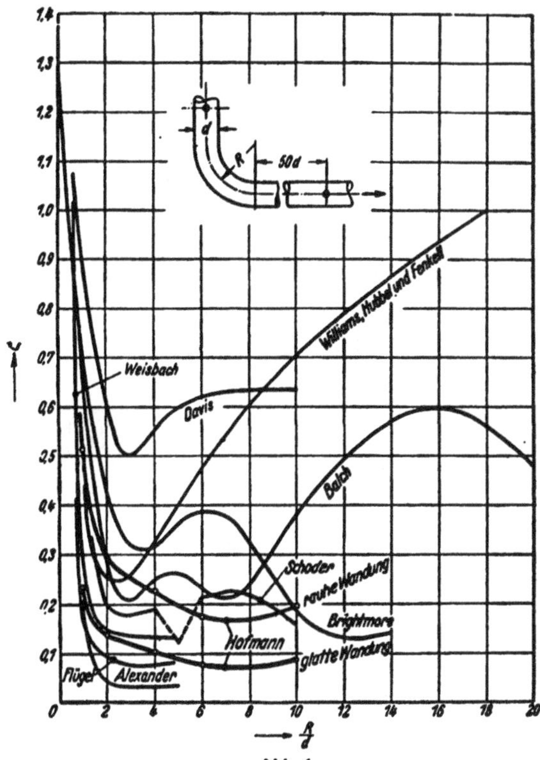

Abb. 1.

Die Weisbachschen Werte sind der Tabelle II, S. 157 seines Werkes „Experimentalhydraulik“ entnommen; seine Versuche wurden, soweit feststellbar, an Krümmern und Rohren von 1 cm l.W. vorgenommen. Die Ergebnisse von Williams, Hubbel und Fenkell wurden an 12-, 16- und 30zölligen Rohren und Krümmern der Detroiter Wasserleitung gewonnen, diejenigen von Davis an zweizölligen Gußfittings und geschweißten Stahlrohren. Schoder verwandte sechszöllige schmiedeeiserne Rohre und gußeiserne bzw. aus Stahlrohr gebogene Krümmer, Brightmore und Balch beide dreizöllige Eisenrohre und gußeiserne sowie stählerne Krümmer. Es muß angenommen werden, daß die Unterschiede dieser Ergebnisse in der Hauptsache auf ungenaue Form und verschiedene Wandrauhigkeit der untersuchten Krümmer zurückzuführen sind, da mit Ausnahme von Alexander, dessen Versuche später noch besprochen werden, sämtliche genannten Forscher einteilige, innen nicht bearbeitete gußeiserne oder stählerne Krümmer benutzt haben. Bei Verwendung solcher nichtbearbeiteter Versuchskörper, deren Beschaffenheit zudem auf einem großen Bereich nicht einmal durch Besichtigung festgestellt werden kann, sind jedoch unbestimmbare Fehler der Ergebnisse zu erwarten.

---

[1]) bis [9]) siehe Literaturverzeichnis S. 60.

Bei den vorliegenden Untersuchungen wurden deshalb Krümmer verwendet, die zweiteilig (in der Krümmungsebene geteilt) und innen vollständig bearbeitet waren. Die schwierige Bearbeitung dieser aus Rotguß hergestellten Versuchskörper wurde von der Münchener Firma Friedrich Deckel unter Entwicklung von Spezialwerkzeugen in vorbildlicher Weise durchgeführt.

Alexander benutzte ebenfalls zweiteilige, aber aus Holz gefertigte Krümmer von 1¼ Zoll lichter Weite, die innen sorgfältig geglättet und poliert waren. Da jedoch die Meßbohrungen, zwischen denen er die Druckabnahme ermittelt hatte, sich je in einem Abstande von nur 3,2 Durchmesser vor und hinter den Krümmern befanden, ergaben sich durchwegs zu kleine Widerstandsbeiwerte, da er nur einen Bruchteil des gesamten Verlustes gemessen hatte. Alexander weist in seiner Arbeit selbst auf diese Tatsache hin.

Bezüglich der Versuche von Flügel mit normalen Krümmern, d. h. solchen mit kreisförmiger Mittellinie und gleichbleibendem Kreisquerschnitt, die bisher nur kurz in dem Berichte über die Göttinger Hydraulik-Tagung 1925 erwähnt wurden, sind nähere Angaben über Material, Rauhigkeit und Reynoldssche Zahl zurzeit noch nicht bekannt.

Versuchsanordnung und Versuchsprogramm.

Da die relative Rauhigkeit der in der Praxis verwendeten Rohrkrümmer je nach Material und Größe der betreffenden Formstücke wesentlich verschieden ist, wurde bei vorliegenden Untersuchungen jeder Krümmer mit zwei beträchtlich voneinander abweichenden Wandrauhigkeits-

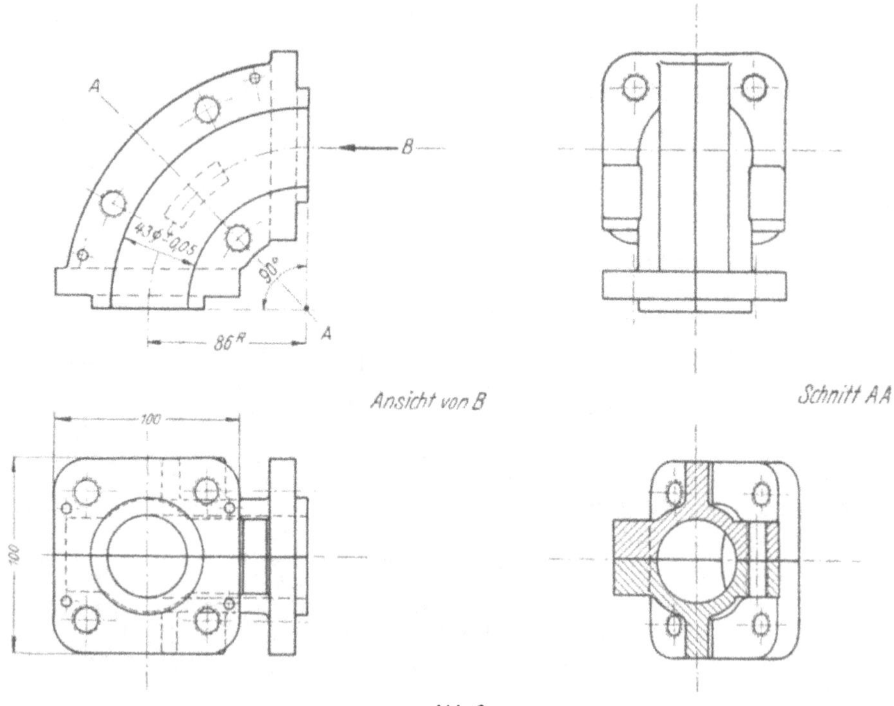

Abb. 2.

graden untersucht, nämlich mit der durch die sorgfältige Bearbeitung sehr glatt gemachten Wand und mit einer großen Rauhigkeit, die durch einen Anstrich mit einem Gemisch aus Ölfarbe und Sand hergestellt wurde. Selbstverständlich waren bei der Untersuchung rauher Krümmer die geraden Rohre vor und hinter den Krümmern in gleicher Weise angerauht. Zwischen diesen beiden extremen Rauhigkeitsgraden dürfte die Mehrzahl aller praktisch vorkommenden Rauhigkeiten liegen.

Es wurden im ganzen fünf Kreiskrümmer für 90° Ablenkung untersucht, die sämtlich 43 mm lichten Durchmesser hatten und sich nur durch den Krümmungsradius unterschieden. Das Verhältnis des Krümmungsradius R der kreisförmigen Mittellinie zum lichten Durchmesser d des kreisförmigen Querschnittes betrug $\frac{R}{d} = 1, 2, 4, 6$ und 10. Abb. 2 zeigt die Konstruktion des Krümmers $\frac{R}{d} = 2$. Um an den Flanschen Stöße beim Übergang in die Anschlußrohre zu vermeiden, wurden Zwischenflanschen nach Abb. 3 eingeschaltet, die, an beiden Enden zentriert, gestatteten, nach dem Einpassen die Stöße zu kontrollieren und gegebenenfalls nachzuschaben. Bei den rauhen Krümmern und Rohren war ein Nacharbeiten natürlich nicht möglich, aber auch nicht erforderlich, da die größere Rauhigkeit ohnehin etwaige Stoßungenauigkeiten überwog. Abb. 4 und 5 zeigen die Krümmer mit $\frac{R}{d} = 6$, 4 und 2 im geöffneten Zustande, außerdem den geschlossenen Krümmer $\frac{R}{d} = 1$, sowie den von Abb. 3 abweichenden Zwischenflansch, der aus konstruktiven Gründen bei dem letzteren Krümmer erforderlich wurde.

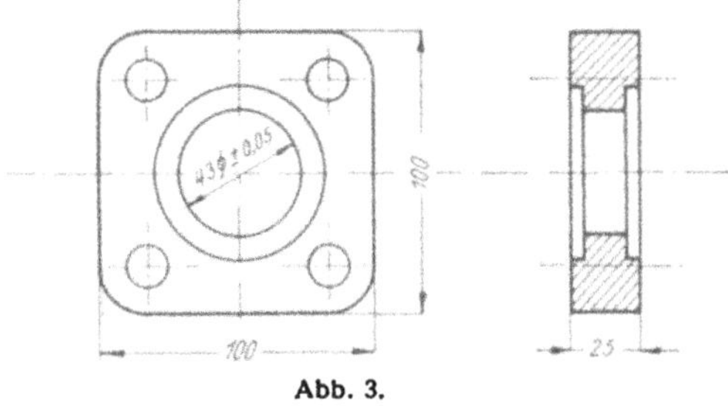

Abb. 3.

Die Versuchsanordnung ist in Abb. 6 im Aufriß bei eingebautem geradem Ersatzrohr und in Abb. 7 im Grundriß bei eingebautem Krümmer schematisch dargestellt. Das Wasser strömt vom

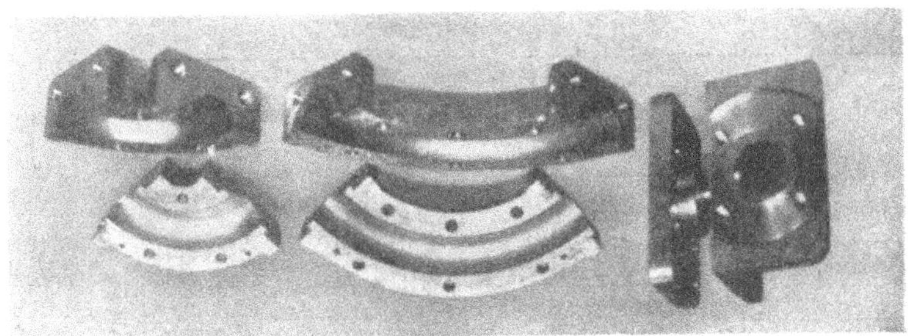
Abb. 4.

Abb. 5.

Hochbehälter durch ein Absperrorgan in eine Leitung von 100 mm l. W. und von dort durch eine Beruhigungsdüse in das aus den zwei Rohrstücken I und II bestehende Zulaufrohr. Die beiden Rohrstücke sind gezogene Messingrohre und besitzen je 43 mm l. W.; Rohr I ist etwa 4 m, Rohr II 1,048 m lang. Rohr II ist ein Präzisionsrohr, d. h. seine lichte Weite wurde durch wiederholtes Nachziehen möglichst genau auf den Sollwert von 43 mm gebracht. Durch den Einbau dieses

Rohres sollte erreicht werden, daß Fehler durch Abweichungen der Lichtweiten unmittelbar vor dem Krümmer möglichst vermieden wurden. Leider können solche Rohre nur bis zu einer maximalen Länge von 1,05 m hergestellt werden. Die genauen Werte der Lichtweiten sämtlicher Rohre

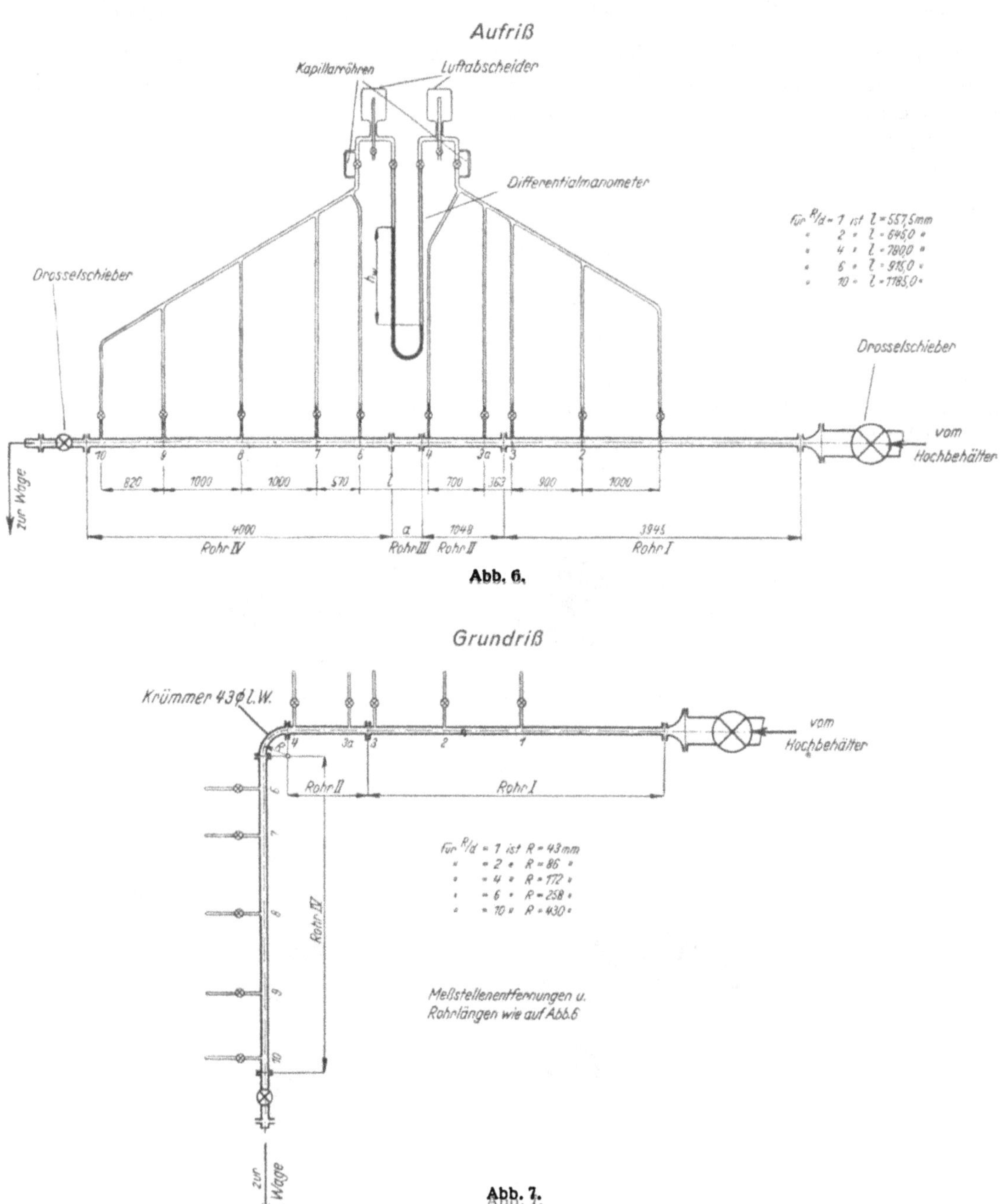

Abb. 6.

Abb. 7.

sind aus der Zahlentafel Nr. 1, Seite 51, ersichtlich. Es folgt auf das Präzisionsrohr II der jeweils zu untersuchende Krümmer und anschließend eine 4 m lange Auslaufstrecke, ebenfalls aus gezogenem Messingrohr von 43 mm l. W. Am Ende des Ablaufrohres befindet sich ein zweites Absperrorgan. Aus der 43 mm Ablaufleitung strömt das Wasser frei in ein senkrechtes, oben offenes Rohr von 150 mm l. W. und von diesem dem Waagetank zu. Durch den großen Durchmesser dieses senkrechten Rohres ist die Gewähr dafür gegeben, daß nach dem Austritt des Wassers aus der 43-mm-Leitung Druckänderungen im freien Strahl, die den Druck im Rohre noch beeinflussen könnten, nicht mehr auftreten. Die Bestimmung der sekundlichen Wassermenge erfolgte in der im Institut üblichen, mehrfach beschriebenen Weise durch Wägung, wobei die Einlaufzeit durch einen Bandchronographen gemessen wurde.

Auf Grund der Ergebnisse früherer Untersuchungen im hiesigen Institut war zu erwarten, daß der Druckverlust pro Längeneinheit innerhalb der Rohre nicht überall der gleiche sein würde[1]). Um auch hierüber ein Bild zu gewinnen, wurden von Anfang an mehr Meßstellen als für die eigentliche Krümmerverlust-Messung erforderlich gewesen wären, vorgesehen, und zwar 3 im Zulaufrohr I, 2 im Zulaufrohr II (Präzisionsrohr) und 4 im Ablaufrohr. Die genaue Länge der verschiedenen Rohre und die Abstände der einzelnen Meßbohrungen voneinander sind aus der Abb. 6 ersichtlich. Die Meßbohrung 10 unmittelbar vor dem hinteren Absperrorgan wurde erst später bei Beginn der Versuche mit angerauhten Rohren und Krümmern angebracht, Meßbohrung Nr. 5 befand sich in der Mitte einiger gerader Ersatzrohre, wurde jedoch nicht benutzt. Die Meßbohrungen und Ringmuffen selbst entsprachen in der Form den Angaben, die Vogel auf S. 77 des 1. Heftes der Mitteilungen des Hydraulischen Institutes der Technischen Hochschule München (dortige Abb. 4) macht, nur befand sich noch ein zweiter Druckabnahmeanschluß an der Ringmuffe, dessen Zweck später erläutert wird. Die einzelnen Ringmuffen der verschiedenen Meßbohrungen konnten durch mit Absperrhähnen versehene Gasrohre mit den beiden Schenkeln eines Differentialmanometers verbunden werden. Hierzu wurde das gleiche Instrument benutzt, das H. Mueller bei seinen Untersuchungen eines Venturirohres verwendet und im Heft 2 der Mitteilungen des Hydraulischen Institutes, S. 32 und 33 (dortige Abb. 4) beschrieben hatte. Als Sperrflüssigkeit diente Quecksilber; ein Unterschied gegenüber der Muellerschen Anordnung war nur insoferne vorhanden, als zur Dämpfung der Druckschwankungen auf Veranlassung von Professor Thoma Kapillarrohre an Stelle der Drosselhähne eingebaut waren. Bei einer Länge von etwa 80 mm zeigten sich Kapillaren mit 1 mm l. W. als die geeignetsten; sie dämpften die Schwingungen auf etwa $^2/_{10}$ mm ab, wobei die Halbierungszeit der Amplitude nur etwa 2 s betrug.

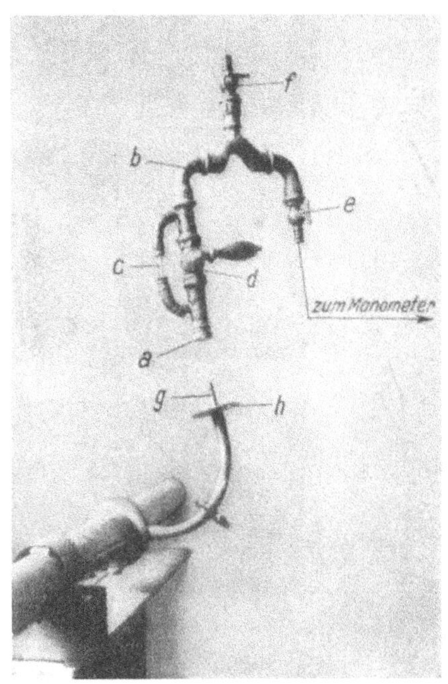

Abb. 8.

Bei der späteren Untersuchung der rauhen Rohre und Krümmer wurde noch eine einfache Vorrichtung konstruiert, welche gestattete, ohne Benutzung der verschiedenen festen Druckabnahmeleitungen, bei denen die Beseitigung der Undichtigkeiten der zahlreichen Absperrhähne oft Schwierigkeiten verursachte, direkt dic Druckverluste auf jeder einzelnen Meßstrecke zu bestimmen. Diese Vorrichtung ist in Abb. 8 dargestellt.

An jeder Meßstelle der Rohrleitung ist an dem erwähnten zweiten Druckstutzen der Ringmuffe ein durch einen Quetschhahn verschließbarer Gummischlauch angeschlossen, der am freien Ende ein kurzes, mit Gewinde versehenes Messingrohr *g* trägt, an dem eine Platte *h* angelötet ist. Von jedem der zwei Schenkel des Differentialmanometers führt ein Gummischlauch zu je einem U-förmig gebogenem Gasrohre *b*, das an seiner höchsten Stelle mittels des Hahnes *f* entlüftet werden

[1]) Mitteilungen des Hydraul. Instituts der Techn. Hochschule München, Heft 1, Abb. 8, S. 80.

kann. Vom Manometer kann dieses U-Rohr durch den Hahn *e* abgetrennt werden; sein anderer Schenkel trägt den Absperrhahn *d* mit der parallel geschalteten Dämpfungskapillare *c* und anschließend einen „Expreß-Nippel“ *a*, wie sie bei Kraftwagen zur Verbindung von Luftpumpe und Schlauchventil verwendet werden. In diesen Expreßnippel können die Gewinderohre *g* der einzelnen Meßstellen schnell und vollkommen dicht eingeführt werden, wobei die Platte *h* als Handgriff dient. Ebenso einfach ist die Trennung der Verbindungen. Luft dringt dabei nur in äußerst geringen Mengen ein und kann durch *f* leicht abgelassen werden. Mittels dieser Vorrichtung können beliebig viele Meßstellen nacheinander schnell mit dem Manometer verbunden werden. Die Vorrichtung hat sich gut bewährt und kann zur Verwendung empfohlen werden.

Abb. 9.

Der durch einen Rohrkrümmer hervorgerufene Verlust wird definiert als Unterschied zwischen dem Druckverlust in einer Rohrleitung, die den Krümmer enthält, und dem einer gleich langen geraden Rohrstrecke von gleicher Lichtweite und gleicher Rauhigkeit. Will man also den Krümmerwiderstandsbeiwert ζ bestimmen, so ist dazu die Kenntnis des Reibungsverlustes in einem entsprechend langen, geraden Rohre von gleicher Lichtweite und gleicher Rauhigkeit erforderlich. In der vorliegenden Arbeit erfolgte die Ermittlung dieses Verlustes in der Weise, daß an Stelle der Krümmer gerade Rohrstücke, „Ersatzrohre“ eingebaut wurden, deren Längen gleich denen der Mittellinien der verschiedenen Krümmer waren. In diesem Falle wurde das ganze hintere Teil der Rohrleitung um 90° geschwenkt. Abb. 9 zeigt den Mittelteil der Apparatur mit dem Krümmer $\frac{R}{d} = 1$.

Durchführung der Versuche.

1. Versuche mit glatten Krümmern.

Zunächst wurde vor Anbringung der Meßbohrungen der mittlere Durchmesser sämtlicher einzelnen Rohrstücke bestimmt durch Anfüllen der einzelnen Rohre mit Wasser und Auswiegung der eingefüllten Wassermenge. Die so gefundenen Durchmesser sind in der nachfolgenden Zahlentafel 1 angegeben, die größte Abweichung vom Sollwert wies das Zulaufrohr I auf.

Zahlentafel 1.

		d_m
Zulaufrohr I		$= 42{,}74$ mm
Zulaufrohr II (Präzisionsrohr)		,, $= 43{,}00$,,
Ablaufrohr		,, $= 42{,}78$,,
Ersatzrohre	$l = 67{,}5$ mm für Krümmer $\frac{R}{d} = 1$	,, $= 42{,}84$,,
	$l = 135$,, ,, ,, ,, $= 2$	,, $= 43{,}03$,,
	$l = 270$,, ,, ,, ,, $= 4$	,, $= 42{,}83$,,
	$l = 405$,, ,, ,, ,, $= 6$	,, $= 42{,}83$,,
	$l = 675$,, ,, ,, ,, $= 10$	,, $= 42{,}91$,,

Da die Rohre unter sich und von den Krümmern nur sehr wenig im Durchmesser abweichen, wurde ein unter Berücksichtigung der Längen der einzelnen Rohrstücke gebildeter mittlerer Durchmesser allen Auswertungen zugrunde gelegt und daraus die mittlere Wassergeschwindigkeit v

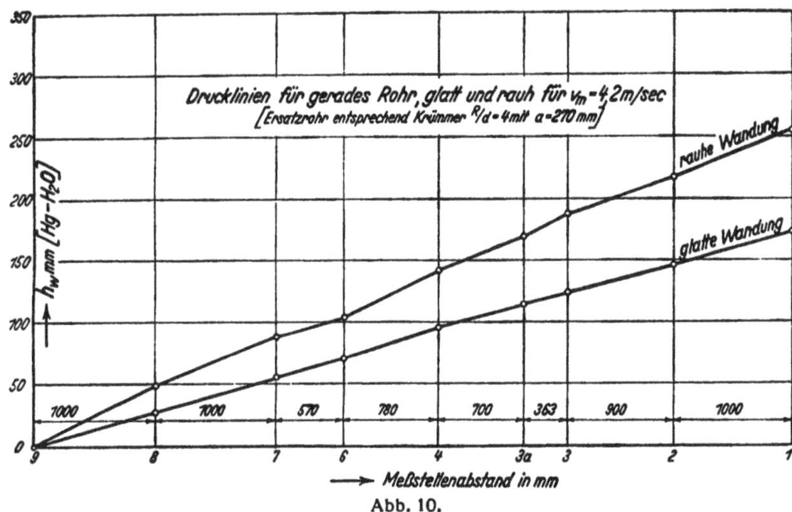

Abb. 10.

bestimmt. Die größte erreichte Geschwindigkeit betrug bei geraden glatten Rohren etwa 6 m/s, die kleinste, d. h. diejenige, bei der die Druckänderungen am Differentialmanometer noch genügend genau ablesbar waren, etwa 2,8 m/s. Die Temperatur des Betriebswassers schwankte zwischen 12° C im Winter und 18,5° C im Sommer. Da die Versuche mit glatten Rohren und Krümmern vom Oktober bis Dezember 1927, also im Winter vorgenommen wurden, sind die Reynoldsschen Zahlen hierfür durchwegs mit $\nu = 0{,}0125\ \text{cm}^2/\text{s}$ (entsprechend 12° C) berechnet worden; die geringen während dieser Versuche vorhandenen Temperaturänderungen wurden vernachlässigt.

Zunächst wurde das Ersatzrohr von der Länge $l = 270$ mm $\left(\text{entspr. } \frac{R}{d} = 4\right)$ eingebaut und die Druckverluste auf sämtlichen einzelnen Meßstrecken für drei verschiedene Geschwindigkeiten ($v =$ ca. 5,8—6 m/s, $v =$ ca. 4,25 m/s und $v =$ ca. 2,8 m/s) ermittelt. Die so gefundenen statischen Druckhöhen, aufgetragen über den Meßstellen, zeigt für die Geschwindigkeit $v = 4{,}2$ m/s das Schaubild Abb. 10 (unterer Linienzug). Deutlich sind hier die bereits erwähnten Unstimmigkeiten in der Druckabnahme zu erkennen. Zum Teil mögen diese auf Verschiedenheiten in den Rohrdurchmessern an den Meßstellen oder auf kleine Unterschiede der Form der Meßbohrungen zurückzuführen sein, zum Teil vielleicht auch auf die trotz sorgfältigen Einpassens unvermeidlichen Ungenauigkeiten an den Flanschverbindungen, doch ließ sich eine Ursache dafür einwandfrei nicht feststellen. Wenn der Wandreibungsverlust pro Einheit der Rohrlänge im geraden Rohr konstant über die ganze Rohrlänge wäre, so würde es genügen, ihn einmal zu bestimmen und dann von dem gesamten Verluste bei eingebautem Krümmer den daraus errechneten Wandreibungsverlust einer gleich langen geraden Rohrstrecke in Abzug zu bringen. Wegen der immerhin merklichen Abweichungen in der Neigung der Drucklinie, vor allem an der Stelle, an welcher der Krümmer eingebaut werden sollte, konnte jedoch dieses einfache Verfahren nicht angewendet werden; es war vielmehr notwendig, wie schon erwähnt, in die gerade Rohrstrecke Ersatzrohre einzubauen, deren jeweilige Länge gleich der der einzelnen Krümmer war, und dann den Druckverlauf zu bestimmen. Die Unterschiede in der Neigung der Drucklinie sind dann ohne Bedeutung für die Ermittlung der Krümmerwiderstandsbeiwerte, da angenommen werden kann, daß die unbekannten Störungsursachen bei eingebauten Krümmern und bei geraden Ersatzrohren in gleicher Weise wirken, so daß ihr Einfluß bei der Subtraktion herausfällt. Dabei ist vorausgesetzt, daß die Rauhigkeit des Ersatzrohres mit der des betreffenden Krümmers identisch ist. Wie weit diese Voraussetzung zutrifft, kann leider nicht gesagt werden.

Da auch die Frage des reinen Wandreibungs-Widerstandsbeiwertes von allgemeinem Interesse ist, so wurde für das glatte gerade Rohr in dem erwähnten Einbau der mittlere Druckverlust pro 1 m Rohrlänge als Funktion der Geschwindigkeit in Abb. 11 auf logarithmischem Papier aufgetragen. Die Meßlänge 4—6 wurde jedoch hierbei ausgeschaltet, da der in ihr auftretende erhöhte Druckverlust, welcher zweifellos durch eine systematische Störung hervorgerufen wird, bei ähnlichen Untersuchungen auch an anderen Apparaturen im hiesigen Institut beobachtet wurde.[1]) Stets trat diese Erscheinung an der Stelle des zu untersuchenden Formstückes oder unmittelbar dahinter auf.

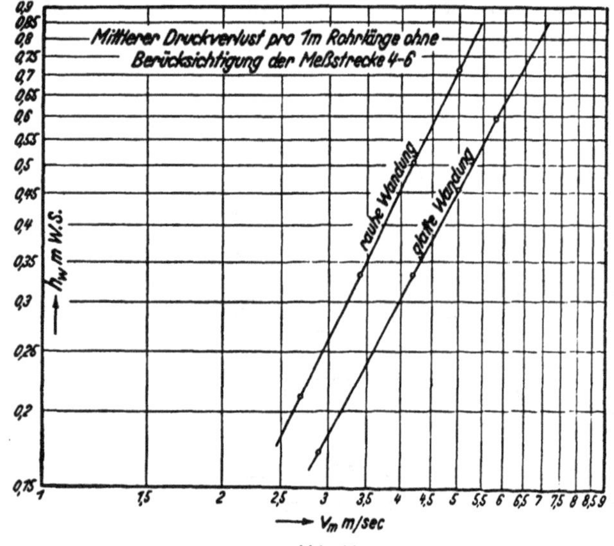

Abb. 11.

Es ergibt sich fast genau eine gerade Linie, die der Formel

$$h_w = 0{,}0257 \cdot v^{1,782}$$

entspricht, wobei h_w in m und v in m/s einzusetzen sind. Bestimmt man nach der bekannten Gleichung

$$h_w = \frac{L}{d} \cdot \frac{v^2}{2g} \cdot \lambda$$

noch den Reibungskoeffizienten λ, so erhält man die in Abb. 12 dargestellte untere Kurve. In diese Abbildung sind noch die von Petermann an einem Messingrohr von gleichen Dimensionen auf einer Länge ohne Stoß-

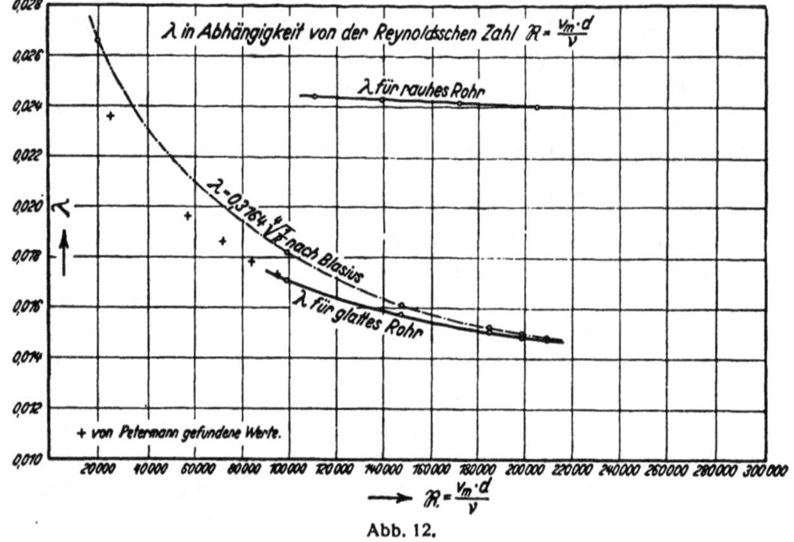

Abb. 12.

[1]) Siehe Vogel, Heft 1 der Mitteilungen des Hydraul. Instituts der Techn. Hochschule München, S. 80, dortige Abb. 8, und Petermann, „Der Verlust in schiefwinkeligen Rohrverzweigungen", S. 98 dieses Heftes.

stellen für kleinere Reynoldssche Zahlen gefundenen λ-Werte eingetragen; man erkennt die gute Übereinstimmung beider Meßergebnisse.

Die Lage dieser λ-Kurve etwas unterhalb der gleichfalls eingezeichneten λ-Kurve nach der Blasiusschen Formel $\lambda = 0{,}3164 \cdot \sqrt[4]{\frac{1}{R}}$ ist allerdings so lange nicht einwandfrei nachgewiesen, als nicht die genauen Rohrquerschnitte an den Meßstellen durch Zerschneiden der Rohre bestimmt worden sind. Dies soll aber erst, später geschehen, da diese Frage für die vorliegende Arbeit unwesentlich ist. Durch die Größenordnung von λ ist gleichzeitig nach den Versuchen von Hopf[1]) und Fromm[1]) innerhalb gewisser Grenzen die Rauhigkeit der Rohrwandung definiert.

In gleicher Weise wurden die übrigen vier Ersatzrohre und die fünf Krümmer untersucht, d. h. bei den bereits angegebenen drei Geschwindigkeiten jedesmal die Druckverluste auf allen Meßstrecken ermittelt. Vorher war die Durchmesserkontrolle der einzelnen Krümmer mit Schublehre und Tiefentaster an verschiedenen Querschnitten vorgenommen worden und aus den Ergebnissen für jeden Krümmer ein mittlerer Durchmesser errechnet. Die Abweichungen vom Sollwerte waren infolge der sorgfältigen Bearbeitung äußerst gering und sind in der Zahlentafel 2 angegeben.

Zahlentafel 2.

Krümmer $\frac{R}{d} = 1$	. . . .	$d_m = 43{,}00$ mm
„ „ $= 2$	. . . .	„ $= 42{,}99$ „
„ „ $= 4$	. . . .	„ $= 42{,}98$ „
„ „ $= 6$	. . . .	„ $= 43{,}00$ „
„ „ $= 10$	. . . .	„ $= 43{,}00$ „

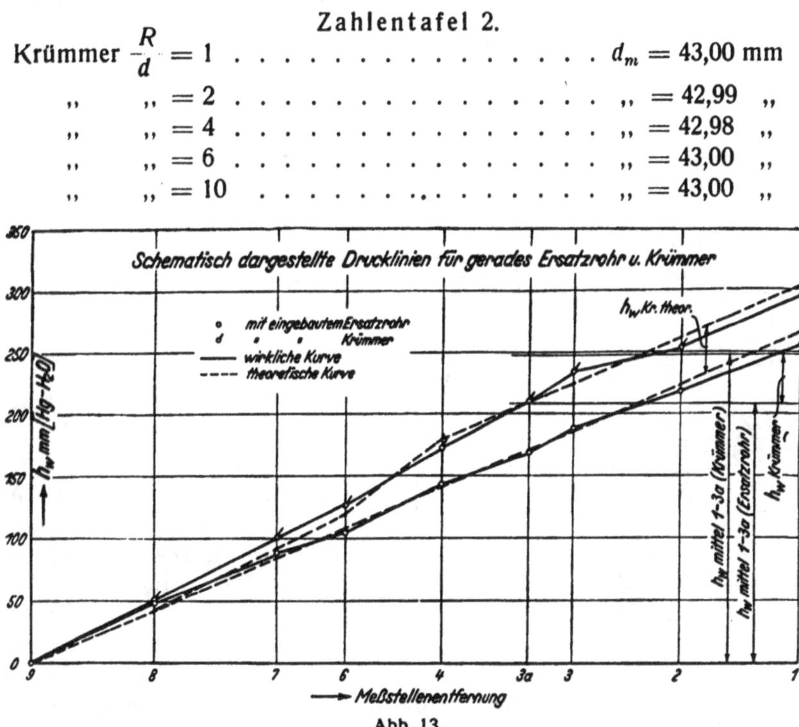

Abb. 13.

Aus den in der oben angegebenen Weise gefundenen Werten wurden für jede Meßstrecke die Druckverluste in Millimeter (Hg—H_2O) in Abhängigkeit von der Geschwindigkeit aufgetragen und diesen Kurven die jeweiligen Druckverluste für die vier Geschwindigkeiten 5,8 m/s, 5,0 m/s, 4,2 m/s und 2,9 m/s entnommen. Diese Werte sind für den Krümmer $\frac{R}{d} = 1$ in der Zahlentafel 3[2]) aufgetragen. Die Zahlentafeln 4[2]) $\left(\text{Kr.}\ \frac{R}{d} = 2\right)$, 5[2]) $\left(\text{Kr.}\ \frac{R}{d} = 4\right)$, 6[2]) $\left(\text{Kr.}\ \frac{R}{d} = 6\right)$ und 7[2]) $\left(\text{Kr.}\ \frac{R}{d} = 10\right)$ enthalten nur die für die ζ-Berechnung nötigen Druckhöhen-Differenzen. Mit Ausnahme der Geschwindigkeit von 5 m/s wurden diese Geschwindigkeiten in unmittelbarer Nähe der gemessenen ausgewählt, um Fehler bei der Interpolation möglichst zu vermeiden. Die Zahlentafeln 3—7 lassen erkennen, wie weit die einzelnen Krümmer die nachfolgende gerade Rohrstrecke noch beeinflussen.

[1]) Zeitschrift für angewandte Mathematik und Mechanik, Bd. 3, Jahrg. 1923, S. 329—339 u. 339—358.

[2]) Zahlentafeln 3—7 siehe Anhang.

Erst auf der Meßstrecke 8—9 ist der Druckverlust bei eingebauten Krümmern wieder annähernd ebenso groß wie bei eingebauten Ersatzrohren, während die Meßstrecken 6—7 und 7—8 durchwegs höhere Druckverluste bei eingebauten Krümmern aufweisen. Somit ist also die Nachwirkung der Krümmer an der Meßstelle 8, die sich 2,015 m oder 47 d hinter den Krümmern befindet, abgeklungen, d. h. die Nachwirkung der Krümmer erstreckt sich noch auf eine anschließende gerade Rohrstrecke von einer Länge = etwa 50 Rohrdurchmessern.

Trägt man, wie im Schaubild Abb. 13 schematisch dargestellt, die Druckhöhen über den einzelnen Meßpunkten bei eingebautem Krümmer und bei eingebautem geraden Ersatzrohr derart auf, daß die Drucklinien im letzten Meßpunkt (9) zusammenfallen, so müßten theoretisch die Differenzen der Druckhöhen für Krümmer und gerades Ersatzrohr an allen Meßpunkten vor dem Krümmer gleich groß und gleich dem Krümmerverluste h_{kr} sein. In Wirklichkeit tritt diese Übereinstimmung der Ordinatendifferenzen jedoch nicht auf infolge der Streuung der Messungen. Ferner zeigt sich an der Meßstelle 4, die 65 mm oder 1,5 d vor den Krümmern liegt, eine unverkennbare Rückwirkung der Krümmer im Sinne eines erhöhten Verlustes auf der Meßstrecke 3a—4. Dieser zusätzliche Verlust wächst mit zunehmendem Radius der Krümmer und beträgt etwa 0,5—1 % bei kleinen Krümmungsradien und 2,0—2,3% bei einem Krümmungsverhältnis $R/d = 10$ des Verlustes bei geradem Ersatzrohr. Es wird deswegen zur Berechnung des Krümmerkoeffizienten ζ aus der Formel

$$h_{kr} = \zeta \cdot \frac{v^2}{2g}$$

die Meßstelle 4 nicht mit herangezogen, sondern nur aus den Ordinatendifferenzen an den Meßstellen 1, 2, 3 und 3a das arithmetische Mittel gebildet und nach Multiplikation mit 12,6, dem Verhältnis der spezifischen Gewichte von Quecksilber minus Wasser zu Wasser $\left(\frac{\gamma\, Hg - \gamma\, H_2O}{\gamma\, H_2O}\right)$ als h_{kr} in Meter Wassersäule in die obige Formel eingesetzt bzw. es wurde aus den Druckhöhen an den Meßstellen 1, 2, 3 und 3a bei eingebautem Krümmer das arithmetische Mittel genommen und davon das der Druckhöhen an den gleichen Meßstellen bei eingebautem geraden Ersatzrohre abgezogen. Die Ergebnisse sind im Schaubild Abb. 14 dargestellt.

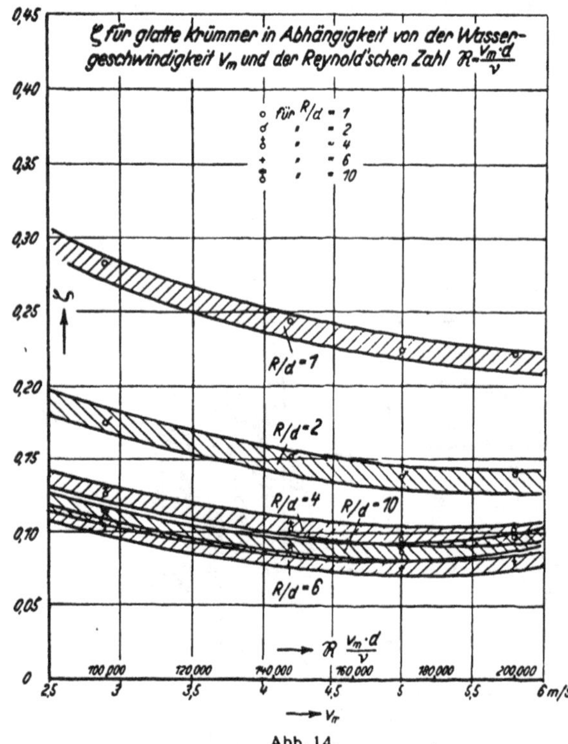

Abb. 14.

2. Versuche mit rauhen Krümmern.

Nach Beendigung der Versuche mit glatten Krümmern wurden Rohre und Krümmer angerauht. Ein Gemisch aus Sand, der durch ein Sieb von etwa 120 Maschen pro cm² hindurchgegangen war, mit weißer Öllackfarbe hatte sich, nach völligem Trocknen längere Zeit schnellströmendem Wasser ausgesetzt, als ziemlich widerstandsfähig gegen Auswaschung gezeigt. Auf je 1 kg Farbe wurden 0,365 kg Sand genommen und die gut durcheinander gerührte Mischung in die aneinander geflanschten, senkrecht gestellten Rohre gegossen, die unten blind zugeflanscht und deren Meßbohrungen durch Holzpfropfen verschlossen waren. Sogleich nach vollkommener Füllung entfernte man die Blindflanschen und ließ die Farbflüssigkeit auslaufen. Danach blieben die Rohre etwa 14 Tage zum Trocknen in gleicher Lage hängen. Die Krümmer wurden in ähnlicher Weise behandelt. Das Ergebnis war eine wenigstens für das Auge recht homogene Rauhigkeitsschicht, nur an den Ablauf rändern war die

Bildung eines etwas stärkeren Farbwulstes nicht ganz zu vermeiden. Durch das Aneinanderflanschen der einzelnen Rohre beim Eingießen des Farb-Sandgemisches wurde jedoch die Zahl solcher Farbwulste auf einige wenige beschränkt. Einen Längsschnitt durch ein derartig angerauhtes Rohr bzw. durch einen davon genommenen Wachsabdruck zeigt die Abb. 15 (der schwarze Teil ist der Lichtraum des Rohres); ein in gleicher Weise gewonnener Schnitt durch ein glattes Rohr ließ bei gleicher

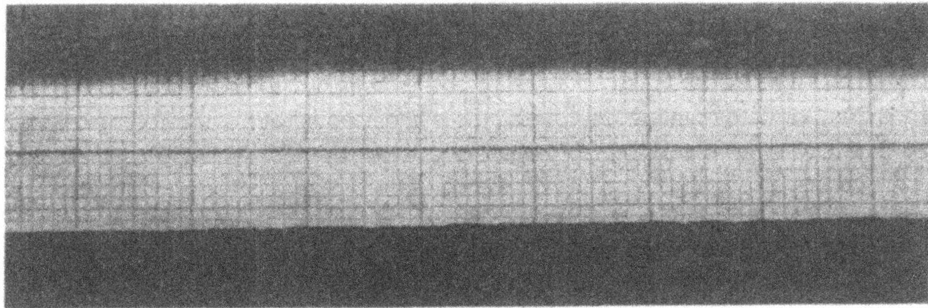

Abb. 15.

Vergrößerung keine Abweichung von einer geraden Linie erkennen. Abb. 16 zeigt ein Stück der aufgerauhten Innenwand eines aufgeschnittenen Rohrstückes von einem Quadratzentimeter Fläche und Abb. 17 genau entsprechend ein Stück der glatten Rohrwand von gleicher Größe, beide in etwa 7facher linearer Vergrößerung. Das in Abb. 17 dargestellte Stück der Rohrwand war vorher

Abb. 16.

Abb. 17.

ganz leicht angeätzt worden. Von dem Rohrwandstück, von welchem die Abb. 16 stammt, wurden noch die Höhenunterschiede der einzelnen Quarzkristalle gegenüber der benachbarten Farbschicht mit dem Mikroskop gemessen. Sie betrugen maximal etwa $\frac{1}{4}$ mm. Der Vergleich dieses Rohrwandstückes, das aus einem Rohr geschnitten wurde, welches etwa 6 Wochen vom Wasser durchströmt war, mit einem anderen, welches dem Wasser überhaupt nicht ausgesetzt worden war, zeigte eine auch mit bloßem Auge deutlich erkennbare Auswaschung der Farbschicht. Zwar sind, wie aus Abb. 16 ersichtlich, an keiner Stelle die einzelnen Sandkörner selbst herausgewaschen, jedoch sind bei dem anderen Rohrstück die einzelnen Kristalle wesentlich tiefer in der Farbschicht eingebettet. Die allmähliche Abwaschung der Farbe und die durch das Hervortreten der Kristalle wachsende Rauhigkeit bietet eine Erklärung für die zwar geringe, aber doch deutlich merkbare Zunahme der Druckverluste auf einzelnen Meßstrecken, über die später noch berichtet wird. Auf jeden Fall entspricht die Homogenität und Haltbarkeit des Farb-Sandanstriches noch nicht der Idealforderung.

Die mittleren Durchmesser der geraden rauhen Rohrstücke wurden wieder in der gleichen Weise wie vorher durch Anfüllen mit Wasser festgestellt, bei den Krümmern wurde auf eine Nachmessung der Durchmesser verzichtet, da beim Öffnen der Krümmer die Farbschicht beschädigt worden wäre. Die Wassergeschwindigkeit wurde aus dem mittleren Durchmesser der geraden Rohrstücke ermittelt, wobei die Voraussetzung gemacht wurde, daß der mittlere Durchmesser der Krümmer jeweils identisch wäre mit diesem mittleren Durchmesser der geraden Rohrstücke. Die nachfolgende Zahlentafel Nr. 3 zeigt die lichten Weiten der einzelnen geraden Rohrstücke.

Zahlentafel 3.

Zulaufrohr I		d_m = 42,46 mm;	mittlere Dicke der Farbschicht 0,14 mm
Zulaufrohr II (Präzisionsrohr)		„ = 42,52 „	„ „ „ „ „ 0,24 „
Ablaufrohr		„ = 42,45 „	„ „ „ „ „ 0,16 „
Zusatzrohre	l = 67,5 mm	„ = 42,40 „	„ „ „ „ „ 0,22 „
	l = 135,0 „	„ = 42,49 „	„ „ „ „ „ 0,27 „
	l = 270,0 „	„ = 42,33 „	„ „ „ „ „ 0,25 „
	l = 405,0 „	„ = 42,64 „	„ „ „ „ „ 0,10 „
	l = 675,0 „	„ = 42,55 „	„ „ „ „ „ 0,18 „

Die Zahlentafel zeigt, daß die Dicke der Farbschicht in ziemlich erheblichen Grenzen schwankt, eine Tatsache, die zum Teil mit die Ursache der voneinander merklich abweichenden Verluste auf den einzelnen Meßstrecken, bezogen auf gleiche Rohrlänge, sein dürfte.

Die Versuche wurden in gleicher Weise durchgeführt wie bei glatten Rohren und Krümmern, doch wurde mit Hilfe der auf S. 49 beschriebenen Vorrichtung der Druckverlust auf jeder einzelnen Meßstrecke direkt bestimmt. Für das gerade Rohr mit eingebautem Ersatzrohr von 270 mm Länge $\left(\text{entspr. } \frac{R}{d} = 4\right)$ zeigt die obere Linie in Abb. 10 die Druckhöhen über den Meßstellen 1—9 bei einer Wassergeschwindigkeit von 4,2 m/s. Auf dem Schaubild fällt sofort die wesentlich verschiedenere Druckabnahme auf den einzelnen Meßstrecken in die Augen im Gegensatz zu der Drucklinie für das glatte Rohr, die sich, von dem mittleren Knicke abgesehen, in viel höherem Maße einer geraden Linie nähert. Während z. B. bei glattem Rohre und einer Geschwindigkeit v = 4,2 m/s die drei Meßstrecken 1—2, 7—8 und 8—9, die sämtlich 1 m lang sind, Druckverluste aufweisen, die sich wie 26,3:28,00:27,55 verhalten, also eine maximale Abweichung von 3,6% bezogen auf den Mittelwert aufweisen, sind für rauhe Rohre die entsprechenden Werte 37,50:40,30:48,20. Hier betragen also die Abweichungen im Maximum 14,8%, bezogen auf den Mittelwert. Die Ursachen für diese beträchtlichen Differenzen dürften verschiedener Natur sein; einmal die nicht genügende Homogenität des Anstriches und die verschiedene Dicke der Farbschicht, ferner die Möglichkeit der Ausbildung von Farbgraten an den Meßbohrungen, die nicht mehr so exakt entfernt werden konnten, wie bei den glatten Rohren, da sonst die Farbschicht gelitten hätte. Ebenso wie bei glatten Rohren und Krümmern ist für die Bestimmung des Krümmerwiderstandsbeiwertes ζ diese Verschiedenheit der Rauhigkeiten auf den einzelnen Rohrstrecken wieder belanglos, wenn die Ersatzrohre für alle fünf Krümmer untersucht werden und die Rauhigkeit im Ersatzrohr mit der des jeweiligen Krümmers übereinstimmt.

Trägt man wie für das glatte gerade Rohr im Schaubild Abb. 11 auch für das rauhe gerade Rohr den Druckverlust pro Längeneinheit in m W.-S. im logarithmischen Koordinatensystem auf, und zwar den Mittelwert aus Meßlänge 1—9, wobei die Meßstrecke 4—6 aus gleichen Gründen wie beim glatten Rohre wieder ausgeschaltet wird, so ergibt sich ebenfalls eine Gerade, die der Formel

$$h_w = 0{,}0297 \cdot v^{1{,}97}$$

genügt. Der Exponent n erreicht also für das rauhe Rohr fast den Wert 2,0. Der aus der Formel

$$h_w = \frac{L}{d} \cdot \frac{v^2}{2g} \cdot \lambda$$

errechnete mittlere Widerstandsbeiwert λ für das gerade rauhe Rohr ist im Schaubild 12 gleichfalls in Abhängigkeit von v bzw. der Reynoldsschen Zahl R aufgetragen. Er nähert sich, wie zu erwarten war, bei rauhem Rohre und höheren Reynoldsschen Zahlen schneller einem Konstantwerte als bei glattem Rohre.

Es wurden nacheinander wieder alle geraden Ersatzrohre untersucht und diese dann durch die Krümmer ersetzt. Da im Gegensatz zum glatten Rohr deutlich zu erkennen war, daß die Reibungsverluste auf den einzelnen Strecken nicht konstant blieben, sondern mit der Zeit wuchsen, vermutlich, wie bereits erwähnt, infolge der zunehmenden Auswaschung der Farbschicht, wurden sämtliche Versuche möglichst schnell hintereinander vorgenommen. Sie wurden für sämtliche Ersatzrohre und Krümmer innerhalb der Zeit vom 27. Juni bis 26. Juli 1928 ausgeführt. Wegen der höheren Wassertemperaturen dieser Jahreszeit wurde in der Formel für die Reynoldssche Zahl ν für 18° C $= 0{,}0105$ cm²/s eingesetzt. Die Ergebnisse sind in den Zahlentafeln 9—14[1]) zusammengestellt, wobei die Tafeln 10—14 wieder nur die zur ζ-Berechnung nötigen Werte enthalten. Im Gegensatz zu glatten Krümmern ist jedoch beim Einbau der rauhen Krümmer zu erkennen, daß der Druckverlust auf der Meßstrecke 8—9 bei kleinen und größeren, weniger bei mittleren Krümmungsradien meist noch merklich größer ist als der auf der gleichen Strecke beim Einbau gerader Ersatzrohre. Im rauhen Rohre bleibt also die durch den Krümmer hervorgerufene Störung teilweise länger erkennbar als im glatten Rohre. Zur Bestimmung der Länge der Nachwirkung wurde deswegen noch eine weitere Meßstelle 10 am Ende des Ablaufrohres unmittelbar vor dem Schieber in einer Entfernung von 0,82 m von der Meßstelle 9 angebracht. Die Zahlentafeln zeigen, daß im allgemeinen — von unvermeidlichen Streuungen abgesehen — die Krümmernachwirkung an der Meßstelle 9, d. h. etwa 70 d hinter dem Krümmer, als abgeklungen betrachtet werden kann. Um auch ein Bild über den Einfluß der Zeit auf die Veränderung der Wandrauhigkeit und damit auf die Größe des Widerstandsbeiwertes zu erhalten, wurden die Versuche mit dem Krümmer $\frac{R}{d} = 6$ nach achttägiger Pause und nachdem inzwischen ein anderer Krümmer eingebaut gewesen war, wiederholt. Die Ergebnisse dieser beiden Versuchsreihen weichen jedoch im Mittelwerte trotz Streuungen auf einzelnen Meßstrecken nicht wesentlich voneinander ab. Auf der Strecke 1—2 nahmen bei den Versuchen mit rauhen Rohren die Verluste im Laufe der Zeit zu, vielleicht infolge Auswaschung des hier möglicherweise nicht gut geratenen Anstriches. Deswegen wurde die Meßstelle 1 bei der Berechnung des ζ ausgeschaltet. ζ wurde also als Differenz des arithmetischen Mittels der Druckhöhen an den Meßstellen 2, 3 und 3a bei eingebautem Krümmer und bei eingebautem Ersatzrohr ermittelt. Die so gefundenen Resultate sind im Schaubild 18 in Abhängigkeit von der Wassergeschwindigkeit und der Reynoldsschen Zahl aufgetragen.

Diskussion der Versuchsergebnisse.

Aus den Schaubildern Abb. 14 und 18 ist zu ersehen, daß mit wachsenden Reynoldsschen Zahlen die ζ-Werte abnehmen, jedoch für rauhe Krümmer sich sehr schnell einem Konstantwert nähern. Trägt man für eine mittlere Reynoldssche Zahl von 146000 die Widerstandsbeiwerte in Abhängigkeit des Krümmungsverhältnisses $\frac{R}{d}$ auf, so erhält man die beiden Kurven in dem bereits anfangs erwähnten Schaubild Abb. 1. Noch kleinere Widerstandsbeiwerte als in der vorliegenden Arbeit für glatte Krümmer gefunden wurden, liefern nur die Untersuchungen von Alexander und Flügel, doch sind aus den anfangs angegebenen Gründen die Alexanderschen Werte zweifellos zu klein, während über die Flügelschen Werte noch alle näheren Angaben fehlen. Für rauhe Krümmer sind die ge-

[1]) Zahlentafeln 9—14 siehe Anhang.

fundenen ζ-Werte für alle Krümmungsverhältnisse 2 bis 2,1 mal so groß als bei glatten Krümmern, während λ für das rauhe Rohr nur etwa 1,5 mal so groß wird als bei glattem bei der gleichen Reynoldsschen Zahl von 146000. Die von den Amerikanern Williams, Hubbel und Fenkell sowie von Davis und Balch und dem Engländer Brightmore für große Krümmungsverhältnisse gefundenen hohen ζ-Werte werden durch vorliegende Arbeit nicht bestätigt, ebensowenig wie die von den Genannten festgestellten scharfen Minima von ζ in der Gegend von $\frac{R}{d} = 3$. Dagegen lassen die vorliegenden Untersuchungen ein deutliches, wenn auch schwächer ausgeprägtes Minimum bei $\frac{R}{d} = 7$ bis 8 erkennen, sowohl für rauhe wie für glatte Krümmer. Mit den Ergebnissen dieser Arbeit stimmen am besten die Weisbachschen Werte überein, ebenso auch die von Willams, Hubbel und Fenkell gefundenen, letztere aber nur für kleine Werte von $\frac{R}{d}$ bis 2,5 und die Schoderschen Werte bis $\frac{R}{d} = 5{,}0$. Die hohen ζ-Werte, die von einigen der genannten Forscher für größere Krümmungsverhältnisse gefunden worden sind, können in der Verschiedenheit der relativen Rauhigkeiten ihre Ursache kaum finden, da diese wahrscheinlich nicht größer gewesen ist als bei den vorliegenden Versuchen mit rauhen Krümmern. Dies gilt besonders für die Versuche von Williams, Hubbel und Fenkell, die wahrscheinlich mit wesentlich kleineren relativen Rauhigkeiten gearbeitet haben, da die lichten Weiten ihrer Rohre und Krümmer beträchtlich größer waren als bei den in dieser Arbeit beschriebenen Versuchen.

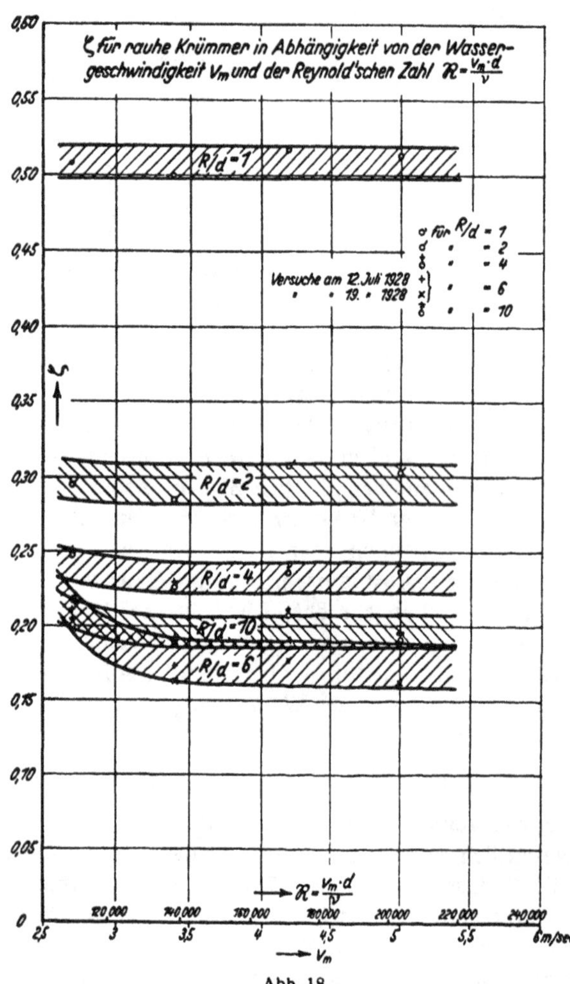

Abb. 18.

Aus den Zahlentafeln 3—7 und 9—14 ist ferner ersichtlich, daß von einigen wenigen Abweichungen an den Meßstellen 9 und 10 abgesehen, die jedoch bereits an der Grenze der Meßgenauigkeit liegen, die Druckverluste auf den einzelnen Meßstrecken hinter den Krümmern bei glatten und rauhen Rohren stets größer sind als beim Einbau der entsprechenden geraden Mittelrohre, bis schließlich in einer Entfernung von 50 bzw. 70 d hinter den Krümmern die Druckverluste sich denen bei geraden Ersatzrohren anpassen. Die Druckabnahme infolge der durch die vermehrte Turbulenz erhöhten Rohrreibung hinter den Krümmern überwiegt also durchwegs den zweifellos ebenfalls vorhandenen Druckanstieg infolge der Mischung der langsamer und schneller fließenden Wasserteilchen.

Außer der Kenntnis der reinen Widerstandsbeiwerte der Krümmer ist es für den Entwurf von Rohrleitungsplänen auch von Interesse zu wissen, welche Krümmer den kleinsten Gesamtwiderstand in einer rechtwinklig gebogenen Rohrleitung zwischen zwei gegebenen festen Punkten ergeben, die beide in gleicher Entfernung vom Schnittpunkt der Rohrachsen liegen.

Der gesamte Druckhöhenverlust zwischen den beiden festen Punkten ist

$$h_w = \frac{v^2}{2g} \cdot \left(\zeta + \lambda \cdot \frac{L}{d}\right),$$

wobei

$$L = L_0 - 2\,R + \frac{\pi}{2}\,R$$

ist. Hier bedeutet L die Länge der abgewickelten Rohrachse einschließlich des Krümmers, L_0 die Summe der Entfernungen beider Fixpunkte vom Schnittpunkt der Rohrachsen und R den Radius der Krümmermittellinie.

h_w wird ein Minimum für $\dfrac{d\,(h_w)}{d\left(\frac{R}{d}\right)} = 0$ oder für

$$\frac{d\zeta}{d\left(\frac{R}{d}\right)} - \lambda\cdot\left(2 - \frac{\pi}{2}\right) = 0;\ \text{d. h. für}\ \frac{d\zeta}{d\left(\frac{R}{d}\right)} = \lambda\left(2 - \frac{\pi}{2}\right).$$

Unter Berücksichtigung der Maßstäbe des Schaubildes Abb. 1 ergibt sich für glatte Rohre und Krümmer eine Neigung der Tangente an die ζ-Kurve für h_w min von 0,14; diese wird bei etwa $R/d = 8{,}8$ erreicht. Für rauhe Rohre und Krümmer ist die Neigung der Tangente $= 0{,}18$; ihr Berührungspunkt liegt bei $R/d = 8{,}4$.

Das Minimum an Gesamtverlust tritt also immer bei Krümmungsverhältnissen auf, die etwas größer sind als die, für welche ζ zu einem Minimum wird.

Da die Druckabnahme h_{kr}, welche nur auf die Umlenkung des Wasserstrahles und die erhöhte Turbulenz zurückzuführen ist und aus welcher ζ errechnet worden ist, immer relativ klein ist gegenüber dem gesamten gemessenen Druckverlust zwischen den Meßstellen 1—9 bzw. 1—10 (bei glatten Krümmern maximal 10% und minimal 4%, bei rauhen maximal 13% und minimal 4,5% des Gesamtverlustes), so ist es unvermeidlich, daß absolut kleine Ablesefehler von beträchtlichem Einfluß auf die Größe der ζ-Werte sein können. Im ungünstigsten Falle kann ein Ablesefehler amDifferentialmanometer von nur 0,2 mm Hg den ζ-Wert schon im Verhältnis 7:8 beeinflussen. Diese Streuung muß bei der Verwertung der Ergebnisse berücksichtigt werden, weshalb in den Schaubildern Abb. 14 und 18 Kurvenbänder an Stelle von Kurvenlinien eingezeichnet sind. Für die praktische Anwendung der Ergebnisse dürfte diese Streuung jedoch relativ bedeutungslos sein, zumal es in der Praxis sogar üblich ist, den Widerstandsbeiwert eines Krümmers als konstant und unabhängig von der Reynoldsschen Zahl anzugeben.

Weitere Fehler treten durch die zeitliche Änderung der Wandrauhigkeit in Erscheinung. Die dadurch hervorgerufenen verhältnismäßigen Streuungen der einzelnen h_{kr}-Werte schwanken bei glatten Krümmern zwischen 1% und 6% des Mittelwertes, wobei naturgemäß die kleineren Streuungen bei den größeren Absolutverlusten und die größeren Streuungen bei den kleinen Absolutverlusten auftreten. Für rauhe Krümmer sind die entsprechenden Werte 2,2% und 7% des Mittelwertes. Die Abweichungen der Rohrdurchmesser an den Meßstellen sind auf die Größe der Krümmerwiderstandsbeiwerte ohne Einfluß und haben nur Bedeutung für die Berechnung des λ.

Es ist geplant, noch Krümmer mit $\frac{R}{d} = 8$ und $\frac{R}{d} = 15$ zu untersuchen.

Zusammenfassung.

Die Versuche ergeben sowohl für glatte als für rauhe Krümmer Widerstandsbeiwerte, die für etwa $\frac{R}{d} = 7$ bis 8 ein Minimum erreichen, wobei aber die Widerstandsbeiwerte der Krümmer $\frac{R}{d} = 6$ und $\frac{R}{d} = 10$ nur unwesentlich von diesem Minimalwert abweichen. Die Kurven für glatte und rauhe Krümmer in Abhängigkeit vom Krümmungsverhältnis sind fast vollkommen ähnlich, bei rauhen Krümmern beträgt ζ das 2—2,1fache des bei glatter Wand auftretenden Wertes. Die von anderen, vor allem amerikanischen und englischen Forschern gefundenen höheren Widerstandsbeiwerte für Krümmungsverhältnisse von $\frac{R}{d} = 3$ bis $\frac{R}{d} = 10$ konnten nicht bestätigt werden.

Literaturverzeichnis.

1. Mitteilungen des Hydraulischen Instituts der Technischen Hochschule München, herausgegeben von Prof. Dr. Thoma, Heft 2, München und Berlin 1928, S. 70 und 71.

2. Weisbach, Julius, Die Experimental-Hydraulik, Freiberg 1855.

3. Williams, Hubbel und Fenkell, Experiments at Detroit, Mich., on the effect of curvature upon the flow of water in pipes. Transactions of the American Soc. of C. E., Bd. 47, New York 1902, S. 1—369.

4. Davis, Discussion on curve resistance in water pipes. Transactions of the American Soc. of C. E., Bd. 62, New York 1909, S. 97ff. (Diskussion zum Berichte von Schoder, vgl. unter 5.)

5. Schoder, Curve resistance in water pipes. Transactions of the American Soc. of C. E., Bd. 62, New York 1909, S. 67ff.

6. Brightmore, Loss of pressure in water flowing through straight and curved pipes. Minutes of Proceedings of the Inst. of C. E., Bd. 169, London 1907, S. 315ff.

7. Balch, Investigation of hydraulic curve resistance, experiments with three inch pipe. Bulletin of the University of Wisconsin Nr. 578, Madison 1913.

8. Alexander, The resistance offered to the flow of water in pipes by bends and elbows. Minutes of Proceedings of the Inst. of C. E., Bd. 159, London 1905, S. 341ff.

9. Flügel, Strömungsverluste und Krümmerproblem, Hydraulische Probleme, Berlin 1926. S. 133—157.

Anhang.

Zahlentafeln Nr. 3 bis 7 für glatte Krümmer.

Zahlentafel 3.

Krümmer $\frac{R}{d} = 1$ (glatt).

$v = 5{,}8$ m/s. $\frac{v^2}{2g} = 1{,}715$ m.

Meß-punkt	bei Krümmereinbau: gemessene Druckhöhe mm (Hg—H₂O)	bei Krümmereinbau: Differenz mit vorhergeh. Zeile	bei Ersatzrohreinbau: gemessene Druckhöhe mm (Hg—H₂O)	bei Ersatzrohreinbau: Differenz mit vorhergeh. Zeile	Differenz der Spalten c—e = Verlustzunahme bei Krümmereinbau
a	b	c	d	e	f
1.	328,95	—	299,35	—	—
2.	281,7	47,25	251,95	47,4	— 0,15
3.	243,3	38,4	213,05	38,9	— 0,5
3a.	225,6	17,7	195,1	17,95	— 0,25
Mittelwert 1—3a	269,9	—	239,85	—	—
4.	193,65	76,25	163,35	76,5	— 0,25
6.	128,75	64,9	125,15	38,2	+ 26,7
7.	98,0	30,75	97,15	28,0	+ 2,75
8.	48,0	50,0	48,2	48,95	+ 1,05
9.	0	48,0	0	48,2	— 0,2

Summe 4 — 9 von Spalte f = Krümmerverlust = + 30,05

$$\zeta = \frac{12{,}6 \cdot 30{,}05}{1000 \cdot 1{,}715} = 0{,}221$$

$v = 5{,}0$ m/s $\cdot \frac{v^2}{2g} = 1{,}274$ m

Meß-punkt	b	c	d	e	f
1.	250,55	—	228,55	—	—
2.	214,5	36,05	192,25	36,3	— 0,25
3.	184,95	29,55	162,0	30,25	— 0,7
3a.	171,85	13,1	148,7	13,3	— 0,2
Mittelwert 1—3a	205,45	—	182,9	—	—
4.	147,65	57,8	124,7	58,2	— 0,4
6.	98,75	48,9	96,1	28,6	+ 20,3
7.	75,4	23,35	75,1	21,0	+ 2,35
8.	37,25	38,15	37,25	37,85	+ 0,3
9.	0	37,25	0	37,25	0

Summe 4 — 9 von Spalte f = Krümmerverlust = + 22,55

$$\zeta = \frac{12{,}6 \cdot 22{,}55}{1000 \cdot 1{,}274} = 0{,}223$$

Zahlentafel 3 (Fortsetzung).

Krümmer $\frac{R}{d} = 1$ (glatt).

$v = 4{,}2$ m/s · $\frac{v^2}{2g} = 0{,}899$ m.

Meß-punkt	bei Krümmereinbau: gemessene Druckhöhe mm ($Hg-H_2O$)	bei Krümmereinbau: Differenz mit vorhergeh. Zeile	bei Ersatzrohreinbau: gemessene Druckhöhe mm ($Hg-H_2O$)	bei Ersatzrohreinbau: Differenz mit vorhergeh. Zeile	Differenz der Spalten c—e = Verlustzunahme bei Krümmereinbau
a	b	c	d	e	f
1.	185,15	—	167,55	—	—
2.	158,45	26,7	141,25	26,3	+ 0,4
3.	136,45	22,0	118,95	22,3	— 0,3
3a.	127,05	9,4	109,55	9,4	0
Mittelwert 1—3a	151,8	—	134,35	—	—
4.	109,1	42,7	91,65	42,7	0
6.	73,1	36,0	70,95	20,7	+ 15,3
7.	56,1	17,0	55,55	15,4	+ 1,6
8.	27,8	28,3	27,55	28,0	+ 0,3
9.	0	27,8	0	27,55	+ 0,25

Summe 4—9 von Spalte f = Krümmerverlust = + 17,45

$$\zeta = \frac{12{,}6 \cdot 17{,}45}{1000 \cdot 0{,}899} = 0{,}244$$

$v = 2{,}9$ m/s · $\frac{v^2}{2g} = 0{,}4426$

Meß-punkt	b	c	d	e	f
1.	95,65	—	85,8	—	—
2.	81,8	13,85	71,95	13,85	0
3.	70,1	11,7	60,05	11,9	— 0,2
3a.	65,2	4,9	55,25	4,8	+ 0,1
Mittelwert 1—3a	78,2	—	68,25	—	—
4.	55,9	22,3	46,2	22,05	+ 0,25
6.	37,2	18,7	35,85	10,35	+ 8,35
7.	29,15	8,05	28,15	7,7	+ 0,35
8.	13,95	15,2	13,9	14,25	+ 0,95
9.	0	13,95	0	13,9	+ 0,05

Summe 4—9 von Spalte f = Krümmerverlust = + 9,95

$$\zeta = \frac{12{,}6 \cdot 9{,}95}{1000 \cdot 0{,}4426} = 0{,}283$$

Zahlentafeln 4—7 (glatte Krümmer).

Verlustzunahme in mm (Hg — H_2O) bei Krümmereinbau entsprechend Spalte f (Differenz der Spalten c—e) in Zahlentafel 3.

	Zahlentafel 4. Krümmer R/d = 2.				Zahlentafel 5. Krümmer R/d = 4.			
Meßpunkte	$v = 5{,}8$ m/s	$v = 5{,}0$ m/s	$v = 4{,}2$ m/s	$v = 2{,}9$ m/s	$v = 5{,}8$ m/s	$v = 5{,}0$ m/s	$v = 4{,}2$ m/s	$v = 2{,}9$ m/s
1.	—	—	—	—	—	—	—	—
2.	+ 1,0	+ 0,4	+ 0,65	0	+ 0,15	+ 0,25	+ 0,75	+ 0,05
3.	— 0,25	— 0,3	+ 0,05	— 0,2	— 0,2	— 0,6	— 0,2	— 0,5
3a.	— 0,95	— 0,4	0	+ 0,2	— 0,25	— 0,15	0	— 0,05
4.	— 0,05	+ 0,35	+ 0,65	+ 0,3	+ 0,5	+ 0,35	+ 0,4	+ 0,45
6.	+ 13,95	+ 10,85	+ 8,25	+ 4,65	+ 10,25	+ 7,9	+ 6,05	+ 3,25
7.	+ 3,0	+ 2,1	+ 1,45	+ 0,25	+ 2,65	+ 1,75	+ 0,8	+ 0,25
8.	+ 2,15	+ 1,45	+ 1,05	+ 0,8	+ 0,65	+ 0,1	+ 0,2	+ 0,55
9.	— 0,1	— 0,85	— 0,65	+ 0,1	— 0,3	— 0,5	— 0,15	— 0,1
$\zeta =$	0,139	0,138	0,151	0,174	0,101	0,095	0,102	0,125

$$= \frac{\Sigma\, 4\text{—}9 \cdot 12{,}6}{1000 \cdot \frac{v^2}{2g}}$$

	Zahlentafel 6. Krümmer R/d = 6.				Zahlentafel 7. Krümmer R/d = 10.			
Meßpunkte	$v = 5{,}8$ m/s	$v = 5{,}0$ m/s	$v = 4{,}2$ m/s	$v = 2{,}9$ m/s	$v = 5{,}8$ m/s	$v = 5{,}0$ m/s	$v = 4{,}2$ m/s	$v = 2{,}9$ m/s
1.	—	—	—	—	—	—	—	—
2.	+ 0,3	0	+ 0,5	+ 0,05	+ 0,7	+ 0,4	+ 0,6	— 0,15
3.	— 0,15	— 0,35	0	— 0,15	+ 0,1	— 0,45	— 0,4	— 0,2
3a.	— 0,6	— 0,3	— 0,1	+ 0,05	— 0,55	— 0,35	— 0,15	0
4.	+ 0,1	+ 0,3	+ 0,55	+ 0,2	+ 1,8	+ 1,3	+ 0,7	+ 0,45
6.	+ 8,35	+ 6,0	+ 4,6	+ 2,8	+ 9,3	+ 6,8	+ 5,35	+ 2,8
7.	+ 1,6	+ 1,25	+ 1,05	+ 0,55	+ 0,9	+ 0,7	+ 0,6	+ 0,25
8.	+ 1,35	+ 0,85	+ 0,4	+ 0,2	+ 1,25	— 0,05	— 0,2	+ 0,55
9.	— 0,5	— 0,7	— 0,55	— 0,1	0	+ 0,05	— 0,25	— 0,15
$\zeta =$	0,080	0,076	0,085	0,10	0,097	0,087	0,087	0,110

$$= \frac{\Sigma\, 4\text{—}9 \cdot 12{,}6}{1000 \cdot \frac{v^2}{2g}}$$

Zahlentafeln Nr. 9 bis 14 für rauhe Krümmer.

Zahlentafel 9.

Krümmer $\frac{R}{d} = 1$ (rauh).

$v = 5{,}0$ m/s $\cdot \frac{v^2}{2g} = 1{,}274$ m.

Meß-punkt	bei Krümmereinbau		bei Ersatzrohreinbau		Differenz der Spalten c—e = Verlustzunahme bei Krümmereinbau
	gemessene Druckhöhe mm (Hg—H₂O)	Differenz mit vorhergeh. Zeile	gemessene Druckhöhe mm (Hg—H₂O)	Differenz mit vorhergeh. Zeile	
a	b	c	d	e	f
2.	393,45	—	340,1	—	—
3.	350,45	43,0	298,7	41,4	+ 1,6
3a.	322,0	28,45	271,5	27,2	+ 1,25
Mittelwert 2—3a	355,3	—	303,4	—	—
4.	282,1	73,2	232,6	70,8	+ 2,4
6.	202,1	80,0	195,3	37,3	+ 42,7
7.	176,55	25,55	173,0	22,3	+ 3,25
8.	116,85	59,7	116,6	56,4	+ 3,3
9.	48,3	68,55	48,85	67,75	+ 0,8
10.	0	48,3	0	48,85	— 0,55

Summe 4--10 von Spalte f = Krümmerverlust = **+ 51,9**

$$\zeta = \frac{12{,}6 \cdot 51{,}9}{1000 \cdot 1{,}274} = 0{,}513$$

$v = 4{,}2$ m/s $\cdot \frac{v_2}{2g} = 0{,}899$ m

Meß-punkt	b	c	d	e	f
2.	280,05	—	241,6	—	—
3.	249,1	30,95	212 45	29,15	+ 1,8
3a.	228,95	20,15	193,3	19,15	+ 1,0
Mittelwert 2—3a	252,7	—	215,8	—	—
4.	200,6	52,1	166,2	49,6	+ 2,5
6.	143,8	56,8	139,0	27,2	+ 29,6
7.	125,65	18,15	123,2	15,8	+ 2,35
8.	83,15	42,5	82,9	40,3	+ 2,2
9.	34,65	48,5	34,7	48,2	+ 0,3
10.	0	34,65	0	34,7	— 0,05

Summe 4—10 von Spalte f = Krümmerverlust = **+ 36,9**

$$\zeta = \frac{12{,}6 \cdot 36{,}9}{1000 \cdot 0{,}899} = 0{,}517$$

Zahlentafel 9 (Fortsetzung).

Krümmer $\frac{R}{d} = 1$ (rauh).

$v = 3{,}4$ m/s $\cdot \frac{v^2}{2g} = 0{,}5892$ m.

Meß-punkt	bei Krümmereinbau		bei Ersatzrohreinbau		Differenz der Spalten c—e = Verlustzunahme bei Krümmereinbau
	gemessene Druckhöhe mm ($Hg—H_2O$)	Differenz mit vorhergeh. Zeile	gemessene Druckhöhe mm ($Hg—H_2O$)	Differenz mit vorhergeh. Zeile	
a	b	c	d	e	f
2.	183,4	—	159,5	—	—
3.	163,25	20,15	140,05	19,45	+ 0,7
3a.	150,15	13,1	127,35	12,7	+ 0,4
Mittelwert 2—3a	165,6	—	142,3	—	—
4.	131,65	33,95	109,4	32,9	+ 1,05
6.	94,5	37,15	91,3	18,1	+ 19,05
7.	82,5	12,0	80,75	10,55	+ 1,45
8.	54,5	28,0	53,9	26,85	+ 1,15
9.	22,7	31,8	22,4	31,5	+ 0,3
10.	0	22,7	0	22,4	+ 0,3

Summe 4—10 von Spalte f = Krümmerverlust = <u>+ 23,3</u>

$$\zeta = \frac{12{,}6 \cdot 23{,}3}{1000 \cdot 0{,}5892} = 0{,}498$$

$v = 2{,}7$ m/s $\cdot \frac{v^2}{2g} = 0{,}3716$ m.

Meß-punkt	b	c	d	e	f
2.	116,45	—	101,1	—	—
3.	103,75	12,7	88,9	12,2	+ 0,5
3a.	95,65	8,1	80,9	8,0	+ 0,1
Mittelwert 2—3a	105,3	—	90,3	—	—
4.	84,0	21,3	69,6	20,7	+ 0,6
6.	60,3	23,7	58,2	11,4	+ 12,3
7.	52,6	7,7	51,15	7,05	+ 0,65
8.	34,5	18,1	33,95	17,2	+ 0,8
9.	14,15	20,35	14,0	19,95	+ 0,4
10.	0	14,15	0	14,0	+ 0,15

Summe 4—10 von Spalte f = Krümmerverlust = <u>+ 15,0</u>

$$\zeta = \frac{12{,}6 \cdot 15{,}0}{1000 \cdot 0{,}3716} = 0{,}508$$

Zahlentafeln 10—13 (rauhe Krümmer).

Verlustzunahme in mm ($Hg - H_2O$) bei Krümereinbau entsprechend Spalte f (Differenz der Spalten c—e) in Zahlentafel 9.

Meß-punkte	Zahlentafel 10. Krümmer $R/d = 2$. $v = 5{,}0$ m/s	$v = 4{,}2$ m/s	$v = 3{,}4$ m/s	$v = 2{,}7$ m/s	Zahlentafel 11. Krümmer $R/d = 4$. $v = 5{,}0$ m/s	$v = 4{,}2$ m/s	$v = 3{,}4$ m/s	$v = 2{,}7$ m/s
2.	—	—	—	—	—	—	—	—
3.	+ 1,2	+ 1,25	+ 0,4	+ 0,5	+ 0,45	+ 0,85	+ 0,35	+ 0,7
3a.	+ 1,4	+ 0,85	+ 0,15	+ 0,2	+ 0,9	+ 0,85	+ 0,3	+ 0,4
4.	+ 1,45	+ 1,9	+ 0,75	+ 0,25	+ 2,85	+ 2,1	+ 1,1	+ 0,75
6.	+ 23,65	+ 15,85	+ 9,85	+ 6,65	+ 16,7	+ 10,8	+ 7,5	+ 6,2
7.	+ 3,0	+ 2,6	+ 1,65	+ 0,9	+ 2,15	+ 1,8	+ 0,85	+ 0,2
8.	+ 2,3	+ 2,0	+ 1,15	+ 0,75	+ 1,0	+ 0,8	+ 0,15	— 0,1
9.	+ 0,85	+ 0,15	+ 0,1	+ 0,05	+ 0,05	+ 0,1	+ 0,2	— 0,05
10.	— 0,45	— 0,6	— 0,2	+ 0,1	+ 1,15	+ 1,2	+ 0,8	+ 0,3
$\zeta =$	0,304	0,307	0,284	0,294	0,236	0,235	0,226	0,248

$$= \frac{\Sigma 4\text{—}9 \cdot 12{,}6}{1000 \cdot \frac{v^2}{2g}}$$

Meß-punkte	Zahlentafel 12. Krümmer $R/d = 6$. (Versuche vom 12. Juli 1928.) $v = 5{,}0$ m/s	$v = 4{,}2$ m/s	$v = 3{,}4$ m/s	$v = 2{,}7$ m/s	Zahlentafel 13. Krümmer $R/d = 6$. (Versuche vom 19. Juli 1928.) $v = 5{,}0$ m/s	$v = 4{,}2$ m/s	$v = 3{,}4$ m/s	$v = 2{,}7$ m/s
2.	—	—	—	—	—	—	—	—
3.	+ 0,2	+ 0,75	+ 0,45	+ 0,3	— 0,2	+ 0,55	+ 0,15	+ 0,3
3a.	+ 0,7	+ 0,75	+ 0,35	+ 0,15	+ 0,9	+ 0,8	+ 0,4	+ 0,25
4.	+ 1,15	+ 1,7	+ 0,75	+ 0,7	+ 0,4	+ 1,3	+ 0,4	— 0,3
6.	+ 12,3	+ 9,6	+ 5,8	+ 3,8	+ 13,2	+ 9,6	+ 5,5	+ 3,7
7.	+ 0,75	+ 0,9	+ 0,55	+ 0,35	+ 1,1	+ 1,3	+ 0,85	+ 0,45
8.	+ 1,1	+ 0,7	+ 0,2	+ 0,45	+ 1,6	+ 1,1	+ 0,45	+ 0,6
9.	— 0,05	— 0,1	— 0,1	+ 0,15	+ 0,5	— 0,2	+ 0,4	+ 1,25
10.	+ 0,75	+ 0,6	+ 0,9	+ 0,85	— 0,35	— 0,5	0	+ 0,75
$\zeta =$	0,159	0,187	0,173	0,212	0,162	0,177	0,163	0,218

$$= \frac{\Sigma 4\text{—}9 \cdot 12{,}6}{1000 \cdot \frac{v^2}{2g}}$$

Zahlentafel 14 (Rauher Krümmer $R/d = 10$).
Verlustzunahme in mm ($Hg-H_2O$) bei Krümmereinbau entsprechend Spalte f (Differenz der Spalten c—e) in Zahlentafel 9.

Meß-punkte	$v = 5{,}0$ m/s	$v = 4{,}2$ m/s	$v = 3{,}4$ m/s	$v = 2{,}7$ m/s
2.	—	—	—	—
3.	+ 0,45	+ 0,7	0	+ 0,1
3a.	+ 0,5	+ 0,75	+ 0,35	+ 0,3
4.	+ 0,9	+ 1,6	+ 0,5	+ 0,65
6.	+ 15,8	+ 11,2	+ 7,05	+ 3,95
7.	+ 0,3	+ 0,45	+ 0,35	+ 0,15
8.	+ 0,8	+ 0,6	+ 0,25	+ 0,3
9.	+ 0,25	— 0,15	0	+ 0,35
10.	+ 1,25	+ 0,9	+ 0,65	+ 0,5
$\zeta =$	0,191	0,206	0,188	0,200

$$= \frac{\Sigma\, 4-9 \cdot 12{,}6}{1000 \cdot \frac{v^2}{2g}}$$

Der Energieverlust in Kniestücken.

Von Dipl.-Ing. Hans Kirchbach.

I. Problemstellung.

Kniestücke nennt man diejenigen Elemente von Rohrleitungen, in welchen zwei Rohre in scharfem Winkel — ohne Abrundungen an der Durchdringungslinie — aneinandergefügt sind.

Die vorliegenden Untersuchungen betreffen die Energieverluste beim Strömen durch solche Kniestücke und beschränken sich auf den Fall, daß beide Rohre gleichen Durchmesser haben; sie erstrecken sich aber auch auf Formstücke, welche durch Aneinanderfügung mehrerer Kniestücke gebildet sind und eine gewisse Annäherung an einen Krümmer, d. h. ein Formstück mit stetig gekrümmter Wand, darstellen.

Solche durch Aneinanderfügen von Kniestücken gebildeten Formstücke werden bei den in neuerer Zeit immer häufiger ausgeführten geschweißten Rohrleitungen großen lichten Durchmessers als Ersatz der Krümmer gebraucht.

Um den Energieverlust klein zu halten, ist zur Erreichung eines vorgeschriebenen Gesamtablenkungswinkels offenbar dessen Aufteilung auf eine möglichst große Anzahl von Kniestücken erwünscht; Rücksichten auf Einfachheit und Billigkeit der Ausführung sprechen anderseits für die Anwendung einer möglichst geringen Zahl entsprechend stärker ablenkender Kniestücke. Die zweckmäßigste Anordnung läßt sich nur dann bestimmen, wenn die Größe der Energieverluste für die verschiedenen Fälle bekannt ist. In der Literatur finden sich nur sehr dürftige, dafür nicht ausreichende Angaben (siehe Literaturverzeichnis, S. 97).

II. Der Energieverlust.

Der Energieverlust wurde durch Messung des Druckunterschiedes in den Meßquerschnitten *3* und *5* (Abb. 1) bestimmt.

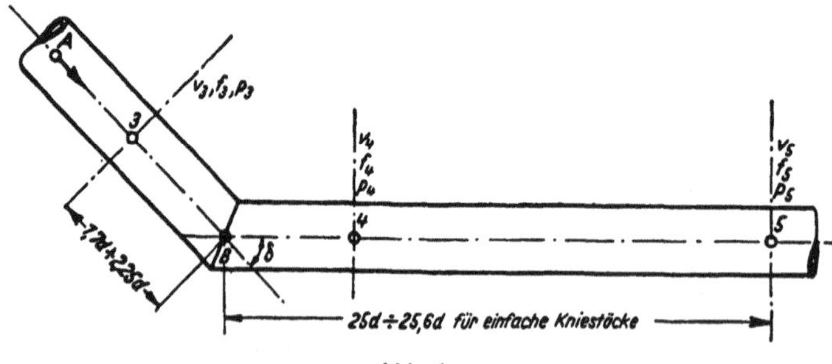

Abb. 1.

Querschnitt *3* lag $1{,}7\,d \div 2{,}25\,d$ vor dem Schnittpunkt *B* der Rohrachse mit der Knickebene bzw. (bei den Formstücken) mit der ersten Knickebene. Die Strecke *3*—*B* wurde auf Grund von Vorversuchen so groß gewählt, daß noch kein Einfluß des Knies auf den Druckverlauf in der vorangehenden Rohrstrecke wahrnehmbar ist.

Querschnitt *5* mußte so weit abgerückt werden, daß auf der nachfolgenden Rohrstrecke bei Einschaltung des Kniestückes kein größerer Verlust eintritt als bei Vorschaltung einer ganz geraden Rohrstrecke. Anderseits war es aber auch nicht erwünscht den Querschnitt *5* unnötig weit abzurücken, weil dann der Knieverlust als Unterschied zweier zu großer Werte nur ungenau bestimmt werden könnte. Deswegen wurden Vorversuche mit Einschaltung eines 90°-Kniestückes gemacht, die ergaben, daß die Nachwirkung sich nicht weiter erstreckt als auf 25 *d*. Unter der sehr naheliegenden Annahme, daß die Nachwirkung bei kleineren Ablenkungswinkeln keinesfalls weiter reichen würde (diese Annahme hat sich aber später als unrichtig erwiesen, s. S. 72) wurde jene Lage des Querschnittes *5* für alle Versuche beibehalten.

Die Querschnitte *3* und *5* sind gleich groß; aus der eben beschriebenen Wahl der Entfernungen dieser Querschnitte vom Knie folgt, daß die Geschwindigkeitsverteilung über beide Querschnitte dieselbe ist, nämlich der Geschwindigkeitsverteilung in einem langen geraden Rohr entspricht. Der Energieverlust (Verlust an hydraulischer Höhe) folgt deswegen unmittelbar aus dem Unterschied der Druckhöhen; er setzt sich zusammen aus:

1. dem eigentlichen Knieverlust in unmittelbarer Nähe des Knies,
2. der in einem geraden Rohr von einer Länge gleich der auf der Rohrachse gemessenen Entfernung zwischen den Querschnitten *3* und *5* entstehenden Wandreibung,
3. der Erhöhung der Wandreibung, welche auf der Strecke *B*—*5* dadurch entsteht, daß in dem stark wirbelnden Wasser mehr schnell fließende Wasserteilchen in die Nähe der Wand kommen als im ungestörten Flüssigkeitsstrom.

Die unter 1. und 3. aufgeführten Verluste sind durch die Anwesenheit des Kniestückes bedingt, ihre Summe wird als Knieverlust bezeichnet; zur Berechnung des Knieverlustes muß deswegen von dem beobachteten Druckhöhenunterschied zwischen den Querschnitten *3* und *5* der Verlust 2. abgezogen werden. Um den letzteren Verlust zu bestimmen, wurde die Leitung zuerst und im Laufe der Versuche immer wieder, unter Ersatz des Knies durch ein entsprechend langes gerades Rohr zu einer geraden Leitung zusammengebaut.

Bezeichnet man mit $h_{w(3-5)}$ den Höhenunterschied der Wasserspiegel, welche die Drücke in den Querschnitten *3* und *5* angeben (Abb. 2) und mit $h_{wr(3-5)}$ den oben unter 2. aufgeführten Wandreibungsverlust, so wird der Knieverlust $h_{w\,\mathrm{Knie}}$

$$h_{w\,\mathrm{Knie}} = h_{w(3-5)} - h_{wr(3-5)}.$$

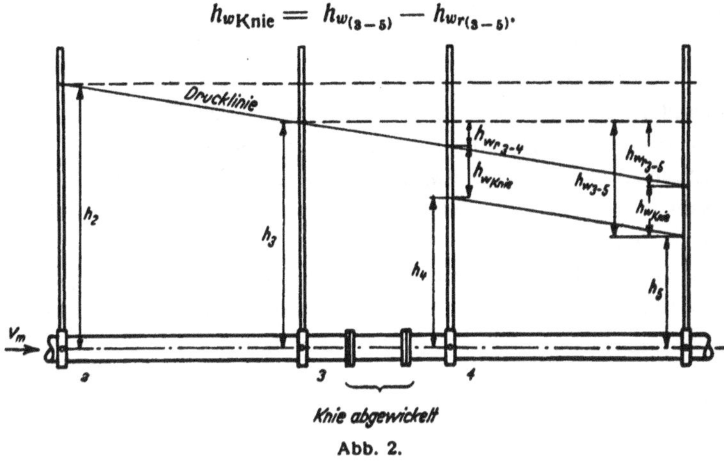

Abb. 2.

Aus $h_{w\,\mathrm{Knie}}$ und der mittleren Geschwindigkeit v_m ergeben sich die Widerstandsbeiwerte

$$\zeta = \frac{h_{w\,\mathrm{Knie}}}{\frac{v_m^2}{2g}},$$

die im allgemeinen noch von der Reynoldsschen Zahl abhängig sein werden. Die Reynoldssche Zahl wird im folgenden immer auf den Durchmesser bezogen, $\mathfrak{R} = \frac{v_m \cdot d}{\nu}$.

III. Das Versuchsprogramm.

a) Allgemeines.

Da die Versuche als Modellversuche gedacht sind, die eine Übertragung der Ergebnisse auch auf Rohrleitungen bzw. Kniestücke größten Durchmessers gestatten sollen, mußte die relative Wandrauhigkeit der Versuchskörper möglichst gering, d. h. ihre Wandung so glatt wie möglich sein. Denn eine Unebenheit der Wandung von nur 0,1 mm Höhe in einem Versuchskörper von 43 mm lichtem Durchmesser würde bei einem Rohr von beispielsweise 5,0 m Dmr. einer Unebenheit von 11,5 mm Höhe entsprechen.

Die gleichen Rücksichten erforderten ferner die Vermeidung jeglicher Stoßkante am Übergang zwischen geradem Rohr und Kniestück. Deshalb mußte für genau zentrischen Anschluß durch entsprechende konstruktive Ausbildung der Versuchskörper (siehe Abb. 26 und 28) und Bearbeitung nach Toleranzlehren gesorgt werden.

Damit auch während der über längere Zeit sich erstreckenden Versuche keine Veränderung der Wandrauhigkeit etwa durch Anrosten der Oberfläche eintrat, wurde bei den Hauptversuchen als Material sämtlicher Versuchskörper Rotguß gewählt.

Der Rohrdurchmesser wurde im Hinblick auf andere, ebenfalls im Hydraulischen Institut der Technischen Hochschule München durchgeführte und noch in Arbeit befindliche Untersuchungen über den Energieverlust durch Rohrverzweigungen[1]) bzw. durch Krümmer[2]) zu $d = 43$ mm genommen, um für die Ergebnisse aller dieser Untersuchungen eine gemeinsame Vergleichsbasis zu schaffen.

Um Durchmesserabweichungen möglichst zu vermeiden, wurden für die geraden Rohrstrecken der Versuchseinrichtung kalibrierte gezogene Messingrohre von 43 mm lichtem Durchmesser verwendet. Die Versuchs-Kniestücke waren sorgfältig und lehrenhaltig mit 43 mm lichtem Durchmesser hergestellt.

Die Versuche wurden mit Wasser durchgeführt, dessen Temperatur zwischen den Grenzen 13,5° C mit 18,0° C schwankte, entsprechend einer Veränderung des kinematischen Zähigkeitskoeffizienten zwischen $\nu = 1{,}185 \cdot 10^{-6}$ m²/s und $\nu = 1{,}055 \cdot 10^{-6}$ m²/s.

Die mittlere Wassergeschwindigkeit bei den Messungen wurde zwischen $v_m = 0{,}51$ m/s und $v_m = 7{,}15$ m/s verändert, entsprechend einer Veränderung der Reynoldsschen Zahl von $\Re = 18865$ bis $\Re = 264478$. Die Temperaturschwankungen des Wassers zwischen 13,5° und 18,0° und die entsprechenden Änderungen von ν waren so gering, daß die Veränderung der Abhängigkeit der Rohrreibung von der Wassertemperatur sich nicht bestimmen ließ und deswegen auch vernachlässigt werden konnte.

Zur Ermittlung der Werte $h_{wr(3-5)}$ wurde deswegen einfach der bei der gerade ausgestreckten Leitung auftretende Reibungsverlust pro m durchströmter Rohrlänge als Funktion der mittleren Wassergeschwindigkeit v_m aufgetragen, siehe hierzu Abb. 3:

$$J_{(3-5)} = \frac{h_{wr(3-5)}}{l_{(3-5)}} = f(v_m).$$

Dabei war an Stelle des Knies eine gerade Rohrleitung von 104 mm Länge eingeschaltet, welche Länge nahezu der auf der Rohrachse gemessenen Länge des 90°-Kniestückes entsprach.

Für die Auswertung der Versuche mit anderen Kniestücken wurden die Werte von $h_{wr(3-5)}$ proportional den etwas veränderten Längen umgerechnet.

[1]) Siehe Vogel, „Verlust in rechtwinkeligen Rohrverzweigungen“, Mitteilungen des Hydraul. Instituts der Techn. Hochschule München, Heft 1.

[2]) Siehe Hofmann, „Neue Untersuchungen über den Druckverlust in Rohrkrümmern“, Mitteilungen des Hydraul. Instituts der Techn. Hochschule München, Heft 2 bzw. dieses Heft, Seite 45.

b) Die geometrischen Verhältnisse.

Unter diesen sind die für Art und Größe der Gesamtrichtungsänderung der Rohrachse maßgebenden Winkel δ und bei Hintereinanderschaltung mehrerer Knie der Ablenkungssinn der Einzelwinkel sowie die Quotienten der Längen $x = \frac{a}{d}$ (siehe Abb. 5) zu verstehen. Dieser Abstand „a", der je zwei in Strömungsrichtung aufeinanderfolgende Knickstellen der Rohrachse, z. B. in den Punkten *1* und *2* verbindet, heiße „Knickstellenabstand" und werde mit Index (z. B. „*1*—*2*") versehen, also z. B. mit „a_{1-2}" bezeichnet (siehe Abb. 5).

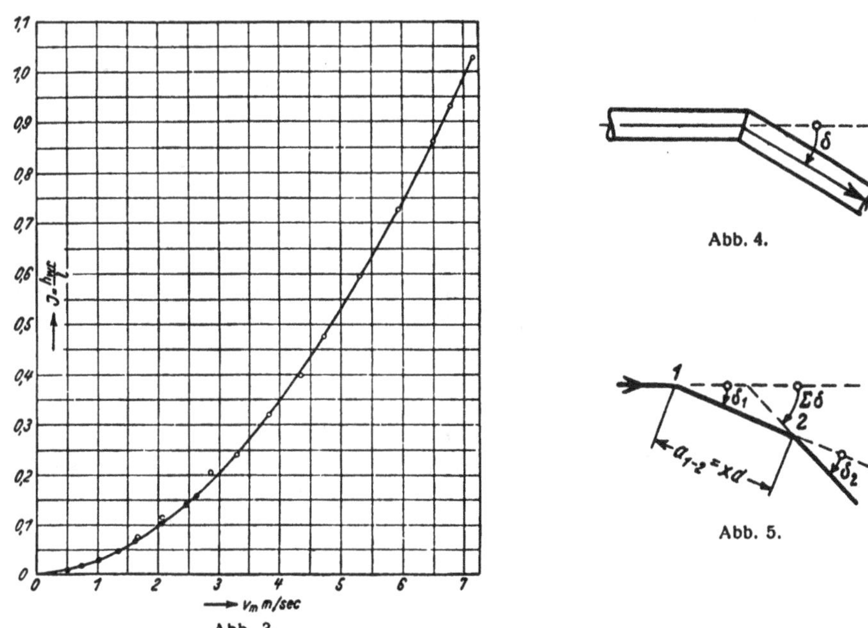

Abb. 3.

Abb. 4.

Abb. 5.

Bei Hintereinanderschaltung wurden die einzelnen Knie stets so angeordnet, daß alle Achsen in einer Ebene lagen. Die geometrischen Verhältnisse wurden wie folgt variiert:

Fall A. Richtungsänderung der Rohrachse nur einmal (Abb. 4), Veränderung des Winkels δ; (siehe auch IIIc: 1. Versuchsreihe).

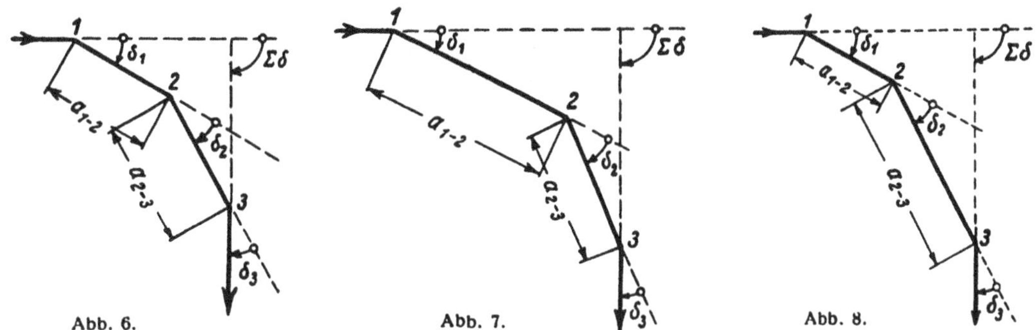

Abb. 6. Abb. 7. Abb. 8.

Fall B. Gesamtrichtungsänderung $\Sigma\delta$ der Rohrachse durch mehrere (n) hintereinanderfolgende gleichgroße Einzelrichtungsänderungen δ.

1. $n = 2$: a) gleichsinnige Ablenkung (Abb. 5), Veränderung des Knickstellenabstandes (siehe auch IIIc: 2. Versuchsreihe).

2. $n = 3$ bzw. $n = 4$, gleichsinnige Ablenkung.

a) Gleichbleibender Knickstellenabstand (Abb. 6) (siehe auch IIIc: 3. Versuchsreihe).

b) Wechselnder Knickstellenabstand, und zwar $a_{1-2} > a_{2-3}$ (Abb. 7) bzw. $a_{1-2} < a_{2-3}$ (Abb. 8) (siehe auch IIIc: 3. Versuchsreihe).

Fall C: Gesamtrichtungsänderung $\Sigma\,\delta$ der Rohrachse durch mehrere (n) hintereinanderfolgende verschieden große Einzelrichtungsänderungen δ.

1. $n = 2$: gleichsinnige Ablenkung; a) gleichbleibender Knickstellenabstand, und zwar $\delta_1 < \delta_2$ (Abb. 9) bzw. $\delta_1 > \delta_2$ (Abb. 10) (siehe auch IIIc: 4. Versuchsreihe).

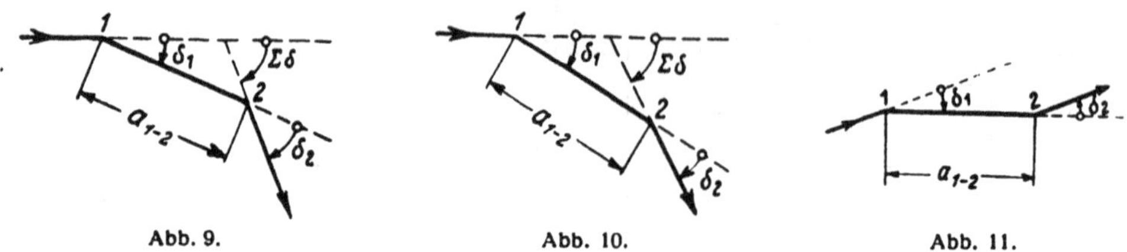

Abb. 9. Abb. 10. Abb. 11.

Fall D: Gesamtrichtungsänderung $\Sigma\,\delta$ der Rohrachse durch 2 hintereinanderfolgende gleichgroße Einzelrichtungsänderungen δ, gegensinnige Ablenkung (Abb. 11), Veränderung des Knickstellenabstandes (siehe auch IIIc: 5. Versuchsreihe).

c) Die Reihenfolge der Versuche.

Die Versuche erstreckten sich über die Jahre 1926 und 1927. Im Jahre 1926 erfolgten Vorversuche, deren Ergebnisse jedoch infolge des Rostens der damals noch in Eisen ausgeführten Kniestücke und Rohre ungenügend waren. Auf diese Versuche wird deshalb hier nicht näher eingegangen.

Gestützt auf die mit den Vorversuchen gesammelten Erfahrungen wurden dann im Jahre 1927 die Hauptversuche vorgenommen, deren Resultate Abschnitt VII enthält.

Die Reihenfolge dieser Hauptversuche war nachstehende:

1. Voruntersuchung am geraden Rohr zur Ermittlung des Wandreibungsverlustes „h_{w_r}" in Angängigkeit von v_m.
2. Feststellung des Gesamtverlustes bei eingeschalteten Kniestücken in Abhängigkeit von v_m. Daraus wurden die Widerstandsbeiwerte ζ abhängig von v_m bzw. von der Reynoldsschen Zahl $\mathfrak{R}$ berechnet.

In der „vorläufigen Mitteilung" des Verfassers[1]) über seine Versuche sind auch Widerstandsbeiwerte enthalten für Kniestücke mit $\delta \leq 30^0$ sowie für Formstücke, welche aus mehreren solchen Kniestücken gebildet sind.

Inzwischen hat sich aber herausgestellt, daß sich bei sanfter Ablenkung die Nachwirkung bedeutend weiter erstreckt als bei den großen Ablenkungen (s. S. 69) und daß sie in dem 25 d hinter dem Knie- bzw. Formstück angeordneten Querschnitt 5 noch nicht abgeklungen war. Die in der „vorläufigen Mitteilung" angegebenen Widerstandsbeiwerte für Kniestücke mit $\delta \leq 30^0$ und für entsprechende Formstücke sind deswegen etwas zu klein. Die Versuche an Knie- und Formstücken mit einer so kleinen und allmählichen Ablenkung werden zwar in den nachfolgenden Versuchsreihen mit aufgeführt um den Zusammenhang der vorliegenden Arbeit zu wahren, doch sind die endgültigen Ergebnisse dieser Versuche nur teilweise in Abschnitt VII dieser Arbeit auf Grund von Angaben des Herrn Schubart mitgeteilt, teilweise finden sie sich erst bei Schubart[2]).

[1]) Siehe Heft 2 der Mitteilungen des Hydraul. Instituts der Techn. Hochschule München, S. 72.
[2]) Schubart, a. a. O., S. 122.

1. Versuchsreihe.

Zu Fall A: Richtungsänderung der Rohrachse nur einmal, um den Winkel δ. Veränderung von δ.

Skizzen der Versuchskörper für $\delta = 22{,}5^0$; 30^0; 45^0; 60^0; 90^0; zeigt Abb. 12a bis e.

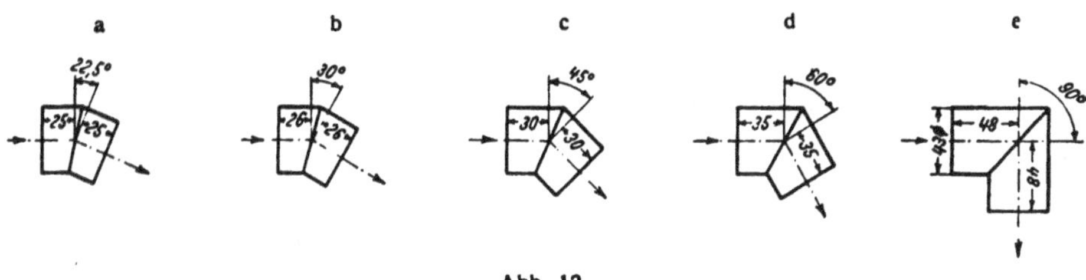

Abb. 12.

2. Versuchsreihe.

Zu Fall B 1a: 2 hintereinanderfolgende gleichgroße Einzelrichtungsänderungen der Rohrachse, gleichsinnige Ablenkung, Veränderung des Knickstellenabstandes.

Skizzen der Versuchskörper für $\delta_1 = \delta_2 = 22{,}5^0$ zeigt Abb. 13,
„ „ „ „ $\delta_1 = \delta_2 = 30^0$ „ Abb. 14, a u. b,
„ „ „ „ $\delta_1 = \delta_2 = 45^0$ „ Abb. 15, a mit m.

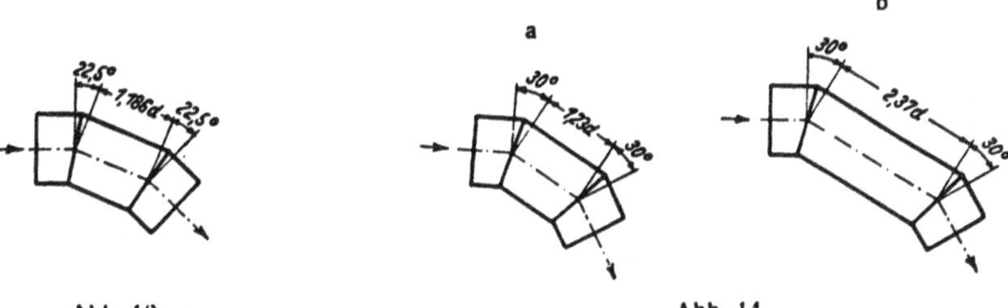

Abb. 13. Abb. 14.

3. Versuchsreihe.

Zu Fall B 2a: 3 bzw. 4 hintereinanderfolgende gleichgroße Einzelrichtungsänderungen der Rohrachse, gleichsinnige Ablenkung, gleichbleibender Knickstellenabstand.

Skizze des Versuchskörpers für $\delta_1 = \delta_2 = \delta_3 = 20^0$ zeigt Abb. 16,
„ „ „ „ $\delta_1 = \delta_2 = \delta_3 = 30^0$ „ Abb. 17,
„ „ „ „ $\delta_1 = \delta_2 = \delta_3 = \delta_4 = 22{,}5^0$ zeigt Abb. 18.

Zu Fall B 2b: 3 hintereinanderfolgende gleichgroße Einzelrichtungsänderungen der Rohrachse, gleichsinnige Ablenkung, wechselnder Knickstellenabstand.

Skizze des Versuchskörpers für $a_{1-2} > a_{2-3}$ zeigt Abb. 19,
Skizze des Versuchskörpers für $a_{1-2} < a_{2-3}$ zeigt Abb. 20.

4. Versuchsreihe.

Zu Fall C 1a: 2 hintereinanderfolgende, verschieden große Einzelrichtungsänderungen der Rohrachse, gleichsinnige Ablenkung, gleichbleibender Knickstellenabstand.

Skizze des Versuchskörpers für $\delta_1 < \delta_2$ zeigt Abb. 21,
„ „ „ „ $\delta_1 > \delta_2$ zeigt Abb. 22.

5. Versuchsreihe.

Zu Fall D: 2 hintereinanderfolgende, gleichgroße Einzelrichtungsänderungen der Rohrachse, gegensinnige Ablenkung, Veränderung des Knickstellenabstandes.

Skizzen der Versuchskörper für $\delta_1 = \delta_2 = 30^0$ zeigt Abb. 23, a mit d.

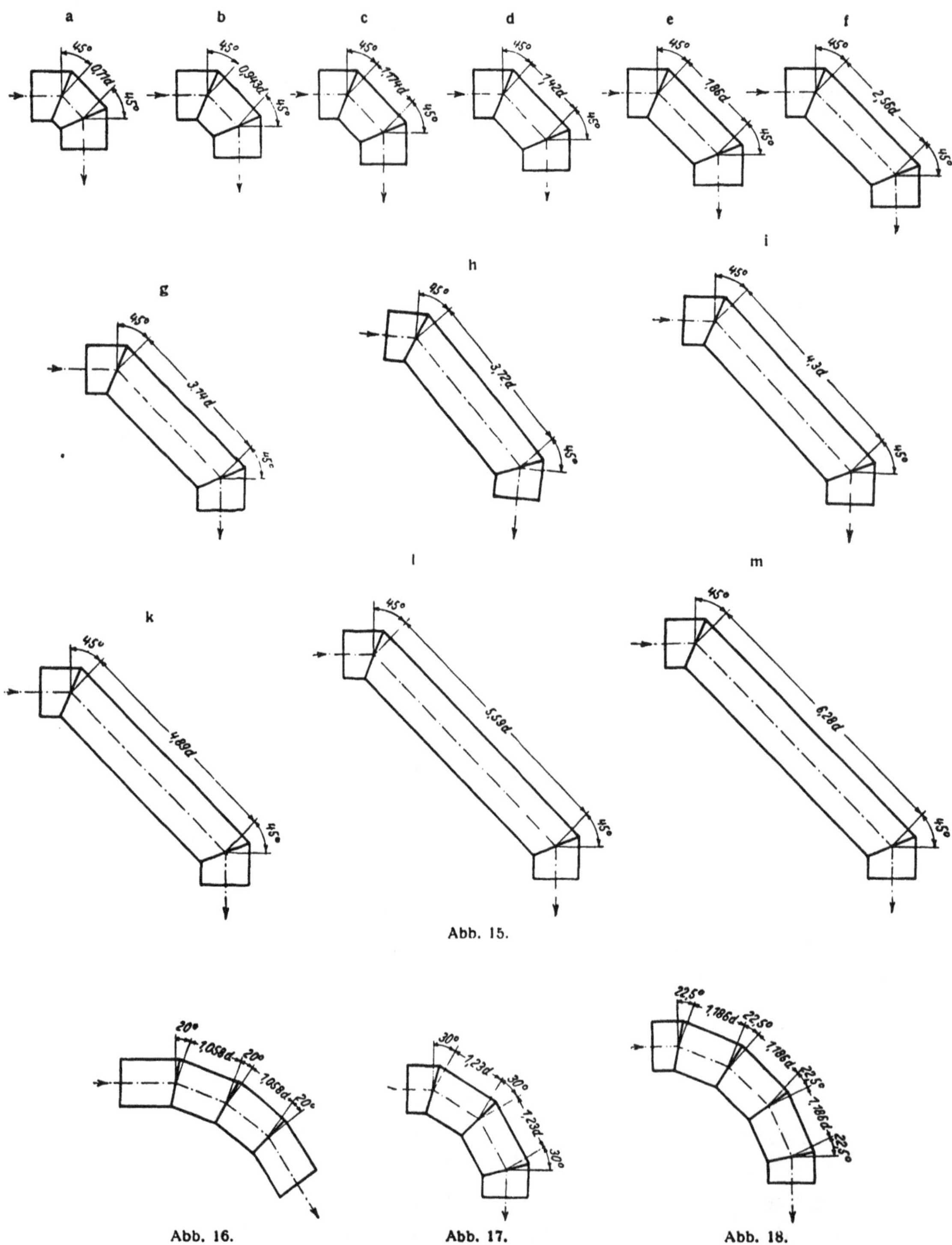

Abb. 15.

Abb. 16.

Abb. 17.

Abb. 18.

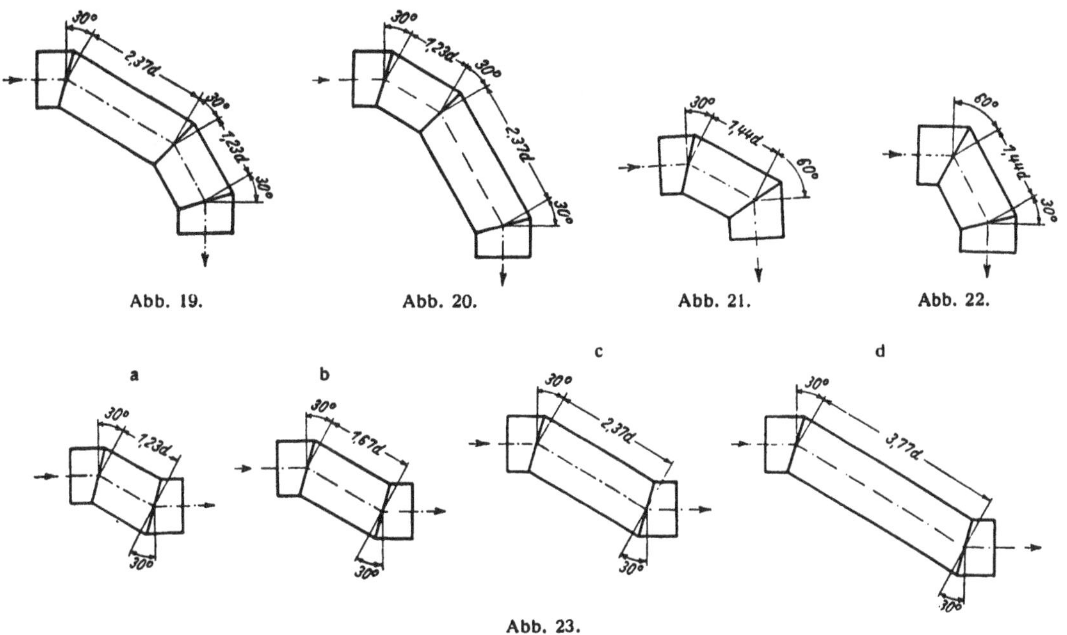

Abb. 19. Abb. 20. Abb. 21. Abb. 22.

Abb. 23.

IV. Die Versuchseinrichtung.

Die auf Grund der erwähnten Vorversuche entworfene Versuchseinrichtung für die **Hauptversuche** ist aus Abb. 24 zu ersehen. Das Wasser strömte dieser Versuchseinrichtung entweder aus einem Zwischenbehälter zu, dessen Überfallkante 2,0 m über der Achse der Versuchsrohre bzw. Versuchskörper lag oder aus dem Hochbehälter des Institutes, dessen Überfallkante sich ca. 17,0 m über der Rohrachse befand. Im letzteren Falle konnten Geschwindigkeiten bis $v_m =$ 7,15 m/s erreicht werden. Umschalthähne ermöglichten es, die Versuchseinrichtung beliebig an den Zwischenbehälter oder an den Hochbehälter anzuschließen.

Das aus dem Zwischenbehälter oder dem Wasserschloß ankommende Wasser hatte zunächst eine in der Horizontalebene liegende gerade Anlauf-Rohrstrecke von ca. 7,0 m Länge zu durchströmen, die aus einem galvanisierten eisernen Rohr von 3″ l. Dmr. bei 4 m Länge, aus einem sorgfältig ausgedrehten Übergangsstück aus Rotguß und einem geraden, blank gezogenen, kalibrierten Messingrohr von 43 mm l. Dmr. und 3,0 m $\cong 70 \cdot d$ Länge bestand.

An das Ende des gezogenen Rohres wurden die Versuchskörper (Kniestücke, Formstücke) angeflanscht, und zwar stets so, daß die von ihnen erzwungenen Richtungsänderungen der Rohrachse in der Horizontalebene erfolgten.

An die Versuchskörper wurde die ebenfalls horizontale gerade ca. 3,0 m lange Auslauf-Rohrstrecke aus blank gezogenem kalibrierten Messingrohr von 43 mm l. Dmr. angeschlossen.

Die Rohre wurden durch Schellen getragen, die zur Ausrichtung mittels Justierschrauben in vertikaler Richtung verstellt werden konnten.

Am Ende der Auslauf-Rohrstrecke war zwecks Einstellung verschiedener Wassermengen ein Drosselhahn mit Fein-Einstellung angebracht.

Hinter dem Drosselhahn befand sich ein kurzes Stück schwarzes Gasrohr von $1^3/_4$″ l. Dmr. mit anschließendem Schwenkrohr. Mit letzterem konnte die Wassermenge, welche durch die Versnchseinrichtung geströmt war, in einen auf einer Dezimalwage stehenden Meßtank von 0,5 m^3 Fassungsvermögen geleitet werden. Die Einlaufzeit wurde mit einem Band-Chronographen gemessen. An den geraden Strecken, welche unmittelbar vor bzw. hinter den Versuchskörpern lagen, waren je 3 Anschlüsse für die Meßrohre (Piezometer) — *1* bis *6*, s. Abb. 24 — vorgesehen — und zwar Anschluß *1*, *2* und *3* am geraden Rohr vor dem Versuchskörper, wobei Anschluß *3* sich dicht

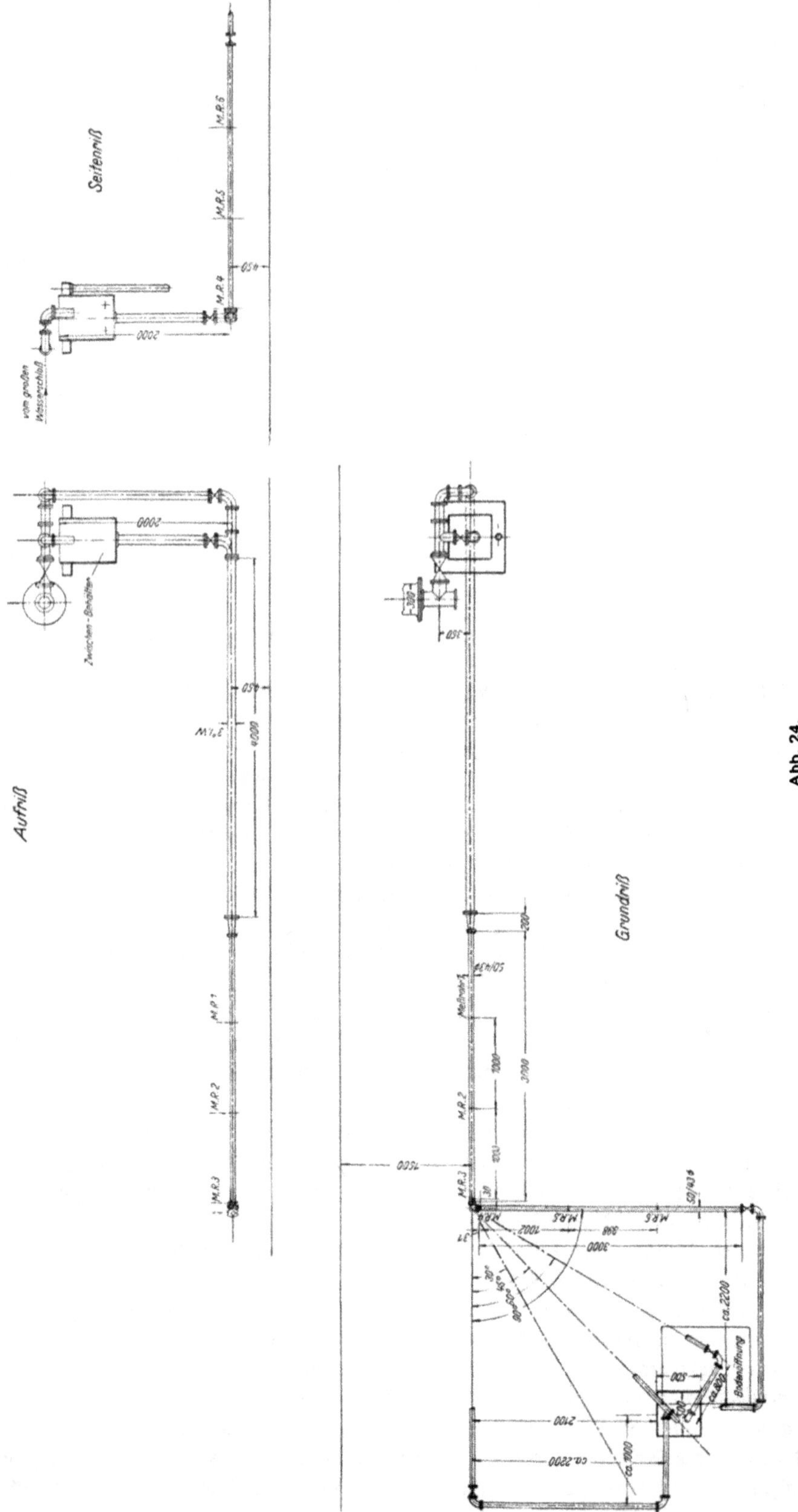
Seitenriß
Aufriß
Grundriß
vom großen Wasserschloß
Zwischen-Behälter
Meßrohr 1
Bodenöffnung

Abb. 24.

vor dem Versuchskörper befand, Anschluß *4*, *5* und *6* am geraden Rohr hinter dem Versuchskörper, wobei Anschluß *4* sich dicht hinter dem Versuchskörper befand. Die an der ausgeführten Versuchseinrichtung gemessenen Abstände zwischen den Meßstellen sind aus Abb. 24 zu ersehen, mit Ausnahme der auf der Rohrachse zu messenden Entfernung der Meßstellen *3* und *4*, die sich jeweils mit dem zwischen diese beiden Meßstellen eingebauten Versuchskörper veränderte. In jedem Falle lag aber Meßstelle „*3*" 49 mm vor dem Eintrittsflansch des betreffenden Versuchskörpers und Meßstelle „*4*" 50 mm hinter dessen Austrittsflansch. Die auf der Achse der einzelnen Versuchskörper zwischen Eintritts- und Austrittsflansch gemessenen Längen können aus den Skizzen Abb. 12 bis 23 entnommen werden.

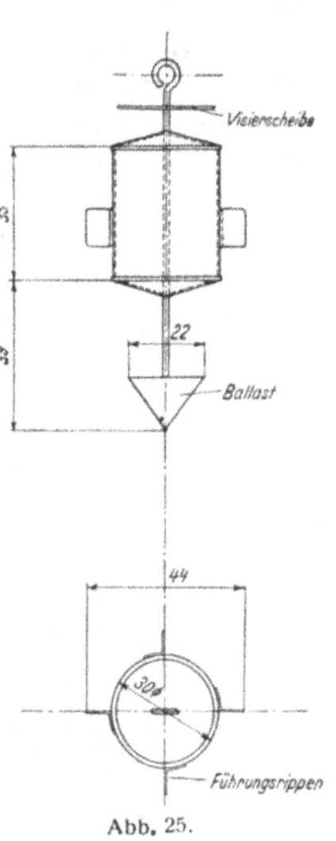

Abb. 25.

Jeder Meßrohranschluß war in der bereits von Vogel (siehe Fußnote S. 70) erprobten und auf S. 77 seiner Arbeit geschilderten Art mit vier Druckentnahmestellen ausgeführt.

Als Meßrohre dienten 2,0 m lange, oben offene Glasrohre von 45 mm l. Dmr., ähnlich den von Vogel benützten. In den Glasröhren schwammen besondere Präzisionsschwimmer (s. Abb. 25), die so berechnet und ausgeführt waren, daß sie bei geringem Eigengewicht (einschließlich Ballast nur ca. 18 g) noch stabil schwammen und durch vier Rippen mit kleinem Spiel im Glasrohr geführt wurden. Die Rippen lagen unter dem Wasserspiegel, um die bei austauchenden Rippen durch die Oberflächenspannung entstehende Anziehung an die Glaswand zu vermeiden. Der Schwimmkörper selbst bestand aus verlötetem, dünnwandigem Messingblech. Über dem Schwimmkörper war eine ebene

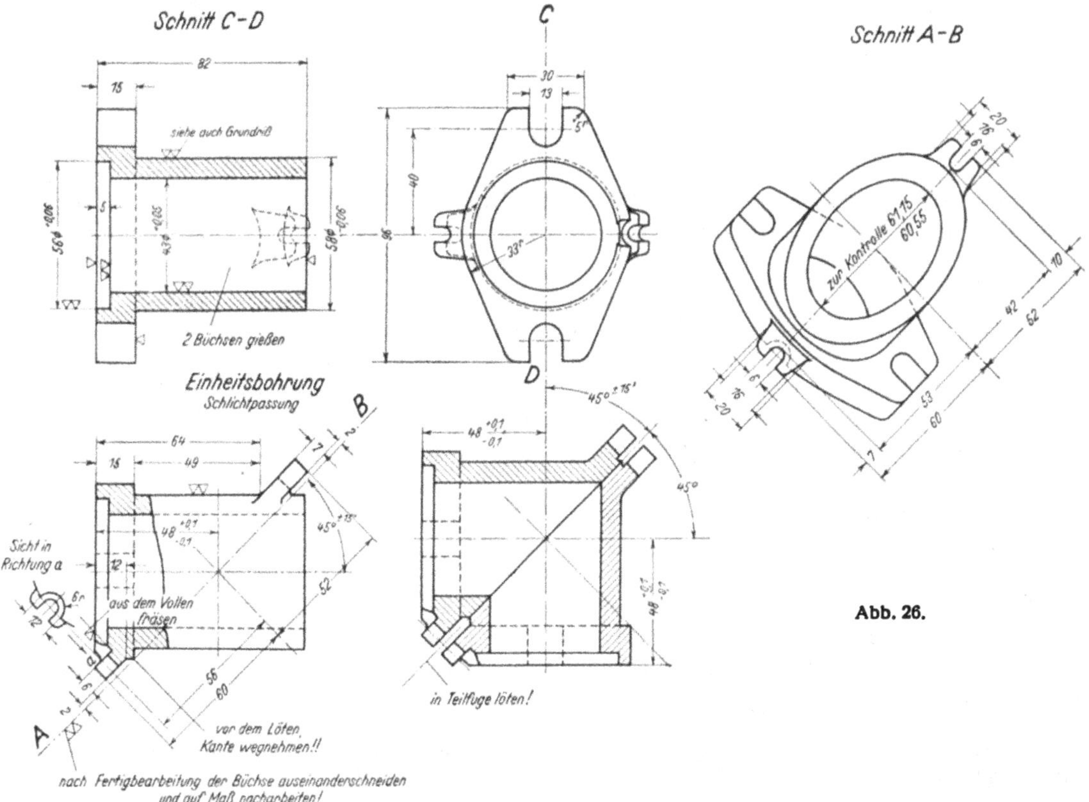

Abb. 26.

horizontale Scheibe zum Visieren angeordnet, um Fehler durch Parallaxe beim Ablesen der jeweiligen Spiegelhöhe des Wassers im Piezometer zu vermeiden.

Die Spiegelhöhe wurde an den hinter den Glasröhren befestigten 2 m langen Maßstäben gemessen. Die Maßstäbe konnten mit einer Justiereinrichtung genau vertikal eingestellt werden.

Da aber bei hohen Wassergeschwindigkeiten v_m und den bei ihnen auftretenden großen Druckhöhen die Länge der Glasrohre (2,0 m) nicht mehr ausreichte (z. B. für das 90°-Knie von $v_m =$ 4,5 m/s aufwärts), so wurden bei hohen Geschwindigkeiten v_m die Wasser-Piezometer abgeschaltet. Statt ihrer wurde zwischen die für Erfassung der Gesamtverlusthöhe maßgebenden beiden Meßstellen *3* und *5* (s. Abb. 2 S. 69) ein Quecksilber-Differentialmanometer gelegt. Die Meßstellen *3* und *5* konnten durch kleine Umschalthähne auch gleichzeitig je an ein Wasser-Piezometer und an das Differential-Manometer gelegt werden, wodurch es bei kleinen v_m möglich war die beiden Ablesevorrichtungen gegenseitig zu kontrollieren.

Bezüglich der Ausbildung des Differentialmanometers wird auf die in der Fußnote[1]) erwähnte Arbeit von Müller verwiesen.

Ein Beispiel für die Konstruktion der Versuchs-Kniestücke zeigt Abb. 26. Die Abb. 27 gibt eine photographische Aufnahme der Kniestücke.

Abb. 27.

Die Kniestücke waren aus Rotguß hergestellt. Für jedes einzelne Kniestück wurden zunächst zwei zylindrische Büchsen gegossen. Jede dieser beiden Büchsen wurde dann auf 43 mm l. Dmr. nach Lehre für Einheitsbohrung—Schlichtspassung ausgedreht und an ihrem einen Ende nach einer zur Mantellinie unter bestimmtem Winkel geneigten Ebene abgefräst. Die so aus den beiden Büchsen sich ergebenden beiden zur Knickebene symmetrischen Teile eines Kniestückes wurden in den durch das Abfräsen entstandenen elliptisch begrenzten Schnittflächen sorgfältig derart aufeinander gelegt, daß sich die Umriß-Ellipsen Punkt für Punkt deckten; erst dann wurden sie mit Hilfe der bereits im Guß vorgesehenen Lappen und Spannschrauben zusammengespannt. Die zusammengespannten Kniestück-Hälften wurden schließlich sorgfältig angewärmt und in der Knickebene mit Silber hart zusammengelötet.

Weiters waren die Kniestücke so konstruiert, daß eine Stoßkante weder am Übergang zwischen Knie und geradem Rohr, noch auch am Übergang zwischen hintereinandergeschalteten Kniestücken entstehen konnte.

Die mittlere Baulänge der einzelnen Kniestücke, auf ihrer Achse gemessen, wurde so kurz gewählt, als sich dies konstruktiv irgendwie erreichen ließ, um beim Hintereinanderreihen zweier Kniestücke bei veränderlichem Knickstellenabstand letzteren u. a. auch auf ein Minimum reduzieren zu können.

---

[1]) Siehe **Mueller**, „Beeinflussung der Anzeige von Venturimessern durch vorgeschaltete Krümmer". Mitteilungen des Hydraul. Instituts der Techn. Hochschule München, Heft 2.

Abb. 28 gibt ein Beispiel für den Einbau eines 45°-Kniestückes, Abb. 29 läßt den Einbau eines Formstückes erkennen.

Nach dem Zusammenbau wurde der ganze Versuchskörper zwecks vollständiger Abdichtung mit einer Mischung aus Bleiglätte und Mennige überstrichen, die schnell glasartig erhärtet.

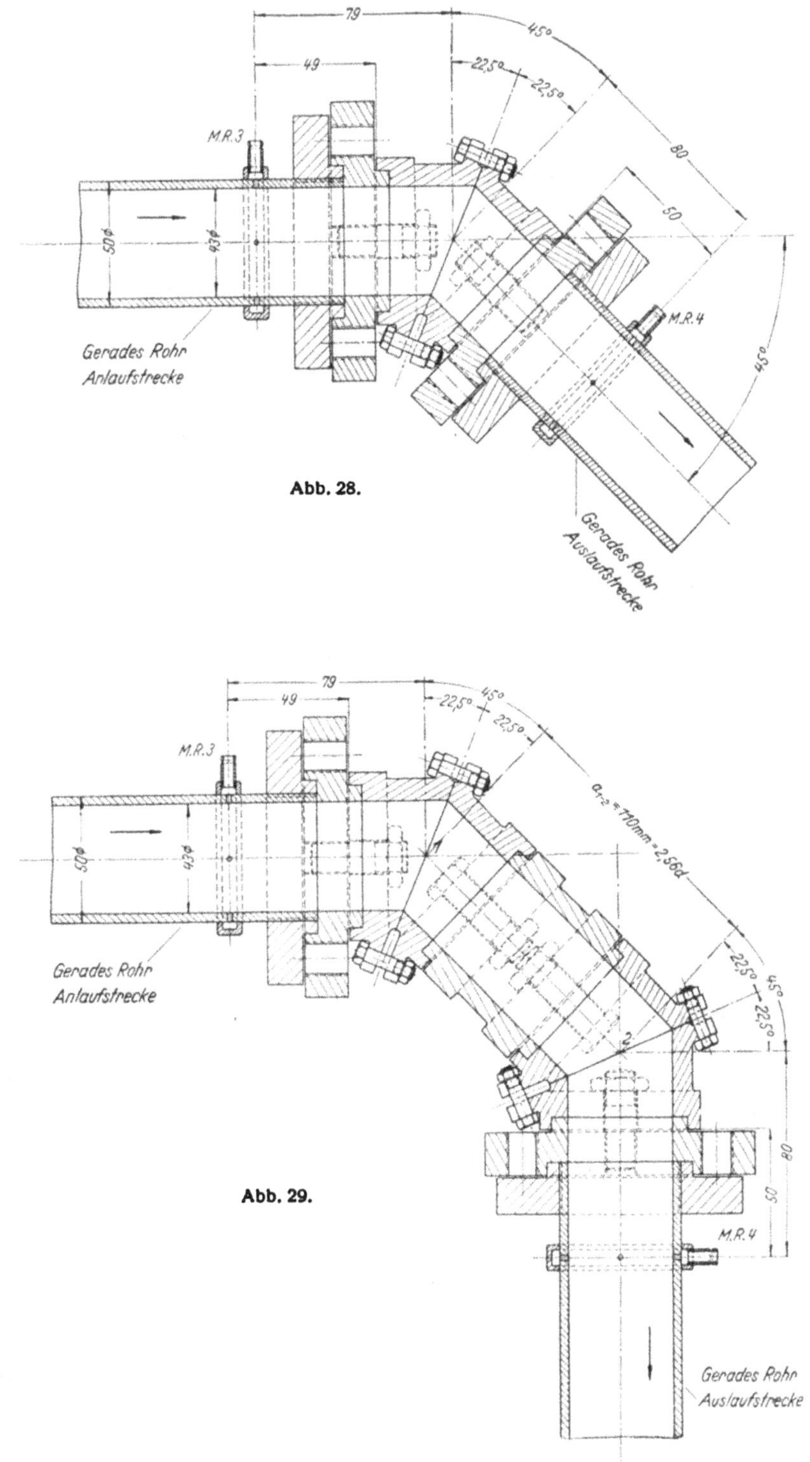

Abb. 28.

Abb. 29.

V. Die Durchführung der Versuche.

a) Angestellte Versuche.

1. Gerade Leitung: Ersatzstück für Knie.

Zwecks Ermittlung des Wandreibungsverlustes „h_{w_r}" wurde eine durchlaufende gerade Rohrstrecke gemäß II (s. S. 69 oben) bzw. IIIa (s. S. 70 unten) hergestellt.

α) Bei **kleineren** Geschwindigkeiten, bis etwa $v_w = 2{,}6$ m/s, war das Versuchsrohr nur an den Zwischenbehälter (s. IV S. 75) angeschlossen. Der Verlauf der ganzen Druckhöhenlinie je für ein bestimmtes v_m ergab sich durch Messungen an allen 6 Meßstellen mittels der Wassermanometer, s. Abb. 30.

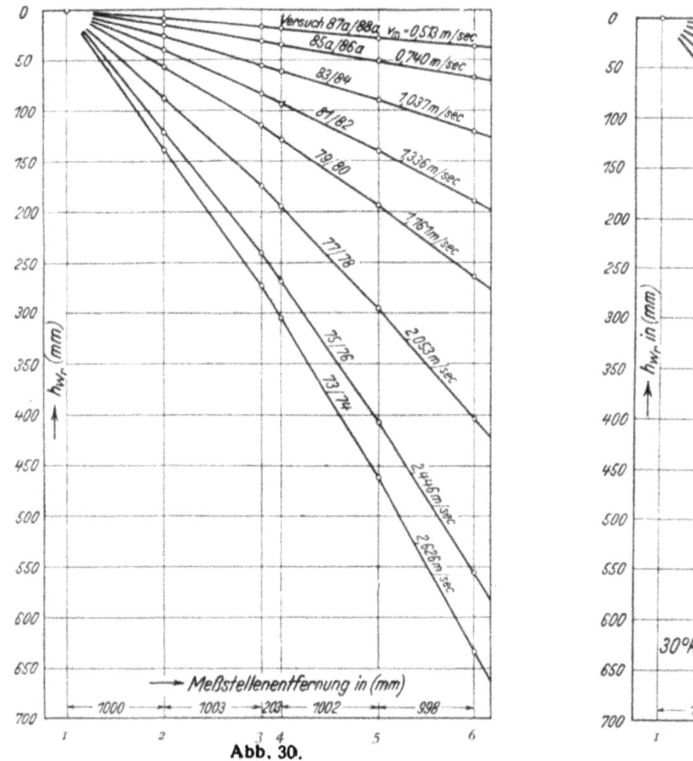

Abb. 30.

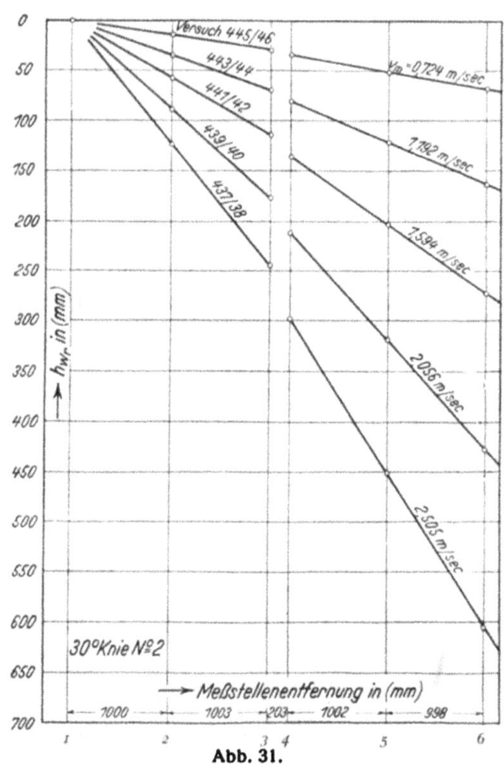

Abb. 31.

β) Bei **größeren** Geschwindigkeiten, von $v_m = 2{,}6$ m/s bis $v_m = 7{,}15$ m/s, war das Versuchsrohr an den Hochbehälter (s. IV S. 75) angeschlossen. Die Wassermanometer waren abgeschaltet und es wurden lediglich die Druckhöhenunterschiede $h_{w_{r(3-5)}}$ zwischen den Meßstellen *3* und *5* durch das Quecksilbermanometer gemessen. Die Geschwindigkeit v_m wurde innerhalb eines Bereiches verändert, der sich nach unten hin mit dem bei Anschluß an den Zwischenbehälter erreichbaren Geschwindigkeitsintervall überdeckte.

2. Knie- und Formstücke.

Zur Erfassung des Gesamtverlustes „h_w" (s. II S. 69) wurden die einzelnen Versuchskörper in der Reihenfolge des Versuchsprogrammes (s. IIIc S. 72) zwischen die gerade Anlauf-Rohrstrecke und die gerade Auslauf-Rohrstrecke eingebaut.

α) Bei **kleineren** Geschwindigkeiten (bis etwa $v_m = 2{,}6$ m/s, Anschluß an den Zwischenbehälter) wurden bei jedem Versuchskörper für ca. 6 verschiedene v_m die Druckhöhenunterschiede h_w mit Wassermanometer gemessen, und zwar im allgemeinen nur die Druckhöhenunterschiede $h_{w_{r(3-5)}}$ zwischen den Meßstellen *3* und *5*, bei einigen Stücken wurde jedoch auch die ganze Druckhöhenlinie bestimmt, s. Abb. 31.

β) Bei größeren Geschwindigkeiten (von $v_m = 2{,}6$ m/s bis $v_m = 7{,}15$ m/s, Anschluß an den Hochbehälter) wurden bei jedem Versuchskörper für ca. 11 verschiedene v_m die Druckhöhenunterschiede $h_{w(3-5)}$ zwischen den Meßstellen *3* und *5* durch Quecksilbermanometer gemessen.

b) Auswertung der Versuche.

Diese erfolgte gemäß II S. 69 unten bzw. IIIa S. 70 unten. Dazu ist nochfolgendes zu bemerken.

1. Ermittlung des Wandreibungsverlustes „h_{w_r}".

Abb. 30 zeigt, daß die Reibungs-Drucklinien für die gerade ausgestreckte Leitung nicht über ihren gesamten Verlauf gerade sind. Die Gründe für die Abweichung von der Geraden konnten nicht ermittelt werden. Doch ersieht man aus Abb. 30 auch, daß speziell in den Piezometern *3* bis *5* die verschiedenen Drücke mit wünschenswerter Genauigkeit auf der geraden Linie liegen.

Aus den Reibungsverlusthöhen „$h_{w_r(3-5)}$" durfte daher der Reibungsverlust pro m durchströmter Rohrlänge $J_{(3-5)} = \frac{h_{w_r(3-5)}}{l_{(3-5)}}$ mit $l_{(3-5)} = 1205$ mm errechnet und abhängig von v_m aufgetragen werden s. Abb. 3.

Ferner war es unbedenklich, auf Grund der Kurve Abb. 3 die Werte $h_{w_r(3-5)}$ auf die nur wenig veränderten Längen $l_{(3-5)}$ bei den Versuchen mit Knien und Formstücken proportional umzurechnen.

Der lichte Rohrdurchmesser d an den Meßstellen *3* und *5* wurde als gleichgroß angenommen (s. a. II S. 69). Der Einfluß eines etwaigen tatsächlichen Unterschiedes würde überdies bei der Bildung von ζ_{Knie} herausfallen. Ist nämlich infolge der Durchmesserabweichung $d_3 \neq d_5$, so ist auch $v_3 \neq v_5$ und es ist nach der Bernoullischen Gleichung $h_{w_r(3-5)} = \frac{p_3 - p_5}{\gamma} + \frac{v_3^2 - v_5^2}{2g}$, d. h. es wäre sowohl bei der Bestimmung von $h_{w(3-5)}$ wie auch von $h_{w_r(3-5)}$ zu der an den Piezometern *3* und *5* abgelesenen Differenzhöhe $\frac{p_3 - p_5}{\gamma}$ noch das Korrekturglied $\frac{v_3^2 - v_5^2}{2g}$ zu addieren. Bei der Differenzrechnung

$$\zeta = \frac{h_{w(3-5)} - h_{w_r(3-5)}}{\frac{v_m^2}{2g}}$$

hebt sich dann dieses Korrekturglied wieder fort.

Dagegen würde eine Durchmesserabweichung die zuverlässige Ermittlung von λ verhindern, weil zum gemessenen Druckhöhenunterschied noch das genannte Korrekturglied zu addieren wäre, um $h_{w_r(3-5)}$ zu erhalten und dieses Korrekturglied schon bei recht kleinen Durchmesserunterschieden relativ groß wird. Es wurde deshalb hier auf eine genauere Untersuchung der Veränderlichkeit von λ mit $\mathfrak{R}$ bzw. v_m verzichtet.

2. Ermittlung des Widerstandsbeiwertes „ζ".

Die Werte „$h_{w_r(3-5)}$" für die verschiedenen Knie und Formstücke, die zu einem bestimmten v_m bzw. $h_{w(3-5)}$ gehörten, wurden, wie vorstehend bereits erwähnt, durch Interpolation nach Abb. 3 gefunden.

Aus zusammengehörigen Werten $h_{w(3-5)}$, $h_{w_r(3-5)}$ und v_m wurde ζ gemäß II S. 69 errechnet.

3. Nachprüfung der Drucklinien.

Es war von Interesse nachzuprüfen, inwieweit auch nach Einbau der Versuchskörper der Verlauf der Drucklinien noch geradlinig blieb und die der Berechnung der Werte „$h_{w_r(3-5)}$" zugrunde gelegte, am geraden Rohr ermittelte Funktion $J_{(3-5)} = f(v_m)$ (Abb. 3) auch für das Rohr mit Richtungsänderung gültig war.

Daher wurde für einige Versuchskörper der Druckabfall in den Meßstellen *2* bis *6* gegenüber Meßstelle *1* bei Anschluß an den Zwischenbehälter für verschiedene v_m gemessen und als Funktion der Rohrlänge aufgetragen. Die so erhaltene Druckhöhenlinie wurde mit der Reibungsdrucklinie für das gerade ausgestreckte Rohr verglichen.

So ergaben sich z. B. die Drucklinien nach Abb. 32 bei $v_m = 2{,}053$ m/s für gerades Rohr, 30°-Knie und $2 \times 45°$-Knie mit $a_{1-2} = 1{,}42\,d$. Sie zeigen befriedigende Übereinstimmung des Druck-Gradienten auf der Rohrstrecke hinter Meßstelle *5*[1]).

VI. Kritik der Meßgenauigkeit.

Von den verschiedenen möglichen Fehlerquellen, die teils in der Versuchseinrichtung selbst, teils in den Messungen liegen, interessieren namentlich die folgenden drei:

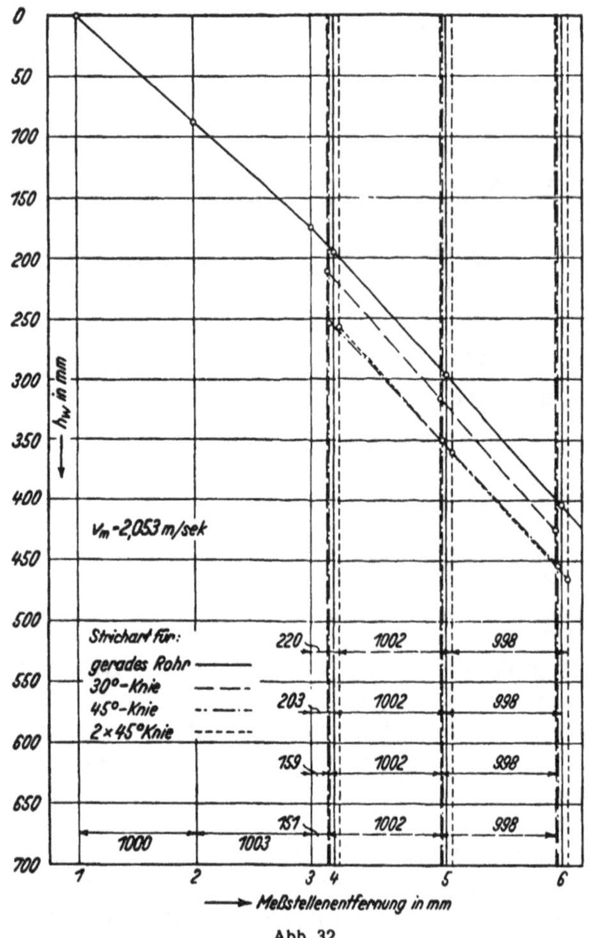

Abb. 32.

1. Fehler durch Durchmesserabweichungen.
2. Fehler durch Veränderung der Wandbeschaffenheit.
3. Fehler durch mangelnde Herstellungsgenauigkeit der Versuchskörper.

Zu 1. Die Durchmesserabweichungen waren bestimmt kleiner als 0,1 mm. Der Einfluß von Abweichungen dieser Größenordnung auf den Endwert ζ verschwindet überdies gemäß Vb praktisch vollständig.

Zu 2. Die Veränderung der Wandbeschaffenheit wurde nach den am gerade ausgestreckten Rohr vor und nach den Hauptversuchen gemessenen Wandreibungs-Verlusthöhen „h_{w_r}" beurteilt.

Bei den Vorversuchen (Rohre aus Eisen) wurden, auf gleiche Geschwindigkeit v_m bezogen, Höchstwerte der Abweichungen im „h_{w_r}" von 13% festgestellt. Bei den Hauptversuchen (Rohre aus Messing) war bis auf die allerletzte Nachprüfung, welche eine Abweichung von rd. 1% ergab, keine wesentliche Veränderung merkbar.

Ein Fehler in der Beurteilung der Wandreibung von 1% würde bei der vorliegenden Versuchsanordnung die Werte von ζ_{Knie} um 0,004 fälschen.

Zu 3. Die Herstellungsgenauigkeit der Versuchskörper wurde durch Vergleich verschiedener Exemplare gleicher Konstruktion geprüft.

---

1) Bei den Vorversuchen hatte sich diese Übereinstimmung des am geraden Rohr ermittelten Druckgefälles J durch reine Reibungsverluste mit dem nach Einbau eines Versuchskörpers gemessenen Druckgefälle J nicht ergeben. Diese Unstimmigkeit mußte auf Veränderung der Wandrauhigkeit der eisernen Rohre durch Anrosten zurückgeführt werden.

Von den Kniestücken der Abb. 12 (s. IIIc) waren angefertigt:

vier 22,5°-Kniestücke Nr. I, II, III und IV,
drei 30°-Kniestücke Nr. I, II und III,
vier 45°-Kniestücke Nr. I, II, III und IV.

Folgende ζ-Werte wurden für ein $v_m = 6{,}0$ m/s gefunden:

für 45° = Kniestück Nr. I: $\zeta = 0{,}229$,
„ 45° = „ „ II: $\zeta = 0{,}243$.

Die beiden ζ-Werte zeigen also vom Mittelwert eine Abweichung von etwa 3% des Mittelwertes trotz größter Sorgfalt in der Herstellung. Der endgültige Widerstandsbeiwert ζ für ein Kniestück bestimmter Konstruktion wurde als arithmetisches Mittel aus den abweichenden ζ-Werten der verschiedenen Exemplare errechnet.

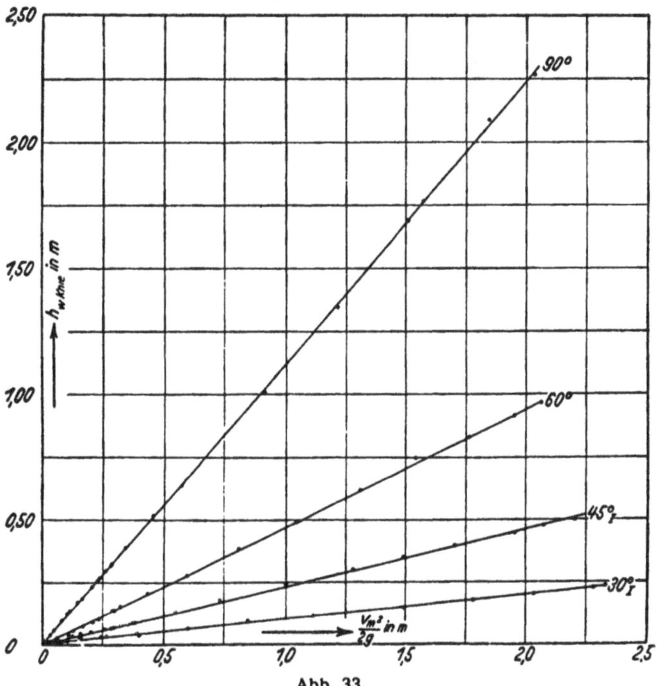

Abb. 33.

Anm.: „30°ᵢ" heißt 30°-Kniestück Nr. I.

VII. Die Versuchsergebnisse.

a) Ergebnis der ersten Versuchsreihe.

Aus den auf S. 72 genannten Gründen sind die Versuchsergebnisse für die Kniestücke $\delta = 22{,}5°$ und $\delta = 30°$ hier nicht mitgeteilt, sondern finden sich erst in der Arbeit von Schubart[1]).

Fall A: Richtungsänderung der Rohrachse nur einmal, und zwar um den Winkel δ. Veränderung des Winkels δ. Kniestücke nach Abb. 12, s. a. S. 73.

Zunächst wurden die beiden folgenden Darstellungsarten benutzt:

$$h_{w\,\mathrm{Knie}} = f\frac{(v_m^2)}{2g} \text{ für } \delta = \text{konst.}$$

Abb. 33.

$$\zeta = f_1(\Re) \text{ bzw. } \zeta = f_1'(v_m)$$
für δ = const. (Ab. 34),

$$\text{wobei } \Re = \frac{v_m \cdot d}{\nu}.$$

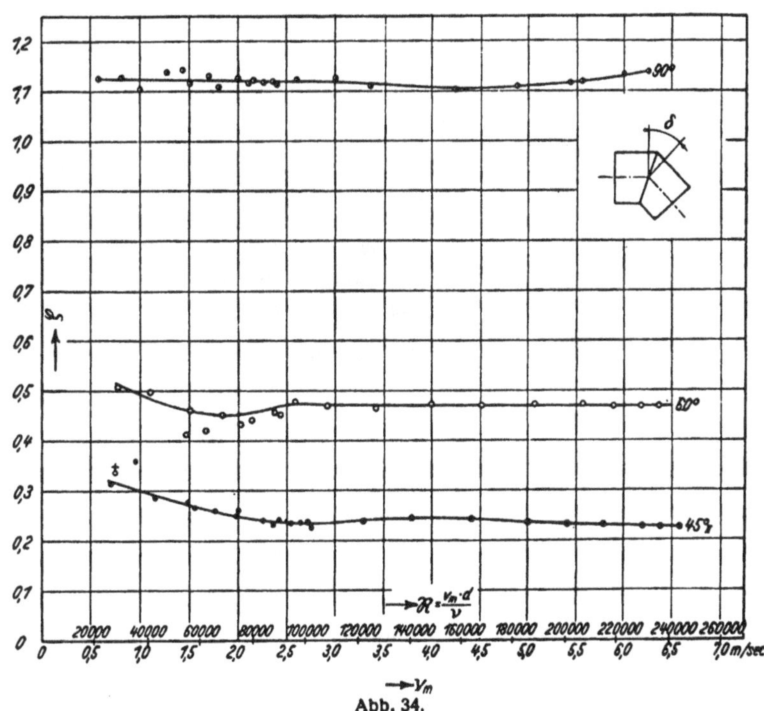

Abb. 34.

[1]) Siehe Schubart, a. a. O., S. 123

Der Berechnung von $\mathfrak{R} = \frac{v_m \cdot d}{\nu}$ wurde der Wert $\nu = 1{,}162 \cdot 10^{-6}$ m²/s entsprechend einer Wassertemperatur $t = 14{,}2^0$ C für die Messungen am gerade ausgestreckten Rohr zugrunde gelegt.

Die Kurven Abb. 34 zeigen für jedes Kniestück denselben eigentümlichen Verlauf, der auch an den Kurven $\zeta_{ges} = f(\mathfrak{R})$ für fast alle Formstücke der folgenden Versuchsreihen beobachtet werden kann (s. Abb. 44): nämlich zunächst Abnahme des ζ mit zunehmendem $\mathfrak{R}$, dann vorübergehende Zunahme des ζ mit $\mathfrak{R}$ bis zu einem Zwischen-Maximum, hierauf wieder Abnahme von ζ mit zunehmendem $\mathfrak{R}$ und schließlich annähernd $\zeta =$ konst.

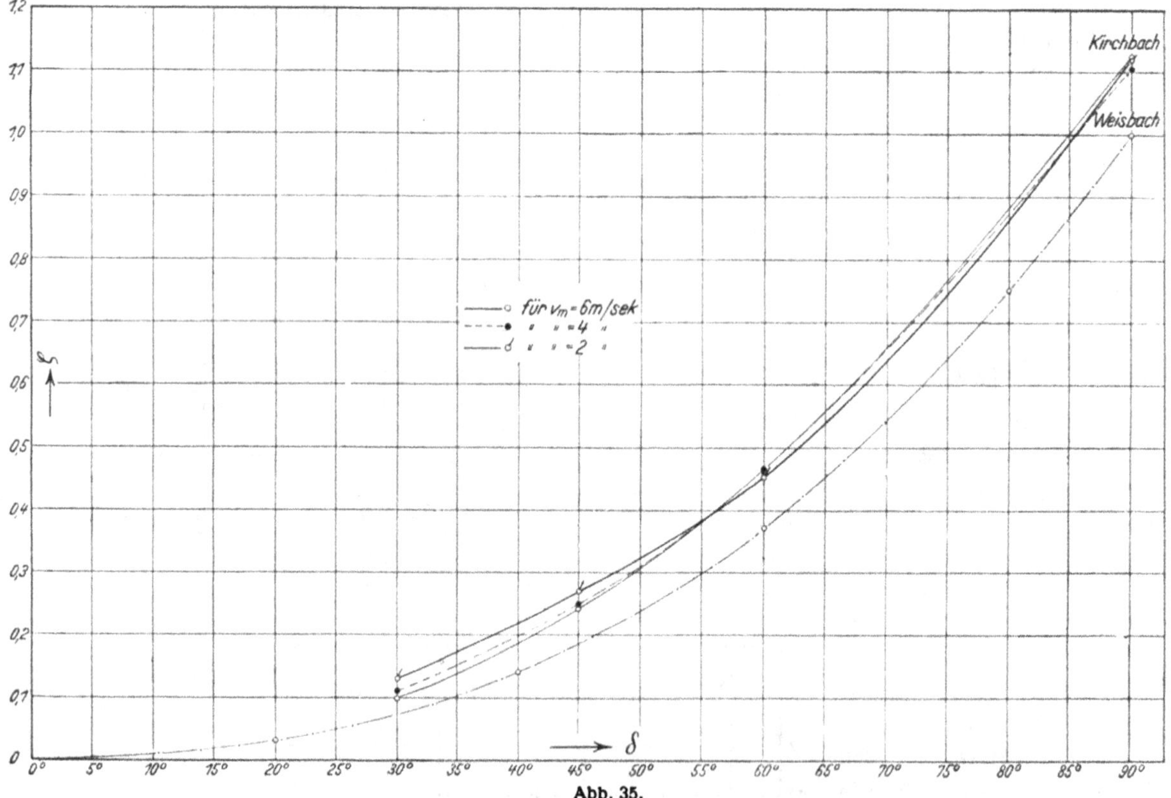

Abb. 35.

Die von Weisbach[1]) angegebene Formel[2]) setzt voraus, daß ζ von $\mathfrak{R}$ unabhängig sei. Für die geringen Reynoldsschen Zahlen, welche den Weisbachschen Versuchen zugrunde lagen (s. a. VIIIa), würde dies aber nach obigem nicht ganz zutreffen.

Aus der Kurvenschar der Abb. 34 läßt sich die Funktion

$$\zeta = f_2(\delta)$$

für $\mathfrak{R} =$ konst. ableiten (Abb. 35).

b) Ergebnis der 2. Versuchsreihe.

Fall B 1a: 2 hintereinanderfolgende gleichgroße Einzelrichtungsänderungen der Rohrachse; gleichsinnige Ablenkung, Veränderung des Knickstellenabstandes. Formstücke nach Abb. 13, 14 und 15 s. a. S. 73.

---

[1]) Siehe J. Weisbach, Lehrbuch der Ingenieur- und Maschinenmechanik, I. Teil, S. 1044, Braunschweig 1875, Verlag Vieweg.

[2]) $\zeta = 0{,}9457 \sin^2 \frac{\delta}{2} + 2{,}047 \sin^4 \frac{\delta}{2}$.

In der Folge sei

ζ_{ges} = Gesamt-Widerstandsbeiwert
= Widerstandsbeiwert des durch Aneinanderreihen der Kniestücke gebildeten Formstückes.

Abb. 44 Kurve 26 zeigt die Kurve $\zeta_{ges} = f(\mathfrak{R})$ bzw. $\zeta_{ges} = f'(v_m)$ für $\delta_1 = \delta_2 = 22{,}50$ und einen Wert des Knickstellenabstandes[1]).

Abb. 36 zeigt die Kurven $\zeta_{ges} = f(\mathfrak{R})$ für $\delta_1 = \delta_2 = 30^0$ und zwei Werte des Knickstellenabstandes.

Abb. 37. zeigt die Kurven $\zeta_{ges} = f(\mathfrak{R})$ für $\delta_1 = \delta_2 = 45^0$ und zwölf Werte des Knickstellenabstandes.

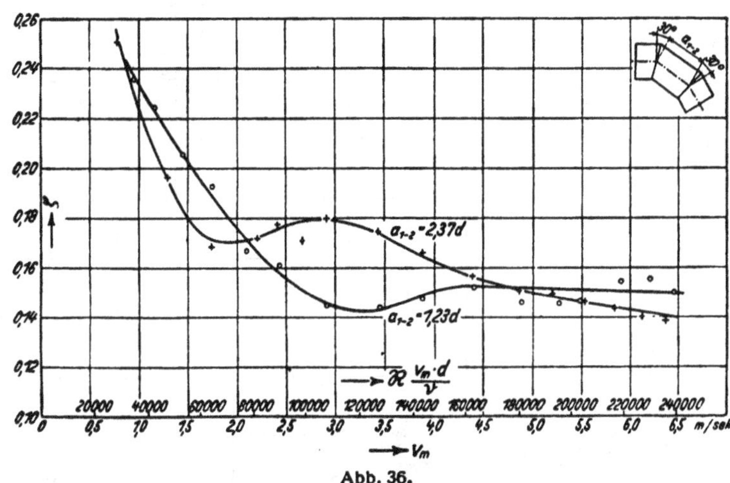

Abb. 36.

Entnimmt man aus dem Kurvenbild Abb. 37 die Werte ζ_{ges} für $\mathfrak{R}$ = konst. bzw. v_m = konst. und trägt sie über dem veränderlichen Knickstellenabstand $a_{1-2} = x \cdot d$ (s. a. S. 71) auf, so erhält man die Kurven, Abb. 38:

$$\zeta_{ges} = f_1\,(a_{1-2}) = f_1\,(x \cdot d) \text{ für wechselndes } \mathfrak{R} \text{ bzw. } v_m.$$

Da für Abb. 38 $\delta_1 = \delta_2 = 45^0$ ist, so nähert sich das Formstück für $a_{1-2} = x \cdot d = d \cdot \tan 22{,}5^0$, d. h. für $x = \tan 22{,}5^0 = 0{,}4142$ dem 90⁰-Kniestück (s. Abb. 39 und 40).

Allerdings ergibt sich für $x = 0{,}4142$ aus dem Formstück ein 90⁰-Kniestück mit abgestumpfter Ecke (Abb. 40).

Im Kurvenbild Abb. 38 ergibt sich bei $v_m = 6{,}0$ m/s der kleinste Wert $\zeta_{ges} = 0{,}28$ für $a_{optimum} = 1{,}5 \cdot d = x_{optimum} \cdot d$.

Der Abstand $a_{optimum}$ ist vermutlich gerade so groß, daß die Ablösung der in Richtung $A \to B$ anströmenden Flüssigkeit an der scharfen inneren Kante des Winkels δ_1 (Abb. 41) die Umlenkung der Flüssigkeit aus der Richtung $B \to C$ in die Richtung $C \to D$ begünstigt. Hierauf hat schon Weisbach (s. Fußnote S. 84) hingewiesen. Wird der Wert $a_{1-2} > x_{optimum} \cdot d$, so wächst der Wert ζ_{ges} mit zunehmendem a_{1-2} stetig an und es muß der Wert $\zeta_{ges} = 2 \cdot \zeta_{45}{}^0 = 0{,}486$ dann erreicht werden, wenn a_{1-2} gerade so groß geworden ist, daß sich die Strömung nach der Richtungsänderung δ_1 wieder vollkommen beruhigen kann und eine völlig neue Beunruhigung durch die Richtungsänderung δ_2 erfährt. Die Versuche wurden nur bis zu einem größten Wert $a_{1-2} = 6{,}28 \cdot d$ durchgeführt. Für $a_{1-2} = 6{,}28\,d$ ergab sich $\zeta_{ges} = 0{,}399$; ζ_{ges} weicht dabei also nicht mehr weit von $2 \cdot \zeta_{45}{}^0$ ab.

Vergleicht man folgende Kurven miteinander:

Abb. 44, Kurve Nr. 1, für einmalige
Abb. 44, Kurve Nr. 9, für zweimalige } Ablenkung um je $\delta = 45^0$

[1]) Die Schubartsche Kurve ist die endgültige.

so sieht man, daß für eine bestimmte Reynoldssche Zahl $\mathfrak{R}$ der Gesamt-Widerstandsbeiwert ζ_{ges} eines Formstückes, das aus n gleichen, hintereinander gereihten Kniestücken gebildet wurde, kleiner ist als die Summe der n Widerstandsbeiwerte der einzelnen Kniestücke. Dies kann allerdings im Hinblick auf die Ergebnisse der zweiten Versuchsreihe nur so lange gelten, als die einzelnen Knickstellenabstände in der Nähe von a_{optimum} liegen oder wenigstens einen unteren bzw. oberen Grenzwert nicht überschreiten.

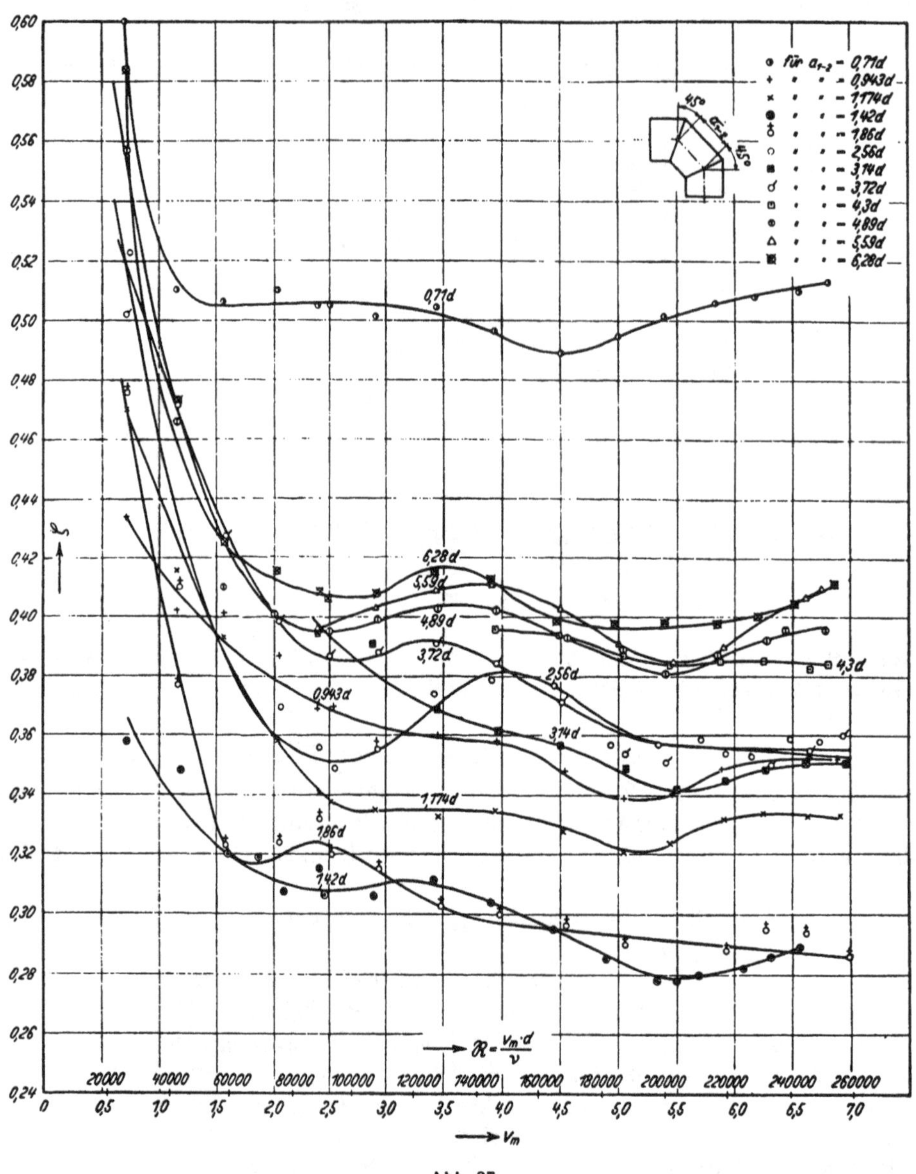

Abb. 37.

c) Ergebnis der 3. Versuchsreihe.

1. Fall B 2a: 3 bzw. 4 hintereinanderfolgende gleichgroße Einzelrichtungsänderungen der Rohrachse, gleichsinnige Ablenkung, gleichbleibender Knickstellenabstand.

Formstücke nach Abb. 16, 17 und 18 s. a. S. 73.

Aus den auf S. 72 genannten Gründen sind die Versuchsergebnisse für diese Formstücke erst in der Arbeit von Schubart mitgeteilt[1]).

2. Zu Fall B 2 b: 3 hintereinanderfolgende gleichgroße Einzelrichtungsänderungen der Rohrachse, gleichsinnige Ablenkung, veränderlicher Knickstellenabstand.

Formstücke nach Abb. 19 und 20 s. a. S. 73.

In Abb. 44, Kurve Nr. 22, sind für $\delta_1 = \delta_2 = \delta_3 = 30^0$; $a_{1-2} = 1{,}23\,d$; $a_{2-3} = 2{,}37\,d$.

In Abb. 44, Kurve Nr. 23, sind für $\delta_1 = \delta_2 = \delta_3 = 30^0$; $a_{1-2} = 2{,}37\,d$; $a_{2-3} = 1{,}23\,d$

die Werte ζ_{ges} über $\mathfrak{R}$ bzw. v_m aufgetragen, und zwar sind die Schubartschen Kurven die endgültigen.

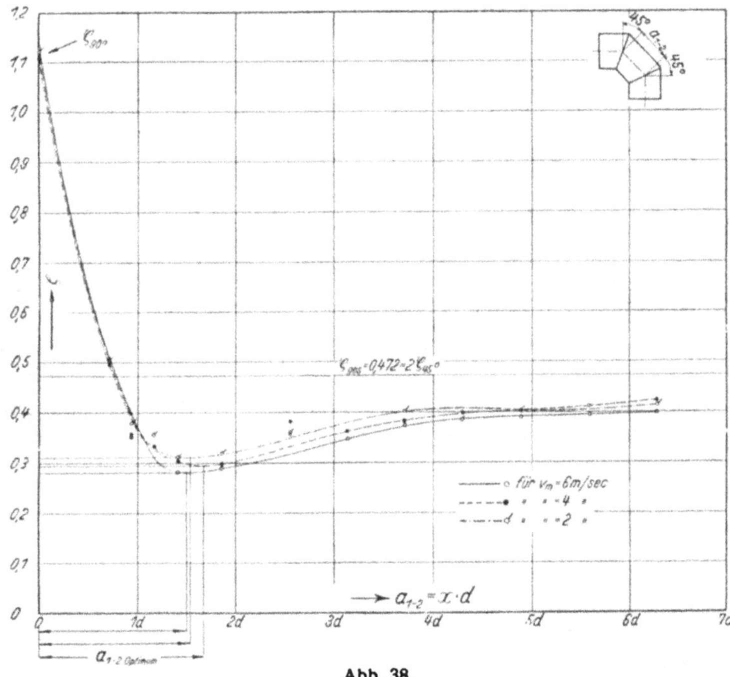

Abb. 38.

Auffallend ist, daß bei den vorliegenden Knickstellenabständen der Gesamtwiderstandsbeiwert ζ_{ges} für das Formstück nach Abb. 20 bei großen Reynoldsschen Zahlen ($\mathfrak{R} = 225000$) etwas kleiner ist als für das Formstück nach Abb. 19, so daß es also günstiger zu sein scheint, wenn der kürzere Knickstellenabstand in Strömungsrichtung vor dem längeren liegt.

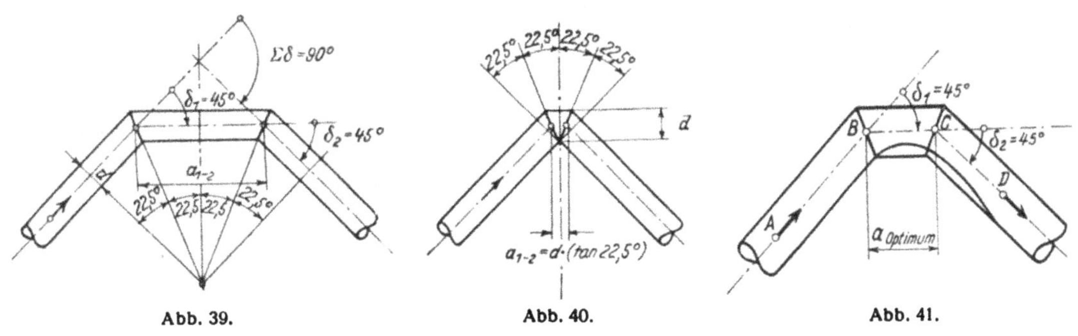

Abb. 39. Abb. 40. Abb. 41.

[1]) Siehe auch Schubart, a. a. O., S. 123.

Ferner ist wieder für eine bestimmte Reynoldssche Zahl $\mathfrak{R}$ der Gesamt-Widerstandsbeiwert ζ_{ges} des Formstückes, welches aus 3 gleichen, aber in verschieden großen Abständen hintereinandergereihten Kniestücken gebildet wurde, kleiner als die Summe der 3 Widerstandsbeiwerte der einzelnen Kniestücke[1]). Dies offenbar deshalb, weil die Größe der einzelnen Knickstellenabstände die obengenannten Grenzwerte noch nicht überschritten hat. Es ist sogar der Gesamtwiderstandsbeiwert ζ_{ges} der Formstücke nach Abb. 19 und 20 kaum verschieden vom Gesamtwiderstandsbeiwert ζ_{ges} des Formstückes nach Abb. 17.

d) Ergebnis der 4. Versuchsreihe.

Fall C 1 a: 2 hintereinanderfolgende verschieden große Einzelrichtungsänderungen der Rohrachse, gleichsinnige Ablenkung, gleichbleibender Knickstellenabstand.

Formstücke nach Abb. 21 und 22 s. a. S. 73.

In Abb. 44, Kurve Nr. 24, sind für $\delta_1 = 30^0$; $\delta_2 = 60^0$; $a_{1-2} = 1{,}44$ d,
in Abb. 44, Kurve Nr. 25, sind für $\delta_1 = 60^0$; $\delta_2 = 30^0$; $a_{1-2} = 1{,}44\,d$
die Werte ζ_{ges} über $\mathfrak{R}$ bzw. v_m aufgetragen.

Vergleicht man die beiden Kurven miteinander, so erkennt man, daß für eine bestimmte Reynoldssche Zahl $\mathfrak{R}$ der Gesamt-Widerstandsbeiwert ζ_{ges} für das Formstück nach Abb. 22 kleiner ist als für das Formstück nach Abb. 21. Es ist demnach günstiger, wenn das 60⁰-Kniestück in Stromrichtung dem 30⁰-Kniestück vorgeschaltet wird, solange sich die Größe des Knickstellenabstandes innerhalb gewisser Grenzwerte hält.

Endlich ergibt sich durch Gegenüberstellung obiger Kurven mit Abb. 44, Kurve Nr. 2, die merkwürdige Erscheinung, daß der Widerstand durch ein 60⁰-Kniestück stets größer ist als der Widerstand eines durch Aneinanderfügen eines 60⁰-Knies und eines 30⁰-Knies gebildeten Formstückes, gleichviel, ob das 60⁰-Knie in Strömungsrichtung vor oder hinter das 30⁰-Knie gefügt wird. Selbstverständlich gilt auch dies nur, solange die Größe des Knickstellenabstandes des Formstückes innerhalb eines bestimmten Bereiches bleibt.

e) Ergebnis der 5. Versuchsreihe.

Fall D: 2 hintereinanderfolgende gleichgroße Einzelrichtungsänderungen der Rohrachse; gegensinnige Ablenkung; Veränderung des Knickstellenabstandes.

Formstücke nach Abb. 23 s. a. S. 74.

Abb. 42 zeigt die Kurven $\zeta_{ges} = f\,(\mathfrak{R})$ bzw. $\zeta_{ges} = f'\,(v_m)$ für $\delta_1 = \delta_2 = 30^0$ und vier Werte des Knickstellenabstandes.

Der Vergleich dieser Abbildung mit Abb. 36 ergibt, daß für ein und denselben Knickstellenabstand der Gesamt-Widerstandsbeiwert ζ_{ges} bei gegensinniger Ablenkung größer wird als bei gleichsinniger, solange Reynoldssche Zahlen $\mathfrak{R}$ unter etwa 222000 in Frage kommen. Entnimmt man wieder aus dem Kurvenbild Abb. 42 die Werte ζ_{ges} für $\mathfrak{R}$ = konst. bzw. v_m = konst. und trägt sie über dem veränderlichen Knickstellenabstand $a_{1-2} = x \cdot d$ auf, so erhält man die Kurven der Abb. 43 $\zeta_{ges} = f_1\,(a_{1-2}) = f_1\,(x \cdot d)$ für wechselndes $\mathfrak{R}$ bzw. v_m. Diese Kurven wurden nur so weit stark ausgezogen, als sie durch Versuche belegt sind.

Da für $a_{1-2} = x \cdot d = 0$ das Formstück zum geraden Rohr und damit $\zeta_{ges} = 0$ wird, so werden die Kurven für den nicht durch Versuche belegten Knickstellenabstand: $0 < a_{1-2} < 1 \cdot d$ ungefähr den gestrichelt angedeuteten Verlauf aufweisen. Weiters muß für $a_{1-2} > 3{,}77 \cdot d$ mit zunehmendem a_{1-2} auch der Wert ζ_{ges} stetig anwachsen, etwa wie strichpunktiert gezeichnet.

Der Wert $\zeta_{ges} = 2 \cdot \zeta_{30^0} = 0{,}214$ wird dann erreicht, wenn a_{1-2} gerade so groß geworden ist, daß die Beunruhigung der Strömung infolge der Richtungsänderung δ_1 wieder vollkommen abklingen kann und die Richtungsänderung δ_2 eine ganz neue Beunruhigung hervorruft.

---

[1]) Siehe hiezu Schubart, a. a. O., S. 123, über den Widerstandsbeiwert des 30⁰-Kniestückes und des Formstückes nach Abb. 17.

f) Zusammenstellung und Folgerungen.

In Abb. 44 sind für sämtliche untersuchten Kniestücke und Formstücke die Kurven $\zeta = f(\Re)$ bzw. $\zeta = f_1(v_m)$ übersichtlich zusammengestellt. Aus den 26 Kurven der Abb. 44 folgt zunächst, daß der Widerstandsbeiwert ζ bzw. ζ_{ges} bei Reynoldsschen Zahlen über etwa 74000 fast unabhängig von $\Re$ ist, während sich für kleinere Reynoldssche Zahlen bis etwa 50% größere Werte von ζ_{ges} ergeben.

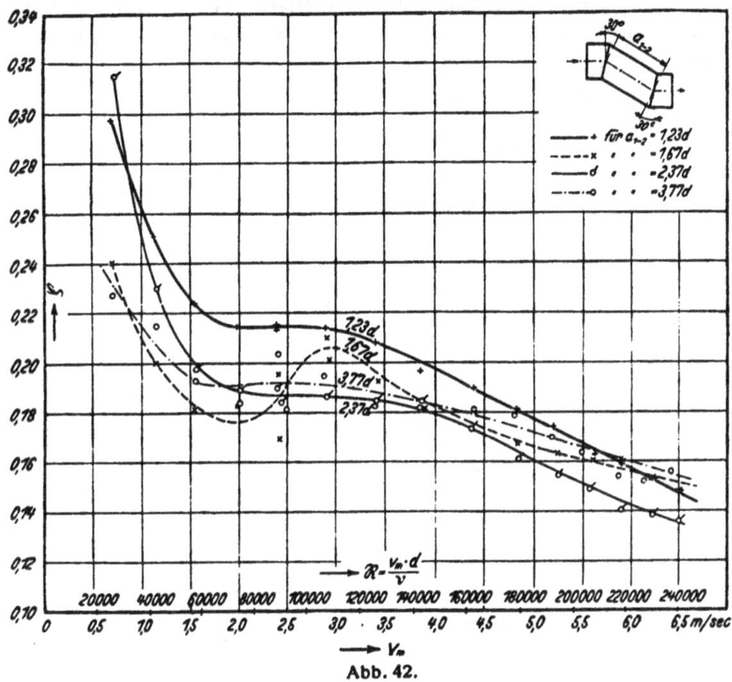

Abb. 42.

Schließlich ist aus den Kurven zu ersehen, daß bei den Formstücken der Gesamt-Widerstandsbeiwert ζ_{ges} abhängt einmal von der Anzahl, der Größe und dem Ablenkungssinn der verschiedenen hintereinander folgenden Einzelrichtungsänderungen der Rohrachse und dann von der Größe der Knickstellenabstände.

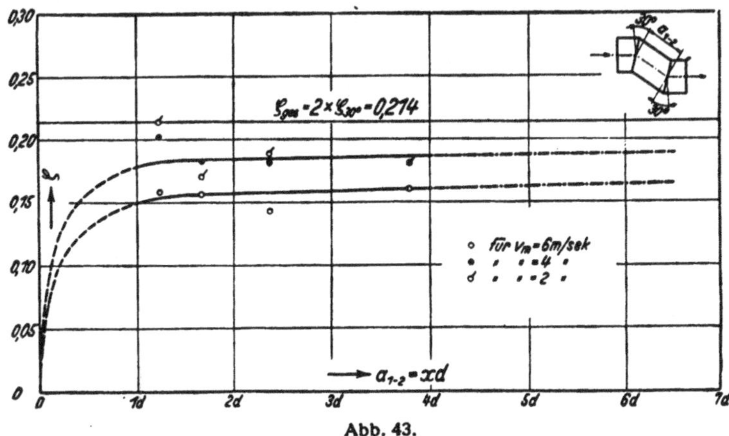

Abb. 43.

Das vorliegende Versuchsmaterial genügt aber noch nicht, um daraus eine eindeutige gesetzmäßige Beziehung über die Abhängigkeit des ζ_{ges} der Formstücke von den eben erwähnten Bestimmungsstücken abzuleiten.

VIII. Besprechung früherer Untersuchungen über den Verlust in Kniestücken.

a) Die Versuche von Weisbach[1]).

Von Weisbach um das Jahr 1842 in der Bergakademie Freiberg i. Sa. an Kniestücken von kreisförmigem Querschnitt, $d = 1$ bis 3 cm l. Dmr., mittlere Schenkellänge $2\,d$, Material Messing, durchgeführt, und zwar sowohl für Wasser als auch für Luft. Weisbach ermittelte die Widerstandsbeiwerte ebenfalls durch Messung der Wassermenge Q, welche durch die Kniestücke unter einer als konstant vorauszusetzenden Überdruckhöhe h ausfloß. Gemäß Abb. 45 setzt Weisbach

$$\alpha = \frac{F_1}{F} = \text{Kontraktionskoeffizient},$$

$$Q = \mu_1 \cdot F \sqrt{2gh} = F \cdot \sqrt{\frac{2gh}{1+\zeta_1}},$$

wobei $\zeta_1 = \left(\frac{1}{\alpha} - 1\right)^2$ = Beiwert des Borda-Carnot'schen Verlustes.

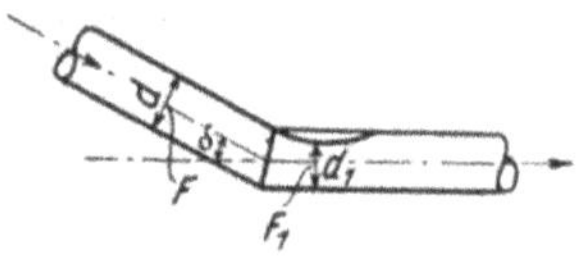

Abb. 45.

Nr. 1

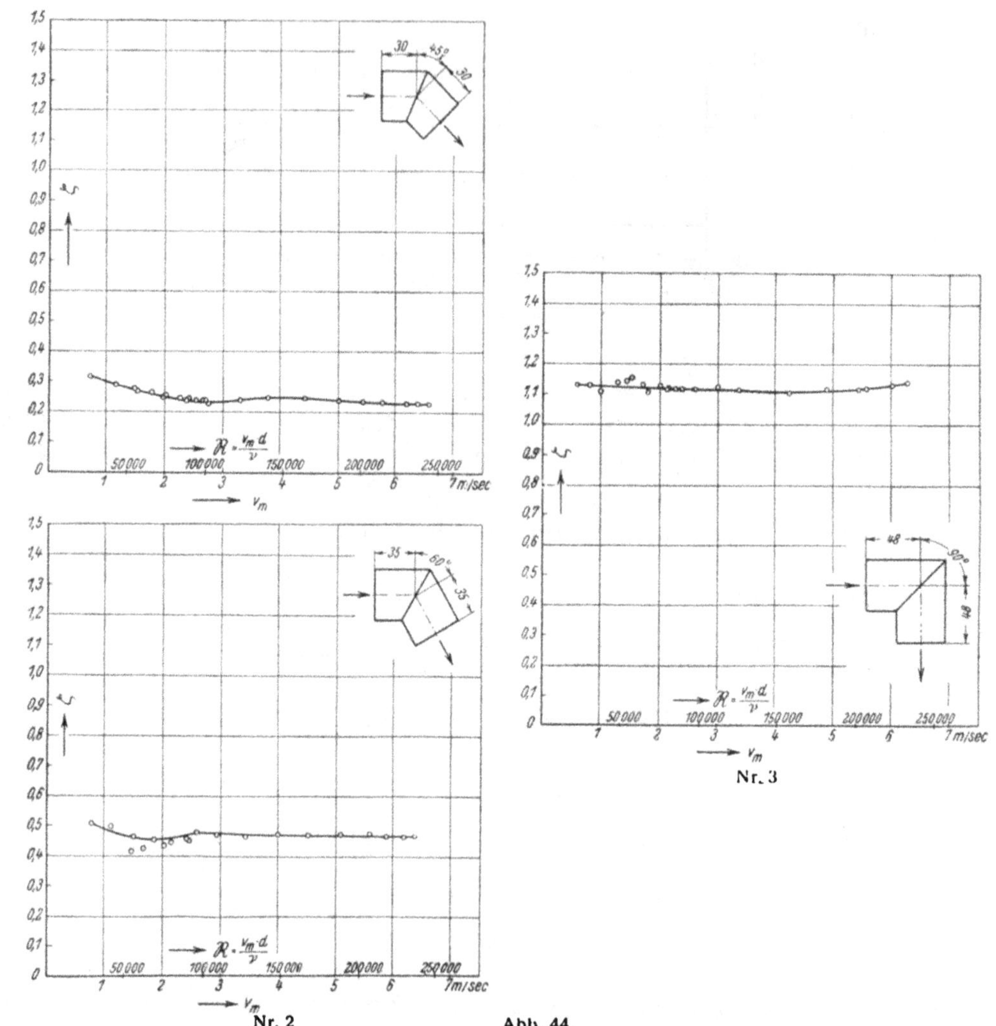

Nr. 2

Nr. 3

Abb. 44.

[1]) J. Weisbach, Experimental-Hydraulik, 9. Kapitel, Freiberg, Verlag Engelhardt, 1855; s. a. Fußnote S. 84.

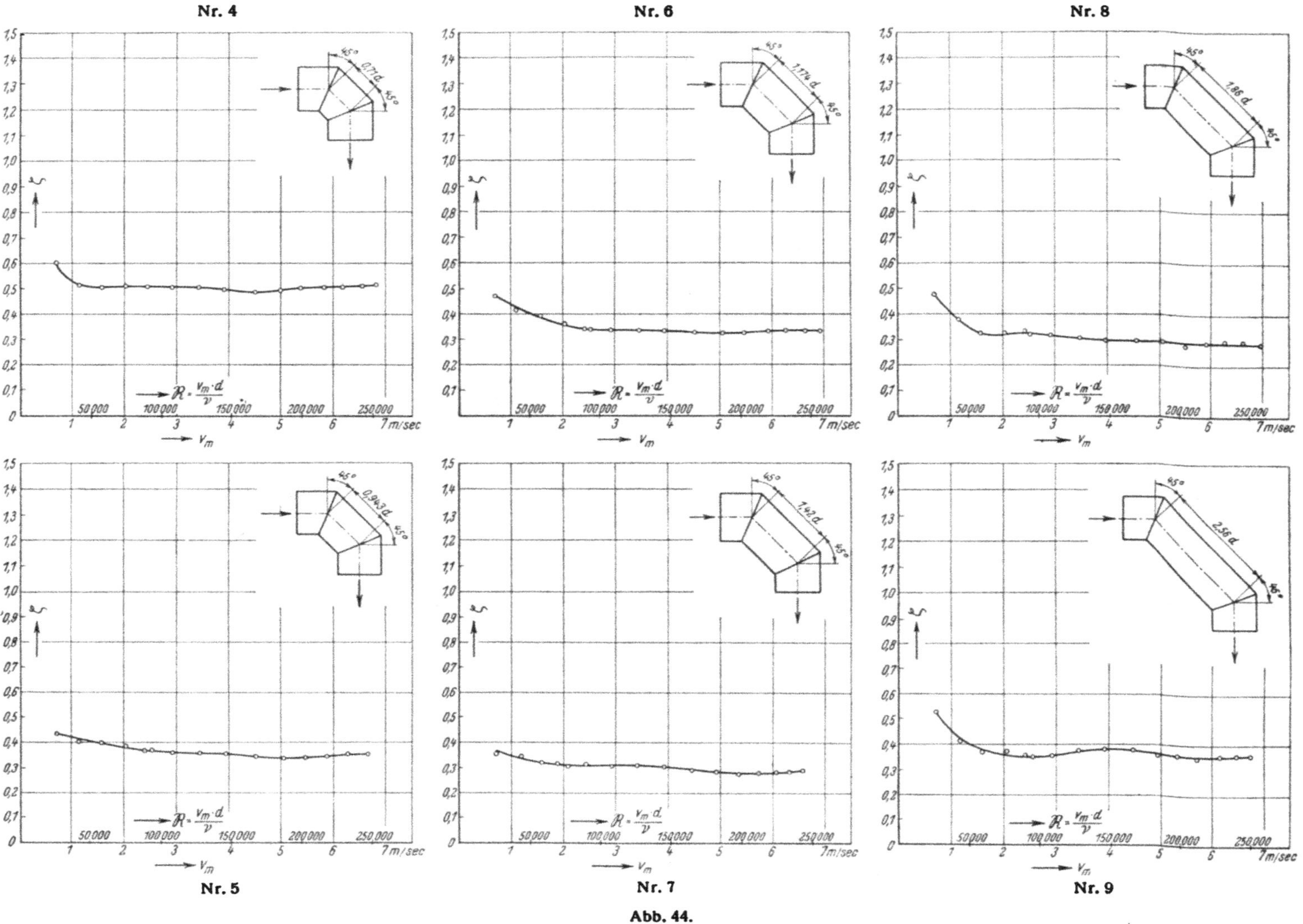
Nr. 4
Nr. 6
Nr. 8
Nr. 5
Nr. 7
Nr. 9
0,71 d
1,174 d
1,86 d
0,943 d
1,42 d
2,56 d
45°
ζ
$\mathcal{R} = \frac{v_m \cdot d}{\nu}$
50000
100000
150000
200000
250000
7 m/sec
v_m

Abb. 44.

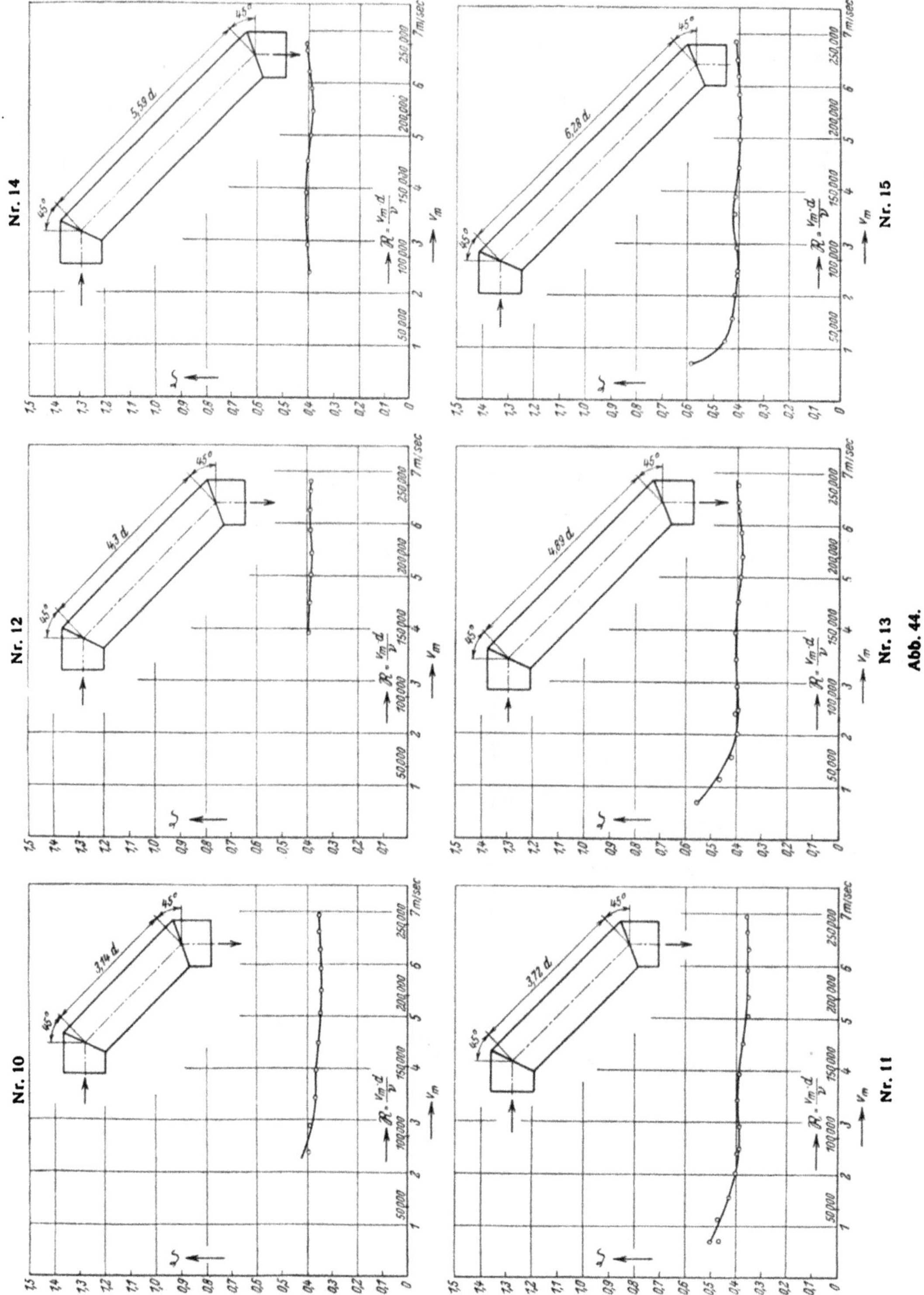
Nr. 14
5,59 d
45°
Nr. 15
6,28 d
Nr. 12
4,3 d
Nr. 13
4,89 d
Nr. 10
3,14 d
Nr. 11
3,72 d
$\mathcal{R} = \frac{v_m \cdot d}{\nu}$
v_m
m/sec
ζ

Abb. 44.

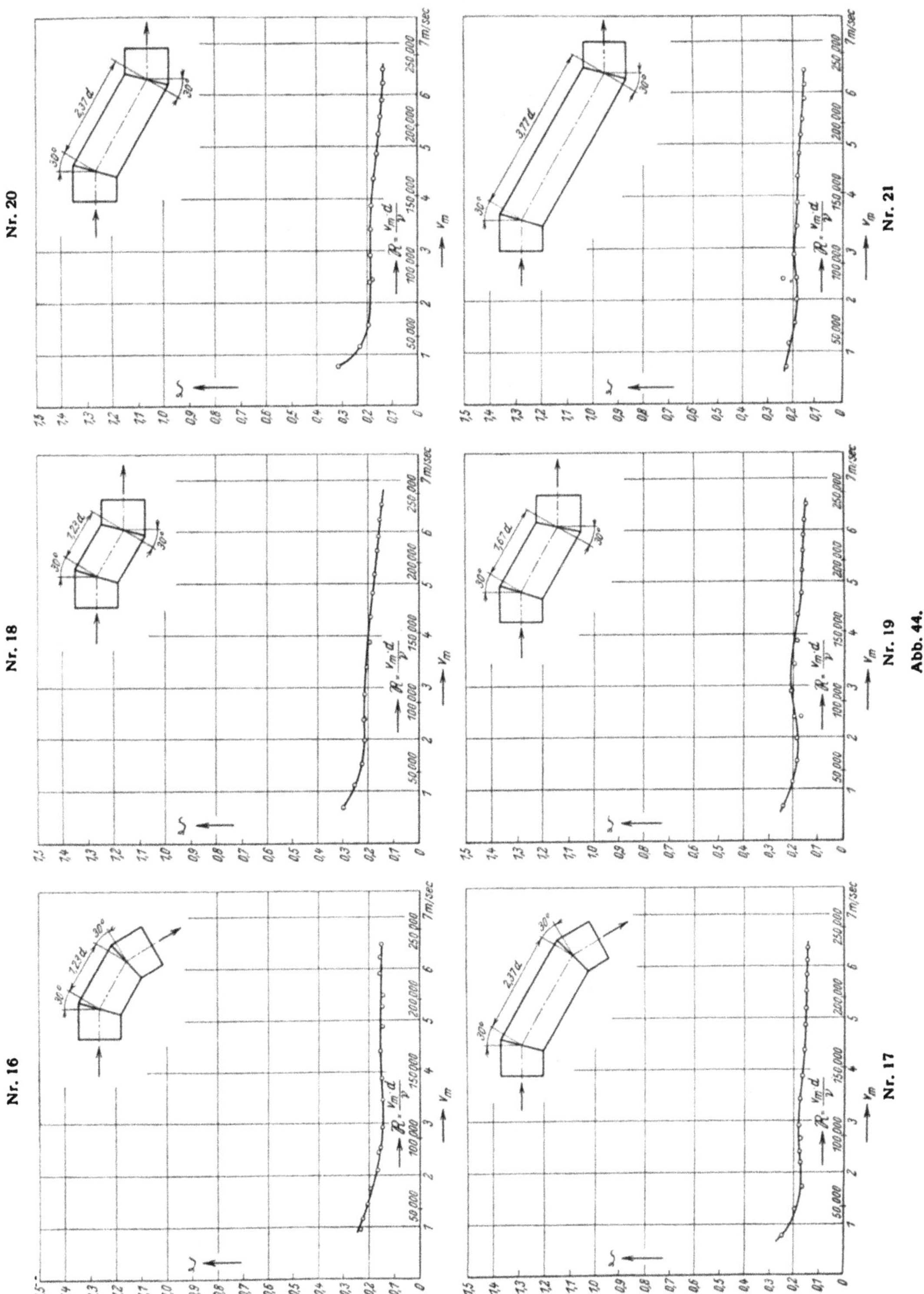
Nr. 20
Nr. 21
Nr. 18
Nr. 19
Nr. 16
Nr. 17
2,37 d
3,77 d
1,23 d
3,67 d
30°
7 m/sec
50 000
100 000
150 000
200 000
250 000

Abb. 44.

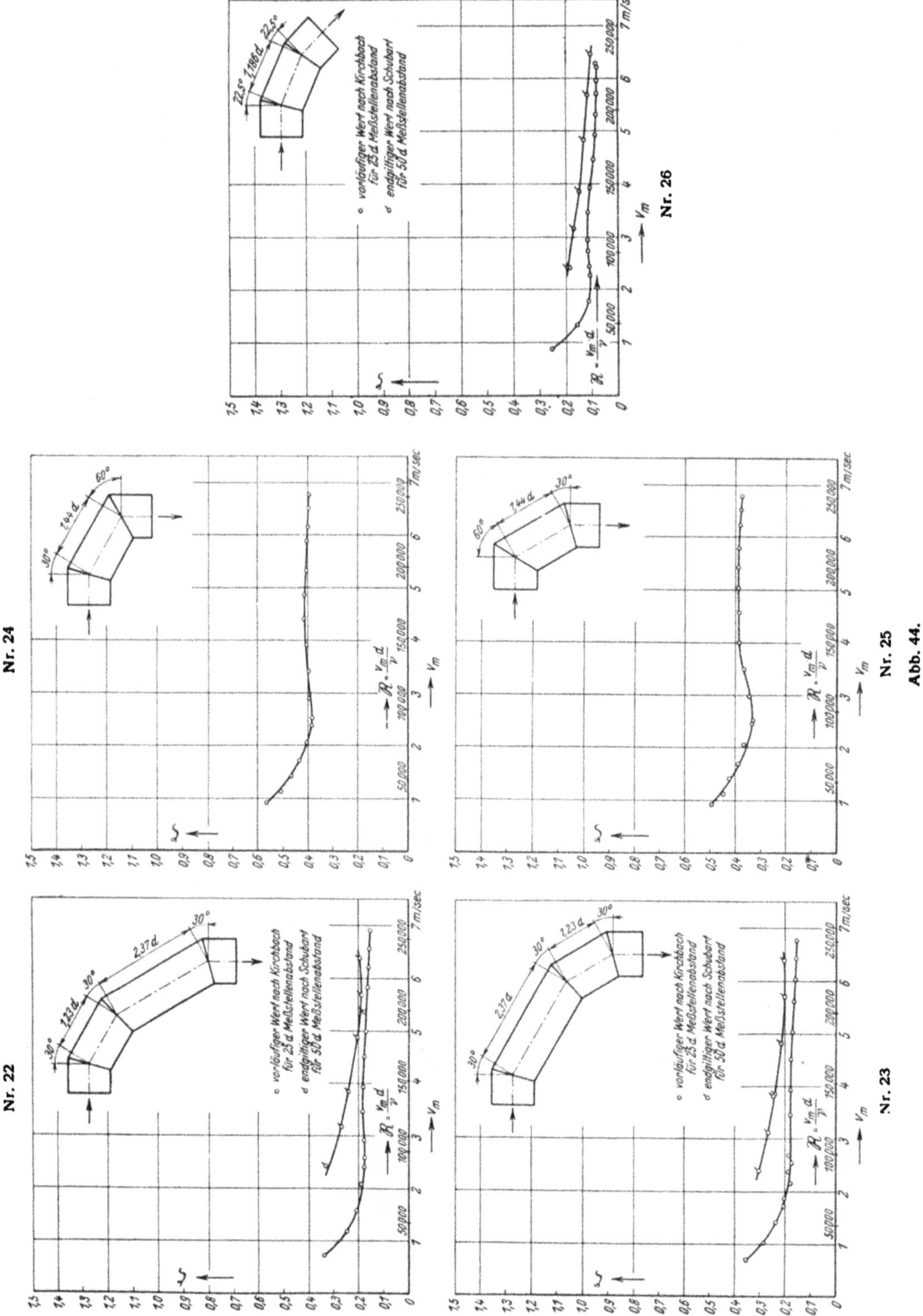
Nr. 22
Nr. 23
Nr. 24
Nr. 25
Nr. 26
vorläufiger Wert nach Kirchbach für 25 d Meßstellenabstand
endgültiger Wert nach Schubert für 50 d Meßstellenabstand
$\mathcal{R} = \frac{v_m d}{\nu}$
v_m
7 m/sec

Abb. 44.

Aus Q, h und F berechnet Weisbach den Wert ζ_1 und zieht von diesem die Widerstandszahl ζ_0 ab, die dem Reibungsverlust in einem vor und hinter dem Knie liegenden geraden Rohr entsprach. Als Widerstandsbeiwert des Kniestückes gibt Weisbach den Wert $\zeta = \zeta_1 - \zeta_0$ an. Die Bestimmung von ζ erfolgte also bei Weisbach in grundsätzlich derselben Weise wie bei der vorliegenden Arbeit. Die von Weisbach ermittelte Funktion $\zeta = 0{,}9457 \sin^2 \frac{\delta}{2} + 2{,}047 \sin^4 \frac{\delta}{2}$ ist in Abb. 35 dargestellt. Ihr liegen Wassergeschwindigkeiten bis etwa $v = 2{,}5$ m/s zugrunde, was bei $d = 1$ cm und $\nu = 1 \cdot 10^{-6}$ einem $\Re = 25000$, bei $d = 3$ cm einem $\Re = 75000$ entspricht.

Es ist überraschend, wie gut die mit obiger Funktion errechneten ζ-Werte sich den vom Verfasser gefundenen annähern.

b) Die Versuche von Montanari[1].

Montanari stellte etwa im Jahre 1893 Versuche mit rechtwinkligen Knien von $d = 1$ bis 4 cm l. Dmr. an.

Er gibt als Widerstandsbeiwert eines 90°-Knies von mehr als 2 cm l. Dmr. bei Einschluß der zusätzlichen Verluste auf einer nachfolgenden längeren geraden Strecke den Wert $\zeta = 1{,}35$ an. Dieser verhältnismäßig hohe Wert ist vermutlich durch die Rauhigkeit der Rohre bedingt.

c) Die Versuche von Brightmore[2].

Brightmore führte im Jahre 1902 im Laboratorium der kgl. indischen Ingenieur-Akademie Coopers-Hill Versuche mit gußeisernen rechtwinkligen Kniestücken von 3″/e und 4″/e l. Dmr. aus, die zwischen gerade galvanisierte Rohre von derselben lichten Weite eingeschlossen waren. Die Wassergeschwindigkeit betrug 4 m/s, die Wassertemperatur 17,8° C; dem entsprechen Reynoldssche Zahlen:

$$\Re = 288000 \text{ für } d = 76 \text{ mm l. Dmr.,}$$
$$\Re = 386000 \text{ für } d = 102 \text{ mm l. Dmr.}$$

Brightmore fand für die beiden Kniestücke verschiedenen Durchmessers denselben, von v unabhängigen Widerstandsbeiwert $\zeta = 1{,}17$.

d) Die Versuche von Brabée[3].

Brabbée untersuchte handelsübliche rechtwinklige Kniestücke für Warmwasserheizungen der Firma Georg Fischer, Singen, von $d = 14$ mm bis $d = 49$ mm lichter Anschlußweite mit kaltem Wasser von 16° C. Vor und hinter den Kniestücken lagen gerade Beruhigungsstrecken von je 1250 mm Länge, die Meßstellen-Entfernung betrug demnach etwas mehr als 2500 mm bei eingebautem Kniestück. Die Strömungsgeschwindigkeiten lagen zwischen $v = 0{,}20$ m/s bis $v = 2{,}0$ m/s entsprechend:

$$\Re = 2520 \text{ bis } 25200 \text{ bei } d = 14 \text{ mm l. Dmr.,}$$
$$\Re = 8850 \text{ bis } 88500 \text{ bei } d = 49 \text{ mm l. Dmr.}$$

Brabbée gibt an:

$$d = 14,\ 20,\ 25,\ 34,\ 39,\ 49 \text{ mm lichte Anschlußweite,}$$
$$\zeta = 1{,}7,\ 1{,}7,\ 1{,}3,\ 1{,}1,\ 1{,}0,\ 0{,}83.$$

Die von Brabbée untersuchten Kniestücke waren außen etwas abgerundet und nur in der Kehle scharfkantig. Hieraus erklärt sich, daß der von Brabbée gefundene Wert $\zeta = 1{,}0$ für $d = 39$ mm kleiner ist als der vom Verfasser ermittelte $\zeta = 1{,}129$ für $\Re = 221940$.

---

[1]) Siehe Politecnico 1893, S. 522, und Ph. Forchheimer, Hydraulik, S. 242.

[2]) Minutes of Proceedings of the Institution of Civil Engineers 1907, S. 325.

[3]) Siehe Heft 5 der Mitteilungen der Prüfungsanstalt für Heizung und Lüftung, Verlag Oldenbourg, 1913.

e) Die Versuche von Bouchayer.[1])

Bouchayer führte im hydraulischen Laboratorium von Beauvert Versuche an Knierohren aus. Unter anderem untersuchte er ein Formstück nach Abb. 46.

Er fand dafür:

ζ_{ges}	für $\Re = \frac{v \cdot d}{\nu}$:
0,0644	298000
0,0688	350000
0,0464	457000
0,0475	585000

Der Verfasser hat dieses Bouchayersche Formstück modellähnlich nachbilden lassen.

Siehe Formstück Abb. 16 S. 74.

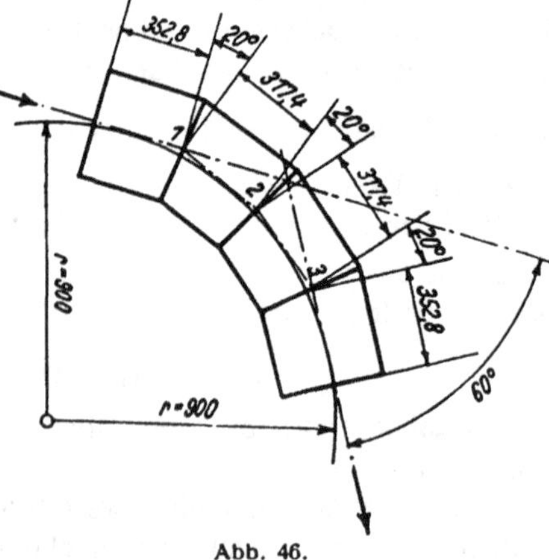

Abb. 46.

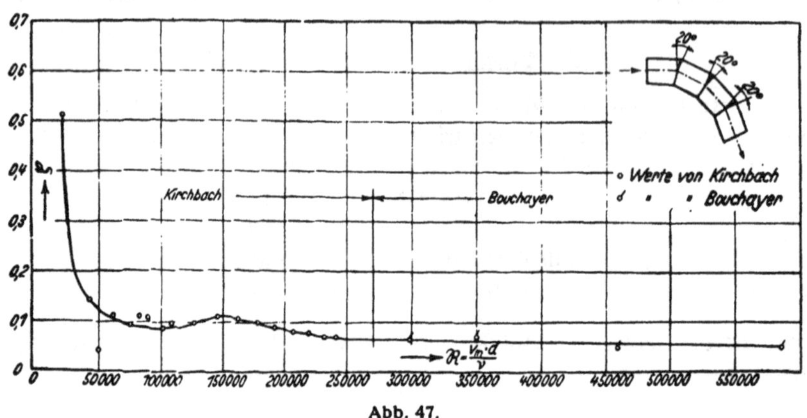

Abb. 47.

Die Versuchsergebnisse des Verfassers sind in Abb. 47 dargestellt. Wie man sieht, schließt sich die Bouchayer-Kurve der Kirchbachschen Kurve gut an.

IX. Schlußbetrachtung.

Das Ergebnis der vorliegenden Arbeit kann kurz folgendermaßen zusammengefaßt werden:

1. Es wurde gezeigt, daß bei konstantem δ der Widerstandsbeiwert ζ eines Kniestückes erst bei größeren Reynoldsschen Zahlen, praktisch von etwa $\Re = 200000$ ab, als konstant angesehen werden darf.

2. Der Gesamtwiderstandsbeiwert ζ_{ges} eines durch Aneinanderreihen von mehreren Kniestücken gebildeten Formstückes ist kleiner als die Summe der Widerstandsbeiwerte der einzelnen Kniestücke, solange die Größe des Knickstellenabstandes innerhalb bestimmter Grenzen bleibt.

Es gibt günstigste Knickstellenabstände, bei welchen ζ_{ges} ein Minimum erreicht, sie betragen ungefähr $1{,}5 \div 1{,}7\, d$ für Formstücke $2 \cdot 45^0$.

---

[1]) Siehe Band I des Troisième congrès de la Houille Blanche à Grenoble vom 4. bis 8. Juli 1925, herausgegeben von „Chambre syndicale des Forces hydrauliques“, Paris, rue de Madrid, 7.

Literaturverzeichnis.

1. Banki, Energie-Umwandlungen in Flüssigkeiten. S. 169. Verlag Springer, Berlin 1921.
2. Bouchayer, Band I des Troisième congrès de la Houille Blanche à Grénoble vom 4. bis 8. Juli 1925, herausgegeben vom Chambre syndicale des Forces hydrauliques, Paris, rue de Madrid 7.
3. Brabée, Beiheft zum Gesundheits-Ingenieur, Band I, Heft 1 v. 28. Juni 1913, Heft 5 der Mitteilungen der Prüfanstalt für Heizung und Lüftung, Verlag Oldenbourg, München und Berlin 1913.
4. Brightmore, Minutes of Proceedings of the Institution of Civil Engineers 1907, S. 325.
5. Flügel, Strömungsverluste und Krümmerproblem in Hydraulische Probleme, S. 133. V.D.I.-Verlag, G. m. b. H., Berlin SW 19, 1926.
6. Forchheimer, Hydraulik, S. 240, B. G. Teubner, Verlag Leipzig-Berlin 1924.
7. Kriemler, Hydraulik, S. 60, Verlag Konrad Wittwer, Stuttgart 1920.
8. Lorenz, Technische Hydromechanik, S. 134, Verlag Oldenbourg, München und Berlin 1910.
9. v. Mises, Elemente der Technischen Hydromechanik, 1. Teil, S. 160ff. B. G. Teubner, Verlag, Leipzig 1914.
10. Montanari, Politecnico 1893.
11. Pöschl, Lehrbuch der Hydraulik, S. 122, Verlag Springer, Berlin 1924.
12. Reichel, Zeitschr. d. Ver. Deutsch. Ing. 1911, S. 1361 und 1411.
13. Weil, Neue Grundlagen der Technischen Hydromechanik, S. 163, Verlag Oldenbourg, München und Berlin 1920.
14. Weisbach, Experimental-Hydraulik, 9. Kapitel, Freiberg, Verlag Engelhardt 1855.
15. Weisbach, Lehrbuch der Ingenieur- und Maschinen-Mechanik, I. Teil, S. 1043ff. J. Vieweg, Verlag, Braunschweig 1875.
16. Weyrauch, Hydraulisches Rechnen, S. 158, Verlag Konrad Wittwer, Stuttgart 1921.
17. Winkel, Hydromechanik der Druckrohrleitungen, S. 43, Verlag Oldenbourg, München und Berlin 1919.
18. Zeuner, Vorlesungen über die Theorie der Turbinen, S. 39, Verlag A. Felix, Leipzig 1899.

Der Verlust in schiefwinkligen Rohrverzweigungen.

Von **Franz Petermann.**

I. Einleitung und Problemstellung.

Vogel hat in seinen Arbeiten die Verluste in rechtwinkligen Rohrverzweigungen bestimmt[1]). Die Praxis hat nun schon lange erkannt, daß T-Stücke, bei denen der Abzweig unter einem schiefen Winkel zur Hauptleitung steht, strömungstechnische Vorteile zeigen; eine eingehende Untersuchung der Verluste in solchen T-Stücken liegt aber noch nicht vor.

Die hier gebrachte Arbeit hat den Zweck, die Verluste in schiefwinkligen T-Stücken zu bestimmen, bei denen der Abzweig einen Winkel von 45° mit der gerade und mit gleichbleibender Lichtweite durchgehenden Hauptleitung bildet, weiters zu untersuchen, wie verschieden ausgebildete Übergänge zwischen Hauptleitung und Abzweigleitung den Verlustkoeffizienten beeinflussen. Bei der Auswahl der zu untersuchenden Übergänge war auf die leichte Herstellungsmöglichkeit im Großrohrleitungsbau Rücksicht zu nehmen.

Für die Untersuchung wurden folgende 9 Kombinationen herausgegriffen (Abb. 1):

T-Stück I:

Durchgehende Leitung 43 mm l. W., Abzweigleitung 15 mm l. W.

1. Übergang scharfkantig.
2. Übergang abgerundet, $r =$ 1,5 mm.
3. Übergang konisch, Erweiterungswinkel 12° 40′.

T-Stück II:

Durchgehende Leitung 43 mm l. W., Abzweigleitung 25 mm l. W.

1. Übergang scharfkantig.
2. Übergang abgerundet, $r =$ 2,5 mm.
3. Übergang konisch, Erweiterungswinkel 13° 20′.

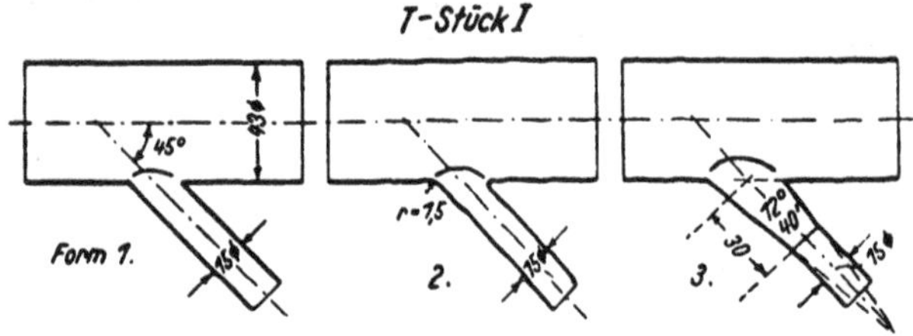

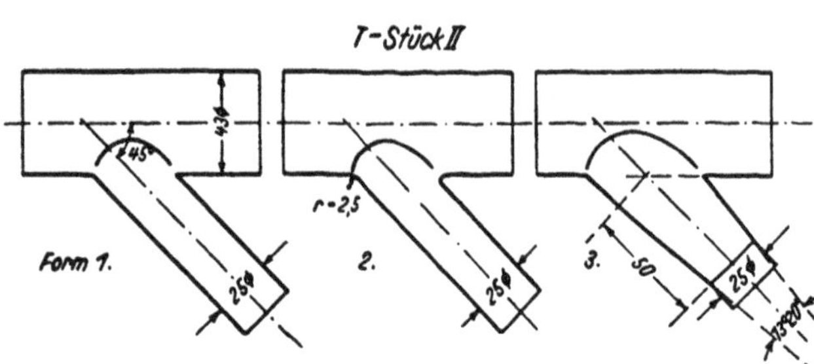

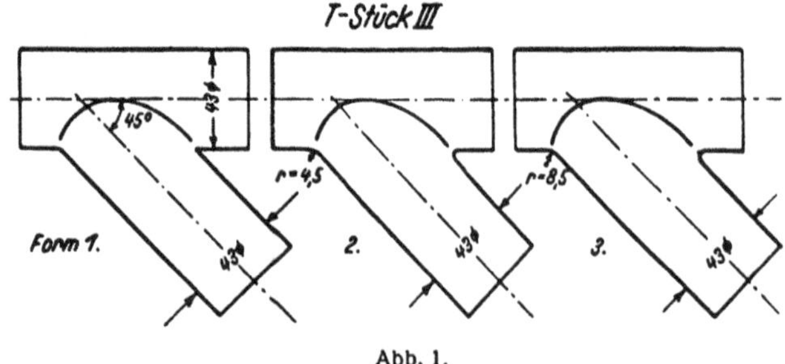

Abb. 1.

[1]) Mitteilungen des Hydraul. Instituts der Technischen Hochschule München, Heft I, S. 75f.; Heft II, S. 61 f.

T-Stück III: Durchgehende Leitung 43 mm l. W.,
Abzweigleitung 43 mm l. W.
1. Übergang scharfkantig.
2. Übergang abgerundet, $r = 4{,}5$ mm.
3. Übergang abgerundet, $r = 8{,}5$ mm.

Die Bezeichnungen und Definitionen wurden ebenso wie bei Vogel gewählt.

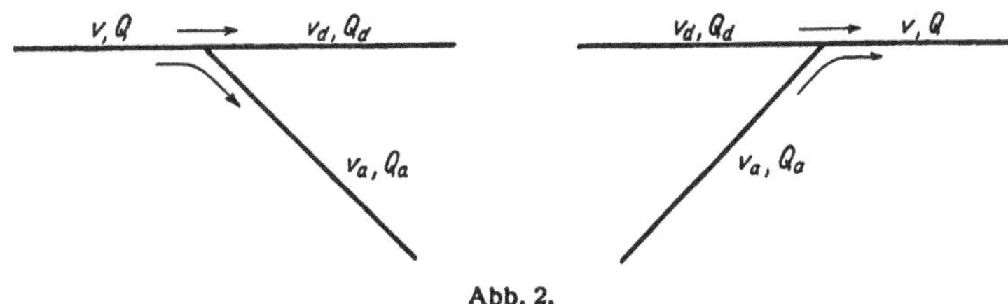

Abb. 2.

Es bedeuten:

Q = gesamte durchfließende Wassermenge in m³/s.

Q_a = Wassermenge im Abzweigrohr in m³/s.

Q_d = Wassermenge im durchgehenden Rohr vor der Vereinigung bzw. nach der Trennung in m³/s.

v, v_a, v_d = die aus obigen Wassermengen gefundenen mittleren Rohrgeschwindigkeiten in m/s.

h_{wa} = Widerstandshöhe = Druckhöhenverlust + Abnahme der Geschwindigkeitshöhe für das abzweigende Wasser in m W.-S.

h_{wd} = Desgleichen, für das geradeaus strömende Wasser.

ζ_a = Widerstandszahl für das abzweigende Wasser.

ζ_d = Widerstandszahl für das geradeaus strömende Wasser.

h_{Ra} = Reiner Rohrreibungsverlust im Abzweig in m W.-S, d. h. Verlust in einer geraden Leitung mit gleichen Längen und Durchmessern bei derselben Wassermenge.

h_{Rd} = Reiner Rohrreibungsverlust in der durchgehenden Leitung in m W.-S.

Die Widerstandszahlen ζ_a und ζ_d sind definiert durch

$$\zeta_a = \frac{h_{wa}}{v^2/2g} \qquad \zeta_d = \frac{h_{wd}}{v^2/2g}.$$

Sie wurden bestimmt:

a) Für den Fall der Trennung zu ζ_a aus der Verlusthöhe zwischen den Meßstellen 4 und 14 für die T-Stücke I und II bzw. 4 und 16 für das T-Stück III.

ζ_d aus der Verlusthöhe zwischen den Meßstellen 4 und 10.

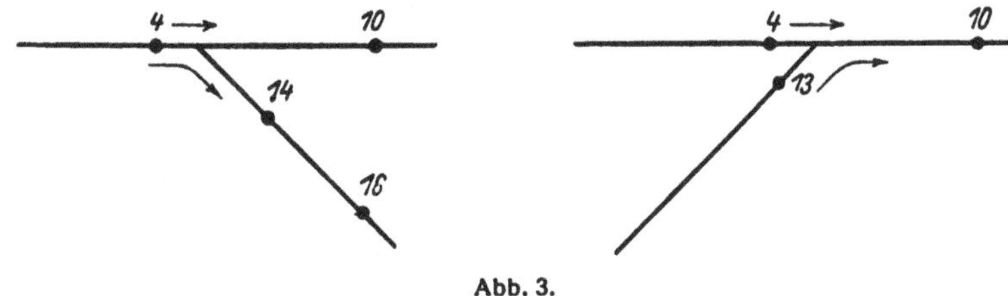

Abb. 3.

b) Für den Fall der Vereinigung zu

ζ_a aus der Verlusthöhe zwischen den Meßstellen 13 und 10;

ζ_d aus der Verlusthöhe zwischen den Meßstellen 4 und 10.

Unter Verlust eines T-Stückes versteht man die Differenz der statischen Druckhöhen kurz vor und genügend weit hinter dem T-Stück, vermehrt um die Änderung der Geschwindigkeitshöhe, abzüglich der reinen Rohrreibungsverluste.

Das heißt:

a) Für den Fall der Trennung:

$$h_{wa} = h_4 - h_{14\,(\text{bzw. }16)} + \frac{v^2 - v_a^2}{2g} - h_{Ra}$$

$$h_{wd} = h_4 - h_{10} + \frac{v^2 - v_d^2}{2g} - h_{Rd}$$

b) Für den Fall der Vereinigung:

$$h_{wa} = h_{13} - h_{10} + \frac{v_a^2 - v^2}{2g} - h_{Ra}$$

$$h_{wd} = h_4 - h_{10} + \frac{v_d^2 - v^2}{2g} - h_{Rd}.$$

Die Unabhängigkeit der Verlustzahlen ζ_a und ζ_d von den Absolutwerten der Geschwindigkeiten war schon von Brabée[1]) und Vogel erkannt werden. Beide haben gefunden, daß

$$\zeta = f\,(Q_a/Q) \text{ bzw. } \zeta = f\,(v_a/v).$$

Während sich Brabée der letzteren Darstellung bedient, wurde hier wie bei Vogel ζ als $f\,(Q_a/Q)$ aufgetragen. Diese Art der Darstellung stellt eine für die Praxis günstige Form dar, da bei der Projektierung einer Anlage meistens die Wassermengen gegeben sind, die Durchmesser aber noch zur freien Wahl stehen.

II. Die Versuchsanordnung.

Anfänglich war beabsichtigt, die Versuchsrohre und die Meßeinrichtungen der Vogelschen Arbeit zu übernehmen. Lediglich ein neues T-Stück wurde hergestellt, ebenfalls wie bei Vogel aus Gußeisen. Das T-Stück war in einer Mittelebene geteilt, um den Übergang zwischen den beiden Bohrungen verändern zu können. Die Vorversuche ergaben aber eine von Vogel nicht beobachtete Inkonstanz der Druckhöhenlinie, daß zu vermuten war, daß die Rohre während der Pause zwischen den Versuchen (ca. 1 Jahr) irgendwie Schaden gelitten hatten. Rein äußerlich waren allerdings keine fehlerhaften Stellen zu sehen. Es lag deshalb die Annahme nahe, daß die Übergänge von den Rohren zum T-Stück nicht genau genug waren, so daß die an diesen Stellen auftretenden Stoßverluste die Druckhöhenlinie zu stark beeinflußten.

Diese Stoßverluste an den Übergangsstellen waren nun auf die ganze Dauer der Versuche nicht konstant zu halten, da bei jedem Umbau der Apparatur auch die Anschlußstellen sich veränderten. Eine einwandfreie Bestimmung der abzuziehenden Verluste war deshalb nicht möglich. Ferner bedingten die Vogelschen Rohre, die ja Eisenrohre mit relativ großer Rauhigkeit waren, daß der prozentmäßige Anteil der Reibungsverluste an den Messungen im T-Stück sehr groß wurde, die übrigbleibenden h_w-Werte demnach klein blieben. Dadurch fielen die Ungenauigkeiten der Ablesungen zu sehr ins Gewicht. Eine weitere Schwierigkeit ergaben die nur relativ kleinen Geschwindigkeiten, mit denen Vogel gearbeitet hatte. Sie waren bedingt gewesen durch die Verwendung von oben offenen Meßrohren zur Bestimmung des statischen Druckes an den einzelnen Meßstellen.

Es wurde deshalb eine neue Versuchsanordnung unter folgenden Gesichtspunkten entworfen:

1. Die Verwendung glatter Messingrohre sollte eine Verringerung der Reibungsverluste bringen sowie die zeitliche Unveränderlichkeit der Wandbeschaffenheit (Vermeidung der Rostbildung) sichern; das T-Stück war aus demselben Grunde aus Rotguß zu erstellen.
2. Die Übergänge von den Rohren zum T-Stück waren so auszuführen, daß Stoßverluste vermieden waren.
3. Durch Vergrößerung des Druckes vor der Leitung waren höhere Geschwindigkeiten anzustreben, um damit größere h_w-Werte zu erhalten.

---

[1]) Brabée, Reibungs- und Einzelwiderstände in Warmwasserheizungen, Heft 5 der Mitteilungen der Prüfungsanstalt für Heizung und Lüftung, Berlin (Oldenbourg 1913).

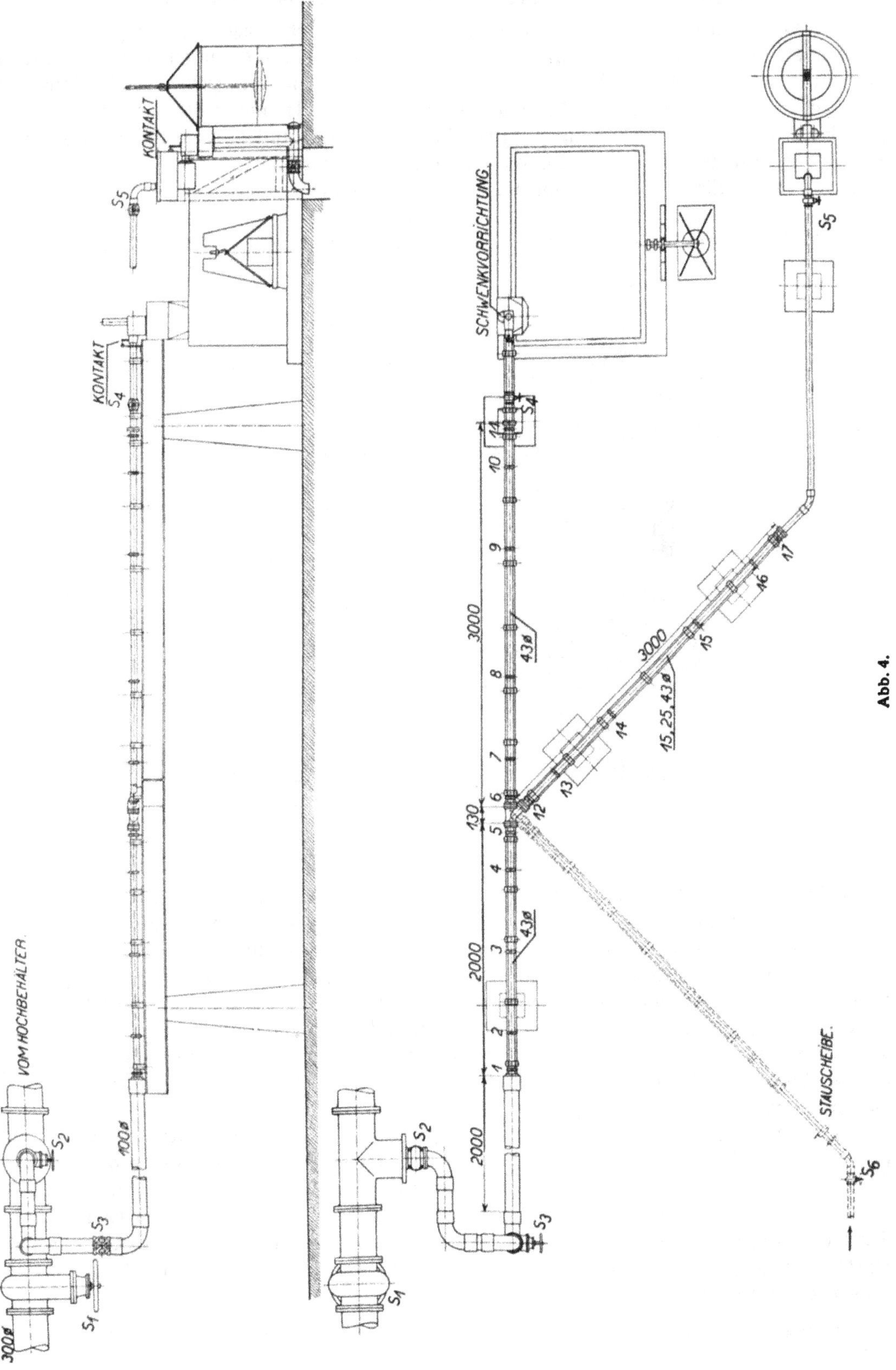
VOM HOCHBEHÄLTER
300ø
100ø
KONTAKT
SCHWENKVORRICHTUNG.
STAUSCHEIBE.
2000
3000
130
43ø
15,25,43ø

Abb. 4.

Das Schema der Versuchseinrichtung ist in Abb. 4 maßstäblich dargestellt:

Das Wasser strömt über die Schieber S_1, S_2, S_3 der durchgehenden Leitung zu. Eine gut abgerundete Düse vermittelt den Übergang von der Zuleitung zur eigentlichen Versuchsstrecke. Nach einer Anlaufstrecke von 2 m Länge folgt das T-Stück, an das sich wieder die 3 m langen Ablaufstrecken anschließen. In der Abbildung ist der Fall der Trennung der Wasserströme stark gezeichnet, der Fall der Vereinigung nur gestrichelt angedeutet. In letzterem Fall wird durch eine Hilfsleitung über den Schieber S_6 das Wasser diesem Rohr zugeführt. Nach den beiden Auslaufstrecken sind nochmals Schieber vorgesehen und Hilfsleitungen vermitteln den Übergang des Wassers zu den Wassermeßeinrichtungen. Die Versuchsrohre waren gezogene Präzisionsmessingrohre. Um eine unveränderliche Lage der Versuchsanordnung zu gewährleisten, waren die Rohre

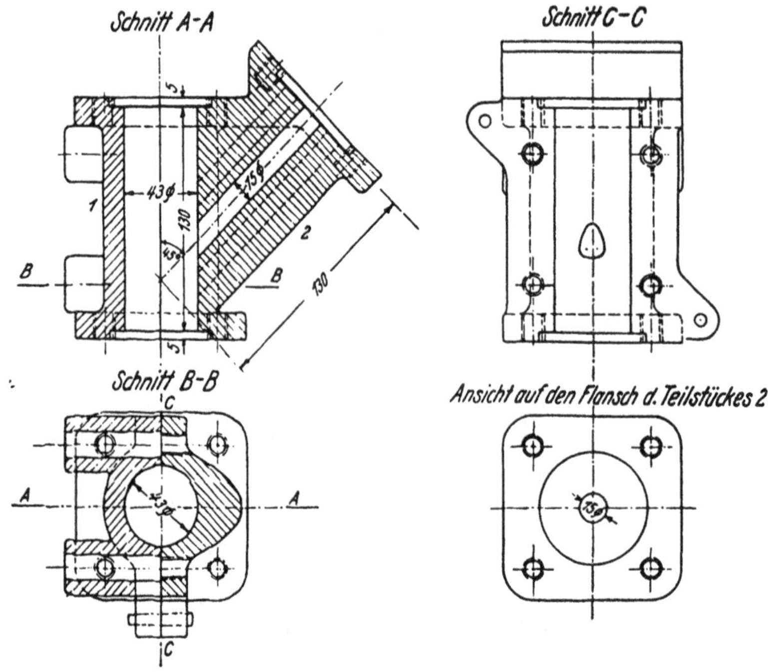

Abb. 5.

auf T-Träger (N. P. 18) derart montiert, daß sie durch eine Anzahl kleiner, in Leinöl getränkter Holzböcke gegen die Träger abgestützt wurden. Obwohl beabsichtigt war, nur an jeweils zwei Stellen, nämlich kurz vor und genügend weit hinter dem T-Stück zu messen, wurden die Rohre doch mit einer Reihe von Meßstellen versehen (1—5, 6—11, 12—17, Abb. 4), um so die Möglichkeit zu haben, die Druckverteilung über die Leitung zu untersuchen. Die Ausbildung der Meßstellen war dieselbe wie bei Vogel[1]). Das T-Stück (Abb. 5) wurde aus Rotguß hergestellt, um ein Rosten zu verhindern und damit eine weitgehende Konstanz der Reibungsverluste zu erzielen. Die Teilung des T-Stückes in der Ebene *c—c* (s. Abb. 5) erlaubte die Form des Überganges der beiden Leitungen zu verändern.

Um den Übergang von den Rohren zum T-Stück möglichst genau zu erhalten, wurden Zwischenflansche vorgesehen. Durch wechselseitiges Anpassen dieser Zwischenflansche an die beiden Anschlußstellen konnte man durch Schaben die letzten Durchmesserunterschiede, welche die Größenordnung von 0,1 mm erreichten, beseitigen und so stoßfreien Übergang von den Rohren zum T-Stück erzielen (Abb. 6). Der Druck vor der Leitung wurde auf ca. 18 m W.-S. im Maximum gesteigert. Durch Verteilung der Regulierung auf mehrere Schieber war es möglich, einen sehr guten Beharrungszustand zu erhalten.

[1]) Siehe Abb. 4 bei Vogel in Heft I der Mitteilungen des Hydr. Inst. der Techn. Hochschule München.

Die an der Apparatur vorzunehmenden Messungen bezogen sich auf die Bestimmung der mittleren Wassergeschwindigkeit in den Rohren und auf die Bestimmung des Druckverlustes. Die Ermittlung der Wassergeschwindigkeit erfolgte durch Messung der Wassermenge, wobei allerdings Voraussetzung ist, daß der Durchmesser der Rohre genau bekannt und über die Länge unverändert ist. Die Ermittlung des Rohrdurchmessers erfolgte vor Anbringung der Meßbohrungen durch Volumbestimmung des Rohres derart, daß das jeweilige Rohr mit Wasser gefüllt und das zum Füllen notwendige Wasser gewogen wurde. Das Ergebnis zeigte eine Einhaltung des Nenndurchmessers bis auf 0,2 mm im ungünstigsten Fall. Für die ganze durchgehende Leitung (Anlaufstrecke, T-Stück, Ablaufstrecke) wurde ein mittlerer Rohrdurchmesser eingeführt. Zu betonen ist, daß gerade bei diesen drei Rohrstücken die Durchmesserunterschiede sehr klein waren (kleiner als 0,1 mm), so daß diese Mittelwertsbildung gerechtfertigt erscheint.

Zur Wassermessung wurden drei Methoden angewendet. Das durch das gerade durchgehende Rohr austretende Wasser wurde einer Schwenkvorrichtung zugeleitet, die es ermöglichte, das Versuchswasser beliebig lang in den Behälter einer Waage einzuleiten. Im Moment des Ein- und Ausschwenkens wurde ein elektrischer Kontakt geschlossen und dieser Stromstoß auf das Registrierband eines Chronographen übertragen. Die Bestimmung der Einlaufzeit in den Bottich konnte auf diese Weise mit einer Genauigkeit von $\pm$ 0,05 s erfolgen, was bei einer durchschnittlichen Meßzeit von rd. 150 s einem Fehler von $\pm$ 0,3‰ entspricht. Die Genauigkeit der Waage war $\pm$ 50 g bei einem Bruttogewicht von 750 kg. Dies ergibt bei einem Wasserzulauf von 500 kg einen möglichen Fehler von $\pm$ 0,1‰.

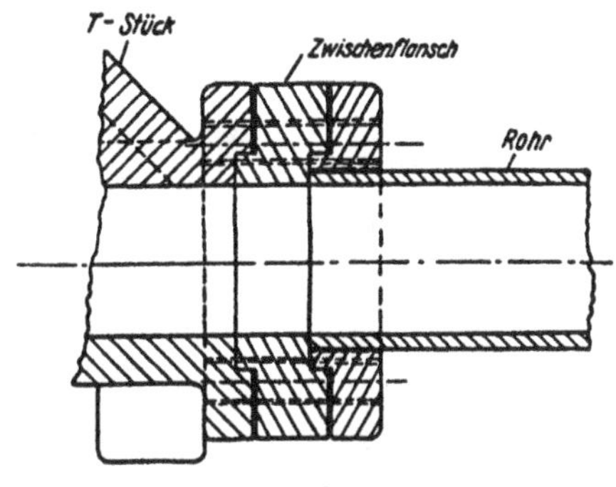

Abb. 6.

Das abzweigende Wasser wurde im Falle der Trennung der Wasserströme über eine ähnliche Schwenkvorrichtung wie bei der Waage geführt. Die Wassermessung erfolgte aber hier mittels eines geeichten Meßgefäßes, also volumetrisch. Die Ablesevorrichtung am Maßstab eines Schwimmers erlaubte noch die halben Millimeter mit Sicherheit abzulesen. Aus dieser Grenze und dem Anstieg des Schwimmers im Meßgefäß pro Liter Wasser ergab sich hier ein möglicher Fehler von $\pm$ 0,8‰.

Diese beiden Arten der Wassermessung waren einwandfrei. Für die dritte Wassermessung, und zwar die Messung des durch den Abzweig zugelieferten Wassers (im Falle der Vereinigung) mußte mit einem ungünstigeren Meßverfahren gearbeitet werden, nämlich mit einer Stauscheibe. Hierbei war die Labilität der Strömung größer als die Ablesegenauigkeit am angeschalteten Differentialmanometer. Verschiedene Nacheichungen ließen erkennen, daß der mittlere Fehler dieser Messungen mit $\pm$ 0,3% in Rechnung zu setzen war.

Zur Messung des Druckverlustes wurden zwei Methoden verwandt. Zur Bestimmung des Druckverlustes längs der durchgehenden Leitung waren an die einzelnen Meßstellen Glasrohre von 1 m Länge und 50 mm l. W. angeschlossen. In diesen Meßrohren befanden sich Messingschwimmer, die oben eine Querplatte trugen, über welche die Höhe des Wasserspiegels in diesen Meßrohren abgelesen werden konnte. Die Ablesegenauigkeit betrug $\pm$ 0,25 mm, die Schwankungen infolge der Unregelmäßigkeiten der Strömung erreichten 1 mm. Der Nachteil dieser Meßmethode lag, wie schon eingangs erwähnt, in der Kleinheit der auftretenden Verlusthöhen, so daß deren Genauigkeit naturgemäß keine allzu große war. Um das Arbeiten mit höherem Druck und damit größeren Geschwindigkeiten zu ermöglichen, wurden für die eigentlichen Versuche Differentialmanometer verwendet. Normale Quecksilbermanometer ergaben wiederum zu geringe Ablesehöhen, so daß mit Wasser-Luftmanometern gearbeitet werden mußte. Sie sind im Prinzip folgendermaßen ausgebildet: Ein nach unten offenes U-Rohr ist mit den beiden Schenkeln an die Meßstellen angeschlossen. An der höchsten Stelle ist ein Abzweig angebracht, der gestattet, Druckluft in die beiden Schenkel von oben her einzuleiten. Dadurch kommen die beiden Wasserspiegel in den Bereich des zwischen den Schenkeln liegenden Maßstabes. Die konstruktive Durchbildung dieser Manometer bereitete insofern einige Schwierigkeiten, als die oberen Verbindungsstellen von Glas zu Metall (der Bogen dieses Rohres war aus Metall ausgeführt) nur schwer luftdicht zu bekommen waren. Nach einigen ergebnislosen Versuchen mit verschiedenen Kitten als Dichtungsmaterial wurden die Manometer ganz aus Glas hergestellt, da trotz anfänglicher Dichtigkeit der Kittstellen diese nach einiger Zeit wieder undicht wurden. Die Ablesung der Lage der Wassermenisken erfolgte über Gleitschieber, die auf einem Maßstab mit Millimeterteilung spielten (Abb. 7). Zur Ausschaltung der Parallaxe waren hinter den Glasrohren Spiegel angebracht. Trotz Verwendung ziemlich weiter Glasrohre zur Erzielung einwandfreier Menisken und trotz immer gleichbleibender Beleuchtung dieser Menisken konnte eine größere Ablesegenauigkeit als $\pm 0{,}25$ mm nicht erreicht werden. Bei den normal auftretenden Verlusthöhen von durchschnittlich 500 mm W.-S. (im Maximum 950 mm W.-S.) war der Ablesefehler von zweimal $0{,}5^0/_{00} = 1{,}0^0/_{00}$ nicht störend. Nur bei einzelnen Versuchen, bei denen sich Verlusthöhen von ca. 10 mm W.-S. einstellten, mußte der dabei auftretende relativ große Fehler mit in Kauf genommen werden. Die Zuleitungen zu den Manometern waren aus Messingrohr von 10 mm l. W. mit Schlauchverbindungen ausgeführt. Es war dafür gesorgt, daß die Luft zu Beginn der Versuche aus den Zuleitungen zu den Manometern entfernt werden konnte und Ansammlungen von Luft während der Versuche unmöglich waren. Um die Druckschwankungen und Pulsationen, die die Größenordnung von 10 mm W.-S. erreichten, auszuschalten, waren in die Zuleitungen Dämpfungsorgane derart eingebaut, daß ein normaler halbzölliger Absperrhahn mit einer Umleitung versehen wurde, in die eine Kapillare eingeschaltet werden konnte. Mit einer Kapillare von 0,75 mm l. W. konnte eine vollständige Abbremsung der Schwankungen erzielt werden, nur mußte bis zur Erreichung des Beharrungszustandes immer mehrere Minuten gewartet werden.

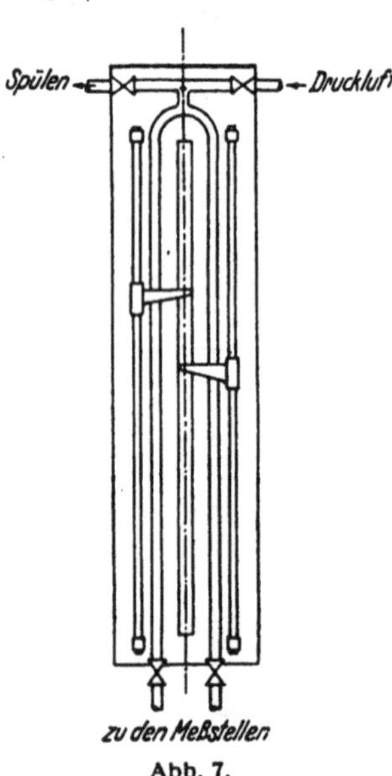

Abb. 7.

III. Vorversuche.

Da die bei den Versuchen mitgemessenen reinen Rohrreibungsverluste ausgeschieden werden mußten, war eine vorherige Bestimmung dieser Verluste notwendig. Auch war nachzuprüfen, ob die Verbindungsstellen von den Rohren zum T-Stück die Verlustlinie irgendwie beeinflußten. Zu diesem Zwecke wurde das T-Stück vor Anbringung der Abzweigbohrung in die durchgehende Leitung eingeschaltet. Bis zu Geschwindigkeiten von etwa 2,5 m/s konnte die gesamte Druckverteilung längs der Leitung mit Hilfe der oben beschriebenen Schwimmerrohre bestimmt werden. Die Druckhöhenlinie war nun trotz sorgfältiger Ausführung der Rohrverbindungen nicht gerade. Sie zeigte auf der dem T-Stück folgenden Meßstrecke 6—7 einen größeren Druckabfall, und zwar war der Verlust um rd. $0{,}03 \cdot v^2/2g$ größer als der Verlust auf den vorhergehenden bzw. nachfolgenden Meßstrecken. Da rein äußerlich keine Unterschiede in der Beschaffenheit der Rohrwand festzustellen waren, wurde das Rohr nach dem T-Stück umgedreht, so daß die Meßstelle 11 zur Meßstelle 6, Meßstelle 10 zur Meßstelle 7 usw. wurde. Auch in dieser Anordnung des Rohres zeigte sich die oben beschriebene Abweichung, die also nicht durch Durchmesserungenauigkeiten des Rohres verursacht war. Durch sorgfältige Montage der Rohre auf den T-Trägern war ein Knick in der gesamten Rohrachse mit Sicherheit vermieden. Es kann deshalb diese Unstimmigkeit nicht erklärt werden, es kann vielmehr nur diese Tatsache angegeben werden. Da bei den eigentlichen Versuchen nur an zwei Stellen, nämlich kurz vor (Meßstelle 4) und genügend weit (Meßstelle 10) hinter dem T-Stück gemessen wurde, liegen diese Schwankungen innerhalb der eigentlichen Meßstrecke und sind deshalb unwesentlich. Für größere Geschwindigkeiten als 2,5 m/s wurde auf die

Aufstellung einer zusammenhängenden Druckhöhenlinie verzichtet und der für die Versuche in Betracht kommende Rohrreibungsverlust zwischen den Meßstellen 4 und 10 mit Hilfe des Differentialmanometers gemessen. Die aus beiden Methoden ermittelten Reibungsbeiwerte schließen sehr gut aneinander an und ergeben die für glattwandige Messingrohre normalen Werte. Da die Temperatur des Versuchswassers genügend konstant (die größten Schwankungen betrugen $\pm$ 1,0 bis 1,5° C) und damit die Veränderung der Zähigkeit praktisch zu vernachlässigen war, konnten die den einzelnen Meßstrecken entsprechenden Reibungsverluste direkt in m W.-S, über den Rohrgeschwindigkeiten aufgetragen werden. Es war deshalb bei der Auswertung der Versuche leicht möglich, die abzuziehenden Verluste direkt aus diesen Kurvenblättern zu entnehmen.

Die Rohre der Abzweigleitung wurden gesondert an eine Hilfsleitung angeschlossen und der Reibungsverlust auf den mittleren Meßstrecken bestimmt. Bei den Rohren von 25 mm und 43 mm l. W. wurden wie oben die Verlusthöhen über den mittleren Geschwindigkeiten aufgetragen. Nachprüfungen dieser Verluste nach einigen Betriebswochen ergaben, daß die Rauhigkeit dieser Rohre sich nicht verändert hatte. Nur bei dem Abzweigrohr von 15 mm l. W. konnte keine einwandfreie h_w-Kurve erhalten werden, die gefundenen Verlusthöhen streuten an verschiedenen Tagen bis zu $\pm$ 1%. Es mußte deshalb auf die Aufstellung einer Reibungsverlustkurve für dieses Rohr verzichtet werden und während der Versuche jedesmal gleichzeitig der Rohrreibungsverlust bestimmt werden. Zu diesem Zwecke wurde ein Manometer, wie oben beschrieben, zwischen die Meßstellen 14 und 15 geschaltet. Da die Meßstelle 14 erst rd. 75 Dmr. hinter dem T-Stück lag, durfte vorausgesetzt werden, daß die Störungen durch das T-Stück an dieser Stelle schon abgeklungen waren.

IV. Hauptversuche.

Bei der Untersuchung der T-Stücke war immer der Fall der Trennung und der der Vereinigung zu unterscheiden. Für jeden der beiden Fälle war zur Bestimmung von ζ_a bzw. ζ_d je eine Versuchsreihe auszuführen. Es wurde dabei so vorgegangen, daß durch die Schieber vor und nach dem T-Stück beliebige Geschwindigkeiten eingestellt wurden. Es wurden z. B. für den Fall der Trennung die Schieber S_1, S_2, S_3 ganz geöffnet, S_5 ganz geschlossen und mit S_4 die Maximalgeschwindigkeit eingestellt (d. h. $Q_a = 0$, $Q_a/Q = 0$), die Wassermenge gemessen und der Druckhöhenunterschied bestimmt. Dann wurde S_5 ein wenig geöffnet und S_4 etwas geschlossen und die Messungen erneut durchgeführt. Mit diesem Regulieren wurde so lange fortgefahren, bis S_4 ganz geschlossen und S_5 ganz geöffnet war, das Gesamtwasser also durch den Abzweig strömte ($Q_a = Q$, $Q_a/Q = 1$). Bei Kontrollversuchen wurden die Wassermengen in umgekehrtem Sinne verändert.

A. T-Stück I.

$d_d = 43$ mm, $d_a = 15$ mm.

Bei diesem T-Stück war — nur für die Bestimmung des h_R im Abzweig — noch ein Differentialmanometer zwischen die Meßstellen 14 und 15 geschaltet, um auf dieser Strecke den jeweiligen Reibungsverlust im Abzweigrohr zu bestimmen, da ja bei diesem Rohr der Reibungsbeiwert keine konstante Funktion von v bzw. R war.

Die aus den Versuchswerten errechneten ζ-Werte sind in Kurvenform über Q_a/Q aufgetragen. Die Kurven 1, 2, 3 beziehen sich auf die verschiedenen Übergänge zwischen den beiden Bohrungen (scharfkantig — abgerundet — konisch, Abb. 1).

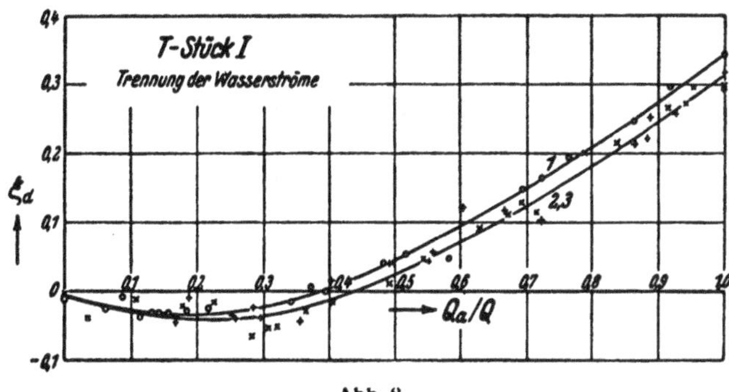

Abb. 8.

Bei Trennung der Wasserströme bleiben die ζ_d-Werte (Abb. 8) bis etwa $Q_a/Q = 0{,}38$ bei Form 1, $Q_a/Q = 0{,}44$ bei Form 2 und 3 negativ. Das kann

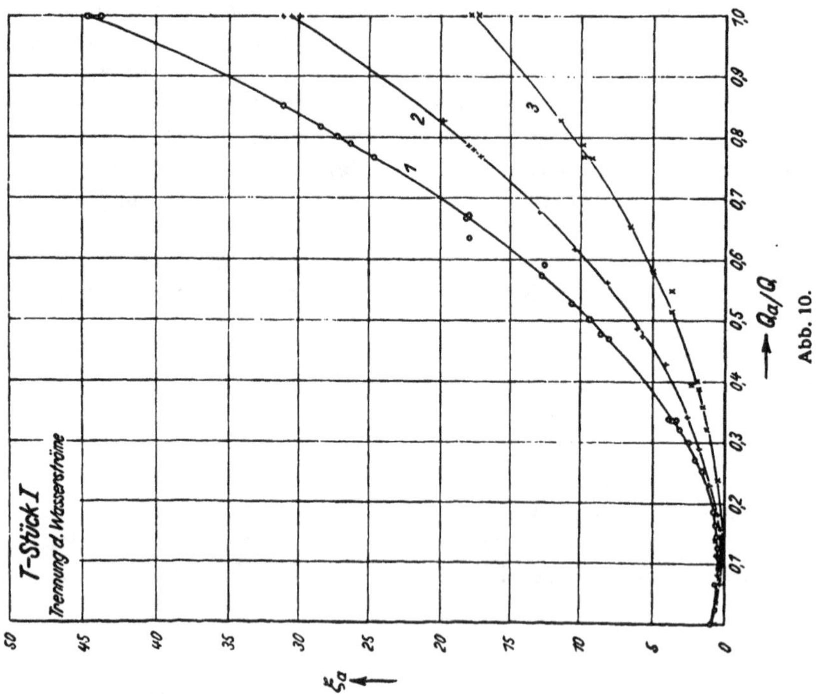
T-Stück I
Trennung d. Wasserströme
ξ_a
Q_a/Q
1
2
3

Abb. 10.

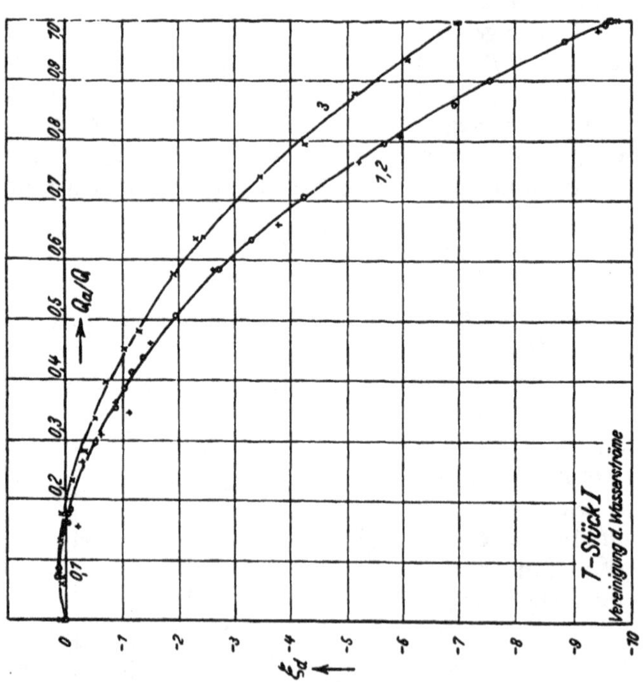
T-Stück I
Vereinigung d. Wasserströme
ξ_d
Q_a/Q
3
1,2

Abb. 9.

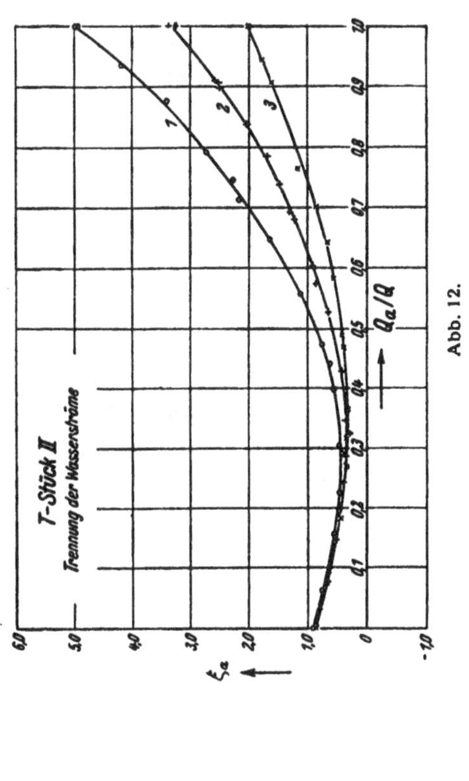

Abb. 12.

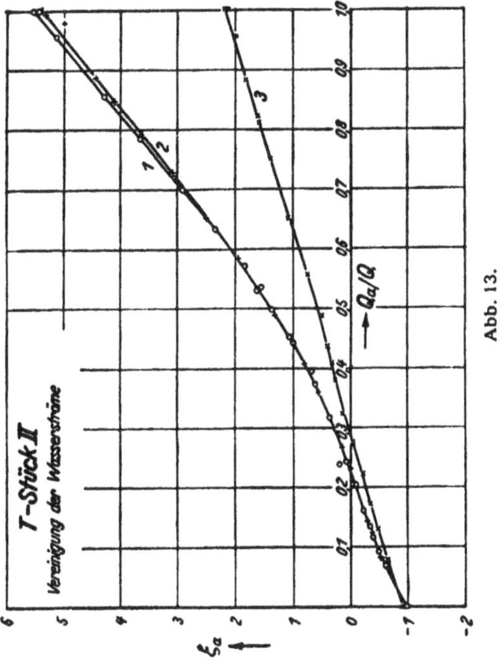

Abb. 13.

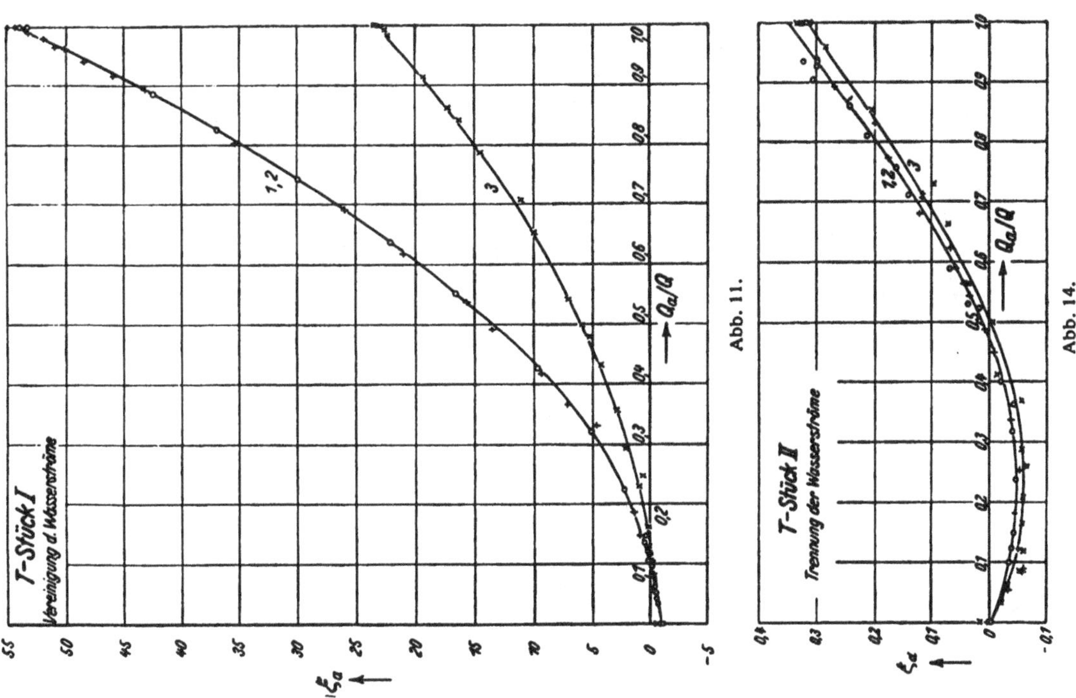

Abb. 11.

Abb. 14.

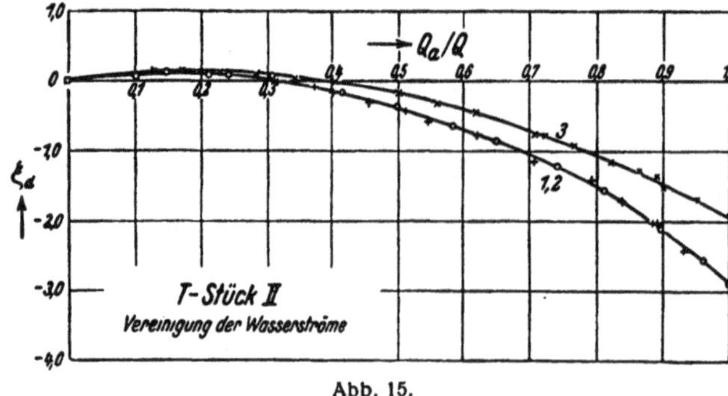

Abb. 15.

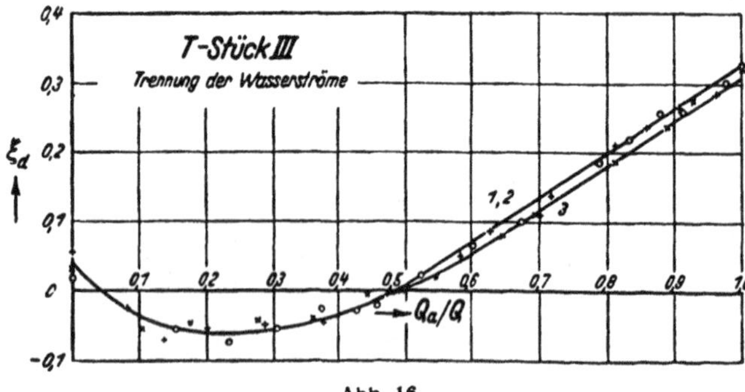

Abb. 16.

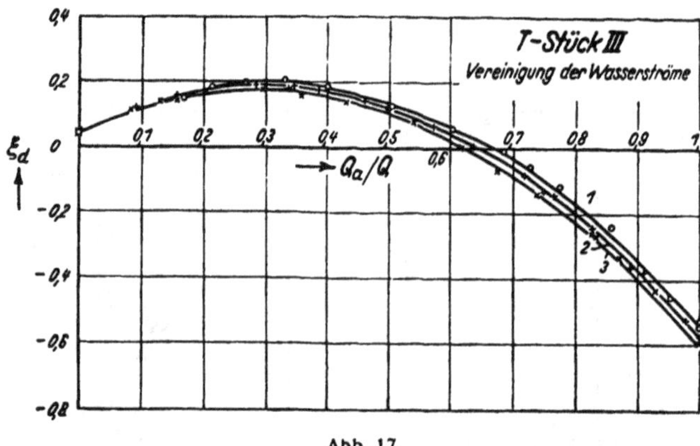

Abb. 17.

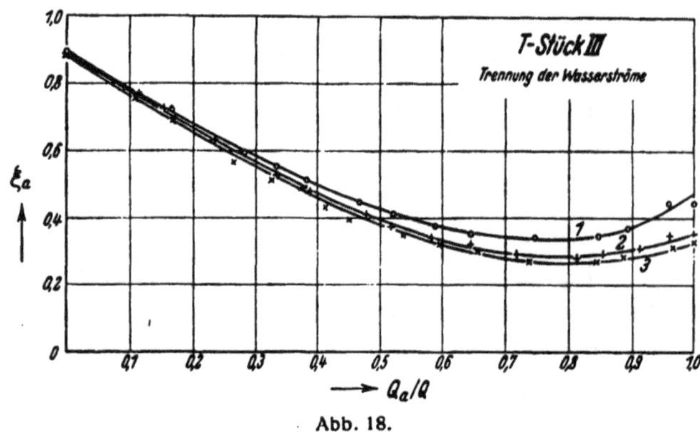

Abb. 18.

darauf zurückgeführt werden, daß bei kleinen abzweigenden Wassermengen die langsam fließende Randschicht abgeschöpft wird, demnach Wasserteilchen des rascher fließenden Kernstromes in die Zone des langsamer fließenden Randstromes kommen. Bei der Definition für die Verlustwerte war ja für die Geschwindigkeitshöhen die mittlere Rohrgeschwindigkeit benutzt worden. Durch die ungleichmäßige Geschwindigkeitsverteilung über den Querschnitt tritt daher dieser scheinbare Energiegewinn auf. Erst bei größeren Werten von Q_a/Q überwiegen die eigentlichen Abzweigverluste, d. h. ζ_a wird positiv. Im allgemeinen Verlauf zeigen die einzelnen Formen eine Verbesserung des Strömungsbildes bei Abrundung und bei konischem Zwischenstück.

Die ζ_d-Werte bei Vereinigung (Abb. 9) lassen erkennen, daß durch das zugelieferte Wasser eine bedeutende Saugwirkung erzielt wird. Nur bei kleinen Werten von Q_a/Q (unterhalb etwa $Q_a/Q = 0{,}16$ bei Form 1 und 2 bzw. $Q_a/Q = 0{,}19$ bei Form 3) sind die ζ_d-Werte positiv. Die Erklärung liegt darin, daß bei diesen kleinen zugelieferten Wassermengen die Geschwindigkeit dieses Wassers kleiner ist als die in der Hauptleitung. In diesem Bereich wird das zugelieferte Wasser gebremst, es überwiegen daher die Mischverluste. Allgemein lassen diese Kurven erkennen, daß die Formen 1 und 2 gleichwertig sind, Form 3 hingegen erwartungsgemäß eine bessere Verzögerung des zugelieferten Wassers bringt, die Saugwirkung also herabgeht.

Die Kurven für ζ_a zeigen ähnlich wie bei Vogel ungefähr parabolischen Verlauf. Bei Trennung (Abb. 10) bringt schon eine geringe Abrundung von etwa $^1/_{10}$ des Abzweigdurchmessers eine bedeutende Abnahme der ζ_a. Die dritte (konische)

Form ist naturgemäß die günstigste: Bei Trennung werden diese Verluste im Punkte $Q_a/Q = 1$ nur rd. $\frac{1}{3}$ der bei scharfkantigem Übergang; bei Vereinigung (Abb. 11) gehen die Verluste in diesem Punkte etwa auf die Hälfte herab, während sie durch Abrundung nicht verringert werden.

B. T-Stück II.

$d_d = 43$ mm, $d_a = 25$ mm.

Die Versuche ergaben ganz ähnlich verlaufende Kurven wie beim T-Stück I, nur werden naturgemäß wegen des geringeren Durchmesserunterschiedes die Verluste im Punkte $Q_a/Q = 1$

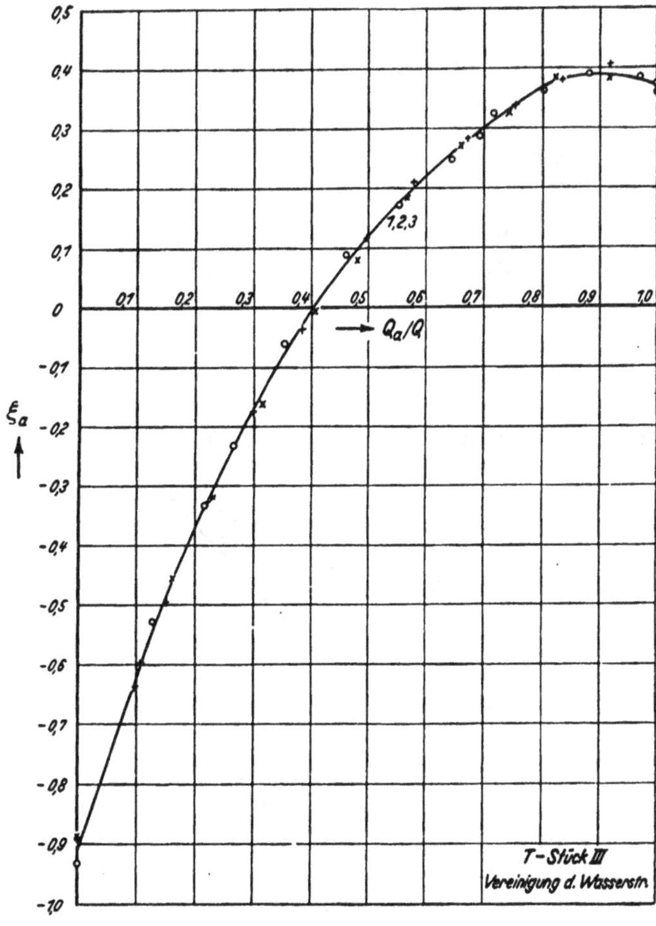

Abb. 19.

gegenüber dem vorhergehenden T-Stück viel kleiner. Auch hier zeigt sich, daß eine Abrundung eine wesentliche Verbesserung für den Verlust ζ_a bei Trennung ergibt (Abb. 12), für den Fall der Vereinigung aber nur von untergeordneter Bedeutung ist (Abb. 13). Erst bei konischem Übergang wird eine wesentliche Verringerung der Verluste auch für diesen Fall erzielt. Die ζ_d-Kurven bei Trennung (Abb. 14) sind mit denen des T-Stückes I praktisch gleichwertig. Sie gehen wohl etwas mehr ins Negative, was ja durch das Abschöpfen der Randschicht auf einer größeren Fläche (durch die größere Abzweigbohrung) erklärt werden kann, doch sind die erreichten Höchstwerte bei $Q_a/Q = 1$ fast dieselben. Bei den ζ_d-Werten für Vereinigung war die Saugwirkung geringer zu erwarten als beim T-Stück I (Abb. 15). Auch hier sind die Formen 1 und 2 einander gleichwertig.

C. T-Stück III.

$d_d = 43$ mm, $d_a = 43$ mm.

Diese Kombination stellt den in der Praxis häufigsten Fall vor, der auch, wie zu erwarten war, bei großen abzweigenden Wassermengen die günstigsten Werte lieferte. Die ζ_d-Werte für Trennung (Abb. 16) sind ebenfalls wieder denen der vorhergehenden T-Stücke mit guter Annäherung gleichzusetzen. Für den Fall der Vereinigung ist die Saugwirkung naturgemäß nur gering, d. h. die ζ_d-Werte (Abb. 17) liegen viel länger im Positiven. Die ζ_a-Werte werden für den Fall der Trennung (Abb. 18) von der Form des Überganges nur wenig beeinflußt, für den Fall der Vereinigung (Abb. 19) ist überhaupt keine Verringerung dieses Verlustes durch Abrundung zu erzielen.

D. T-Stück III.

$d_d = 43$ mm, $d_a = 43$ mm, Form 3.

Widersinniger Einbau.

Bis jetzt waren alle T-Stücke so untersucht worden, wie sie in der Praxis am häufigsten oder fast immer eingebaut werden:

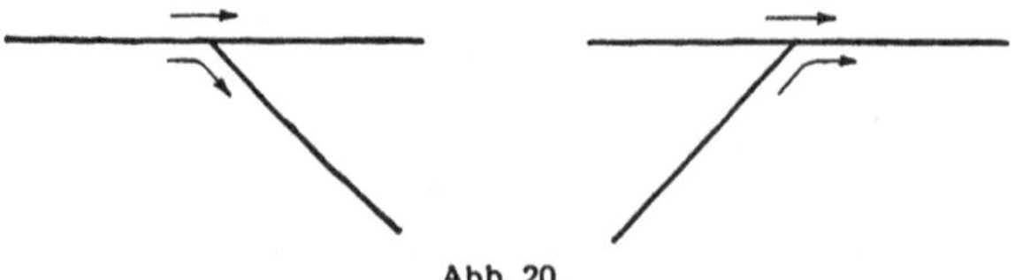

Abb. 20.

Es kann nun unter Umständen auch der Fall eintreten, daß ein widersinniges Durchströmen eintritt:

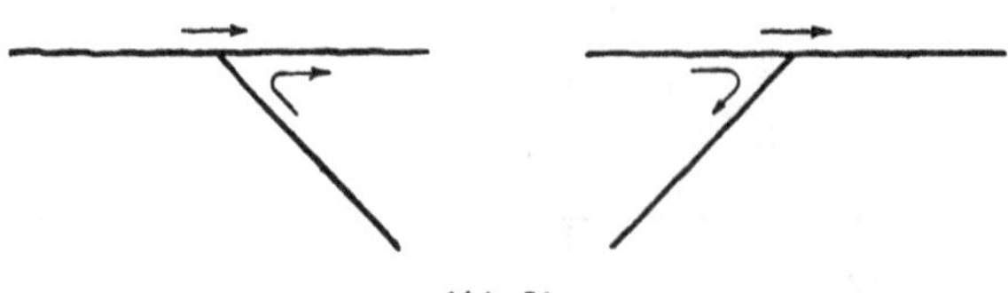

Abb. 21.

Um über die Größenordnung der hierbei auftretenden Verluste ein Bild zu bekommen, wurde die letzte Kombination wie angegeben in die Versuchsanordnung eingeschaltet. Die sonstigen Bezeichnungen blieben dieselben, ebenso die verwendeten Meßstellen.

Die bedeutendste Erhöhung erfährt der Verlust ζ_a bei Trennung (Abb. 22), der für $Q_a/Q = 1$ zu 1,9 gemessen wurde (bei richtigem Einbau 0,31). Die ζ_d-Werte für Trennung sind für beide Einbauarten nur ganz unwesentlich verschieden. Dagegen wird der Wert für ζ_d bei Vereinigung stark vergrößert, da ja bei dieser Art des Einbaues die früher erwähnte Saugwirkung sich in das Gegenteil umkehrt (Abb. 23). Dieser Verlust erreicht bei $Q_a/Q = 1$ den Wert $\zeta_d = +1{,}15$, während er im normalen Einbau $-0{,}6$ war.

V. Kontrollversuche.

Ehe auf die eigentliche Diskussion der Ergebnisse eingegangen wird, soll untersucht werden, ob durch die Messungen die vollständigen Verluste der T-Stücke erfaßt wurden, d. h. ob die nach dem T-Stück verwendeten Meßstellen weit genug vom Schnittpunkt der beiden Rohrachsen entfernt waren. Diese Entfernungen waren folgende:

T-Stück I,	Trennung	$\sim 75d$ (Abzweig)	(T — 14)
T-Stück I,	Vereinigung	$\sim 63d$	(T — 10)

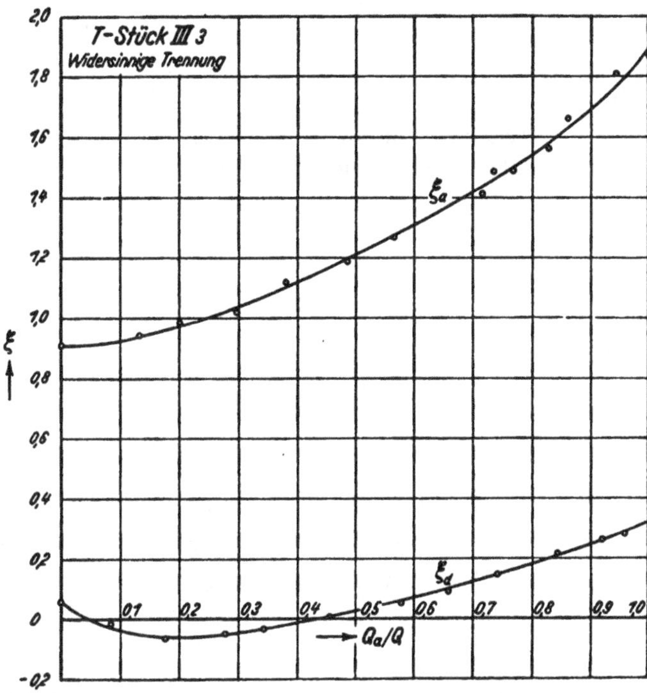
T-Stück III 3
Widersinnige Trennung
2,0
1,8
1,6
1,4
1,2
1,0
0,8
0,6
0,4
0,2
0
-0,2
ξ
ξ_a
ξ_d
0,1 0,2 0,3 0,4 0,5 0,6 0,7 0,8 0,9 1,0

Q_a/Q

Abb. 22.

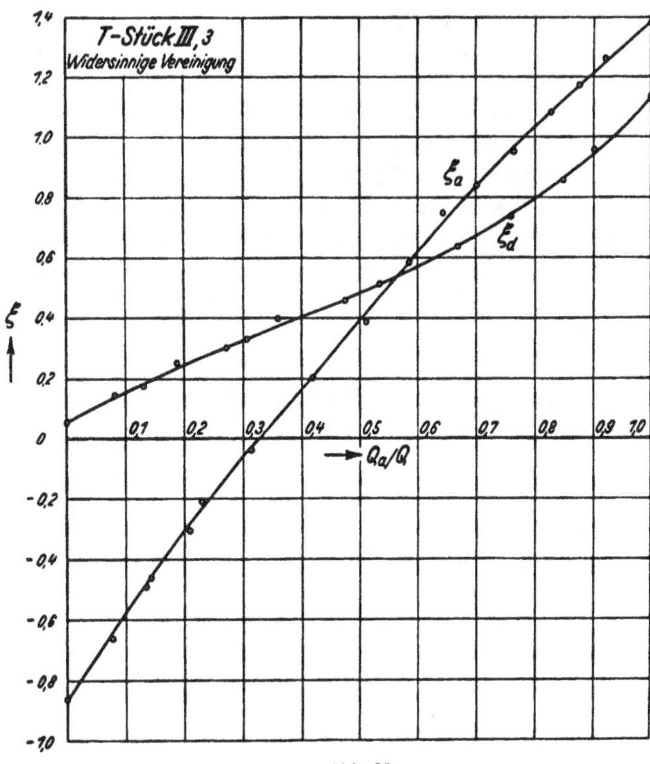
T-Stück III, 3
Widersinnige Vereinigung
1,4
1,2
1,0
0,8
0,6
0,4
0,2
0
-0,2
-0,4
-0,6
-0,8
-1,0
ξ
ξ_a
ξ_d
0,1 0,2 0,3 0,4 0,5 0,6 0,7 0,8 0,9 1,0
Q_a/Q

Abb. 23.

T-Stück II, Trennung $\sim 45d$ (Abzweig) (T — 14)
T-Stück II, Vereinigung $\sim 63d$ (T — 10)
T-Stück III, Trennung $\sim 63d$ (Abzweig) (T — 16)
T-Stück III, Vereinigung $\sim 63d$ (T — 10)

Obwohl von vorneherein angenommen werden konnte, daß die Meßstellen genügend weit vom T-Stück weglagen, d. h. so weit, daß der Verlust auf der nachfolgenden Rohrstrecke durch die Anwesenheit des T-Stückes nicht mehr beeinflußt wird, wurde trotzdem eine Kontrolle folgendermaßen durchgeführt: Sämtliche Meßstellen der durchgehenden Leitung wurden mit den obenerwähnten Schwimmerrohren verbunden und der Druckverlauf längs dieser Leitung bei eingebautem T-Stück (T-Stück II, Form 2, Vereinigung) bestimmt. Von den jetzt ermittelten Verlusthöhen auf den Meßstrecken nach dem T-Stück wurden die entsprechenden reinen Rohrreibungsverluste abgezogen und das Verhältnis dieser restlichen Verlusthöhen zur Geschwindigkeitshöhe $v^2/2g$ über Q_a/Q aufgetragen (Abb. 24). Aus diesen Kurven ist nun folgendes zu ersehen:

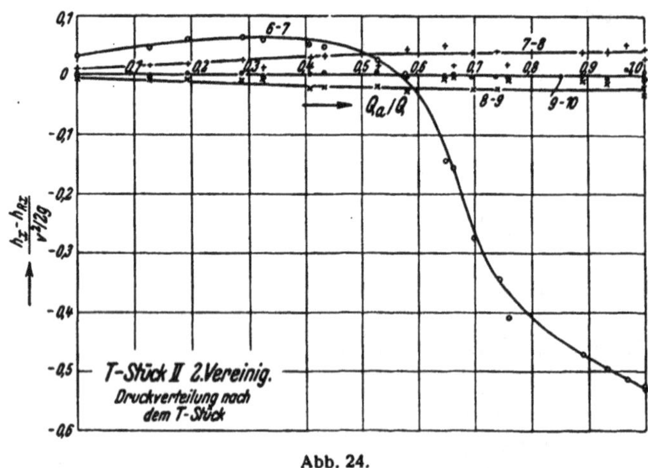

Abb. 24.

Die Verzögerung des gerade durchströmenden Wassers bedingt auf der Meßstrecke 6—7 einen ziemlichen Druckanstieg, der aber nur bei größeren Abzweigwassermengen (ab $Q_a/Q = 0{,}57$) in Erscheinung tritt. Die folgende Meßstrecke 7—8 zeigt infolge der durch die erhöhte Turbulenz bedingten erhöhten Wandreibung einen größeren Druckabfall, als dem reinen Rohrreibungsverlust entspricht. Auf der Meßstrecke 8—9 hingegen ist wieder eine schwache Verringerung des Druckverlustes gegenüber dem reinen Rohrreibungsverlust festzustellen. Auf der Meßstrecke 9—10 endlich ist eine gute Übereinstimmung des Druckverlustes mit dem Rohrreibungsverlust zu erkennen. Zu betonen ist, daß bei der verwendeten Meßmethode infolge der geringen Geschwindigkeiten die gemessenen Verlusthöhen nur klein blieben (auf der längsten Meßstrecke 8—9 z. B. betrug die mittlere Verlusthöhe nur ungefähr 70 mm W.-S.). Immerhin kann damit als sichergestellt angenommen werden, daß die Entfernung der Meßstelle 10 vom T-Stück mit $63 \cdot d$ genügend groß ist. Eine weitere Diskussion dieser Kurven wurde schon von Vogel gegeben[1]).

VI. Diskussion der Versuchsergebnisse.

Von Interesse ist die Größe der Verluste im Punkte $Q_a/Q = 0$, d. h. für den Fall, daß kein Wasser durch den Abzweig strömt. Wenn sich im Abzweig der in der Hauptleitung herrschende stat. Druck einstellen würde und die Hauptströmung durch die Abzweigbohrung nicht beeinflußt würde, dann müßte, wie leicht ersehen werden kann, der Verlust ζ_a bei Trennung zu $+1$, bei Vereinigung zu -1 werden; die ζ_a-Werte müßten 0 ergeben. Bezeichnet man den Schnittpunkt der beiden Rohrachsen mit $5a$, dann würde sich ergeben:

A. Für Trennung: $$h_{w_a} = h_4 - h_{5a} + \frac{v^2}{2g} - h_{R(4-5a)} = \frac{v^2}{2g}$$
$$\zeta_a = 1.$$
$$h_{w_d} = h_4 - h_{5a} - h_{R(4-5a)} = 0$$
$$\zeta_d = 0.$$

[1]) Mitteilungen des Hydraul. Instituts der Techn. Hochschule München, Heft 1, S. 87.

B. Für Vereinigung:

$$h_{wa} = h_{5a} - h_{10} - \frac{v^2}{2g} - h_{R(5a-10)} = -\frac{v^2}{2g}$$

$$\zeta_a = -1.$$

$$h_{wd} = h_4 - h_{5a} - h_{R(4-5a)} = 0$$

$$\zeta_d = 0.$$

Die folgende Tabelle zeigt aber, daß die Versuche davon abweichende Werte ergeben. Die Erklärung liegt darin, daß durch die Abzweigbohrung in der Wand des T-Stückes sich anscheinend auch in dem Fall, daß kein Wasser daraus abgezweigt oder zugeführt wird, doch Nebenströmungen ausbilden, die zur Folge haben, daß sich im Abzweig ein etwas anderer Druck einstellt als im Punkte 5a.

$Q_a/Q = 0$

	I			II			III		
T-Stück	1	2	3	1	2	3	1	2	3
ζ_d Trenn.	—0,01	±0,00	±0,00	±0,00	±0,00	+0,02	+0,02	+0,05	+0,03
ζ_d Verein.	—0,01	±0,00	+0,02	±0,00	+0,00	+0,02	+0,04	+0,04	+0,04
ζ_a Trenn.	+0,92	+0,93	+0,88	+0,91	+0,89	+0,87	+0,90	+0,89	+0,86
ζ_a Verein.	—1,02	—1,00	—0,94	—0,95	—0,90	—0,90	—0,92	—0,89	—0,89

Die negativen Werte für ζ_d in obiger Tabelle können nicht durch Versuchsfehler erklärt werden, da sie dafür zu groß sind.

Für das T-Stück III, Form 3, das sowohl im normalen wie auch im widersinnigen Einbau untersucht wurde, lassen sich folgende Überlegungen anstellen (Abb. 25): für den Fall nämlich, daß kein Wasser durch den Abzweig strömt, gilt folgendes:

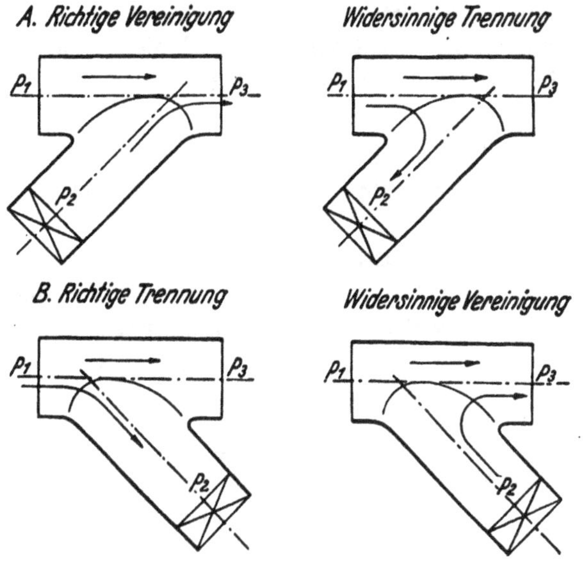

A. Richtige Vereinigung

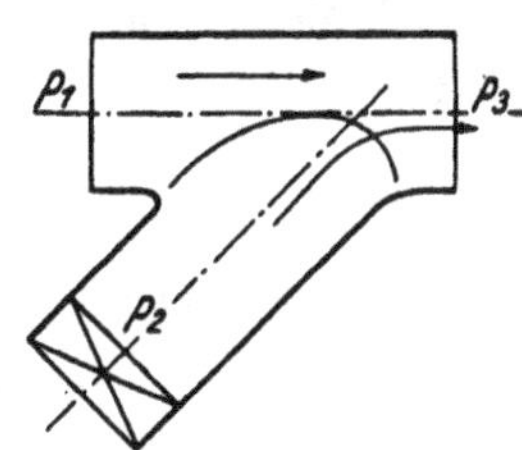

Widersinnige Trennung

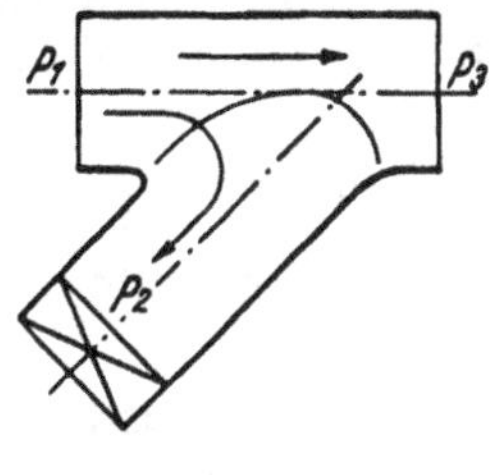

B. Richtige Trennung

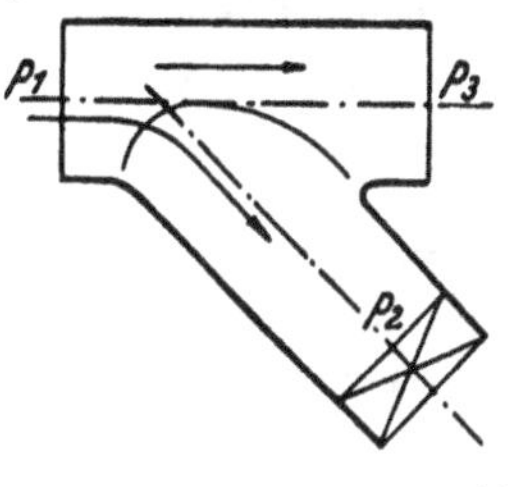

Widersinnige Vereinigung

Abb. 25.

A. Richtige Vereinigung, widersinnige Trennung.

a) Trennung:

$$\zeta_{d\,\mathrm{Tr.}} = p_1 - p_3$$

$$\zeta_{a\,\mathrm{Tr.}} = p_1 - p_2 + 1.$$

b) Vereinigung:

$$\zeta_{d\,\mathrm{Ver.}} = p_1 - p_3$$

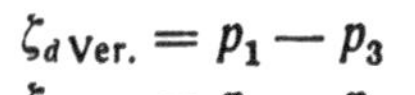

$$\zeta_{a\,\mathrm{Ver.}} = p_2 - p_3 - 1.$$

Daraus erhält man:

$$\zeta_{d\,\mathrm{widers.\,Tr.}} = \zeta_{d\,\mathrm{richt.\,Ver.}}$$

$$\zeta_{a\,\mathrm{widers.\,Tr.}} = \zeta_{d\,\mathrm{richt.\,Ver.}} - \zeta_{a\,\mathrm{richt.\,Ver.}}$$

$$\zeta_{a\,\mathrm{richt.\,Ver.}} = \zeta_{d\,\mathrm{widers.\,Tr.}} - \zeta_{a\,\mathrm{widers.\,Tr.}}$$

Die sich ergebenden Werte sind folgende:

ζ	Errechnet	Gemessen
ζ_d widers. Tr. ...	+ 0,04	+ 0,05
ζ_a richt. Ver.	— 0,84	— 0,85
ζ_a widers. Tr. ...	+ 0,83	+ 0,90

B. Richtige Trennung, widersinnige Vereinigung.

Dafür lassen sich ganz analoge Formeln aufstellen wie im Falle A. Die sich ergebenden Zahlenwerte sind folgende:

ζ	Errechnet	Gemessen
ζ_a richt. Tr.	$+0{,}80$	$+0{,}86$
ζ_a widers. Ver. ...	$-0{,}83$	$-0{,}85$

Die nach diesen Überlegungen verglichenen Verlustwerte zeigen also wohl der Größenordnung nach eine Übereinstimmung mit den gemessenen, doch sind die auftretenden Abweichungen immerhin bemerkenswert. Auch hier ist zu betonen, daß diese Abweichungen durch Versuchsfehler nicht verursacht sein können.

Um eine Vergleichsmöglichkeit der einzelnen T-Stücke untereinander zu haben, sei in folgender Tabelle eine Zusammenstellung der Verlustwerte ζ_a bei $Q_a/Q = 1$ gegeben:

$Q_a/Q = 1$

T-Stück	I			II			III		
	1	2	3	1	2	3	1	2	3
ζ_a Trenn.	44,5	30,6	17,5	4,95	3,31	2,00	0,44	0,35	0,32
ζ_a Verein.	54,0	54,0	23,2	5,50	5,40	2,18	0,37	0,37	0,37

Ein guter Maßstab für die Beurteilung der T-Stücke ist die insgesamt durch das T-Stück bedingte Verlustleistung. Es sei im folgenden diese Verlustleistung der einzelnen T-Stücke errechnet und über Q_a/Q aufgetragen. Um auch hier von den Abmessungen der T-Stücke unabhängig zu sein, wird die jeweilige Verlustleistung ins Verhältnis zur gesamten zugeführten kinetischen Leistung gesetzt:

A. Trennung.

Die gesamte zugeführte kinetische Leistung ist

$$L_{\text{ges}} = \gamma \cdot Q \cdot v^2/2\,g.$$

Die Verlustleistung ist

$$L_V = \gamma \cdot (Q_a \cdot h_{wa} + Q_d \cdot h_{wd}).$$

Die verhältnismäßige Verlustleistung wird damit

$$\varrho = \frac{L_V}{L_{\text{ges}}} = \frac{\gamma \cdot (Q_a \cdot h_{wa} + Q_d \cdot h_{wd})}{\gamma \cdot Q \cdot v^2/2\,g}.$$

Daraus

$$\varrho = \zeta_a \cdot Q_a/Q + \zeta_d \cdot (1 - Q_a/Q).$$

B. Vereinigung.

$$L_{\text{ges}} = \gamma \cdot (Q_a \cdot v_a^2/2\,g + Q_d \cdot v_d^2/2\,g)$$

$$L_V = \gamma \cdot (Q_a \cdot h_{wa} + Q_d \cdot h_{wd})$$

$$\varrho = \frac{\gamma \cdot (Q_a \cdot h_{wa} + Q_d \cdot h_{wd})}{\gamma \cdot (Q_a \cdot v_a^2/2\,g + Q_d \cdot v_d^2/2\,g)}.$$

Multipliziert man Zähler und Nenner mit $v^2/2gQ$ und ersetzt man die jeweilige Geschwindigkeit durch Wassermenge/Querschnitt, so erhält man nach kurzer Rechnung

$$\varrho = \frac{\zeta_a \cdot Q_a/Q + \zeta_d \cdot (1 - Q_a/Q)}{(Q_a/Q)^3 \cdot (f/f_a)^2 + \left(1 - \frac{Q_a}{Q}\right)^3 \cdot (f/f_d)^2}.$$

In den folgenden Abbildungen sind diese relativen Verlustleistungen für die 3 T-Stücke graphisch dargestellt. Die Verlustkurven für Trennung (Abb. 26, 27, 28) lassen erkennen, daß eine Abrundung bzw. ein konischer Übergang bei den T-Stücken I und II sehr günstig, beim T-Stück III hingegegen nur mehr von untergeordneter Bedeutung ist. Man sieht, daß bei Abzweigwassermengen

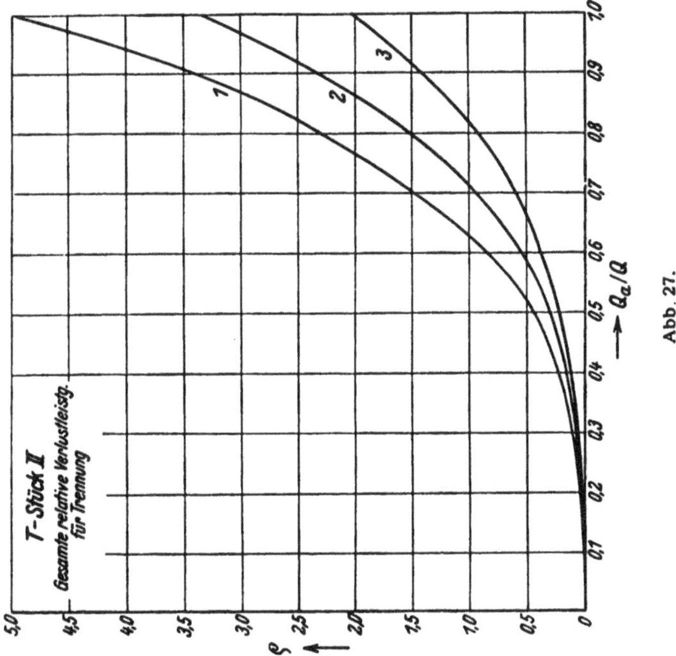
T-Stück II
Gesamte relative Verlustleistg. für Trennung
5,0
4,5
4,0
3,5
3,0
2,5
2,0
1,5
1,0
0,5
0
ζ
0,1
0,2
0,3
0,4
0,5
0,6
0,7
0,8
0,9
1,0
Qa/Q
1
2
3

Abb. 27.

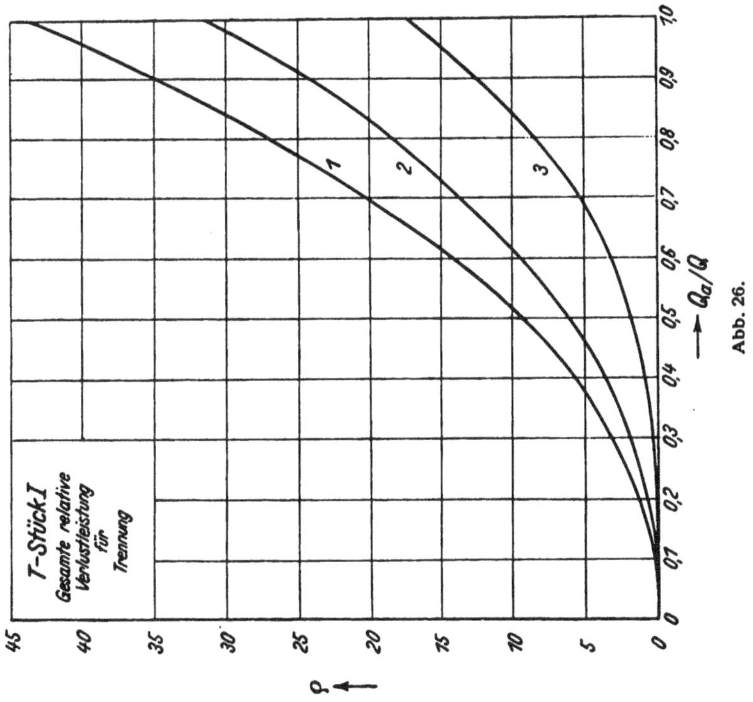
T-Stück I
Gesamte relative Verlustleistung für Trennung
45
40
35
30
25
20
15
10
5
0
ζ
0,1
0,2
0,3
0,4
0,5
0,6
0,7
0,8
0,9
1,0
Qa/Q
1
2
3

Abb. 26.

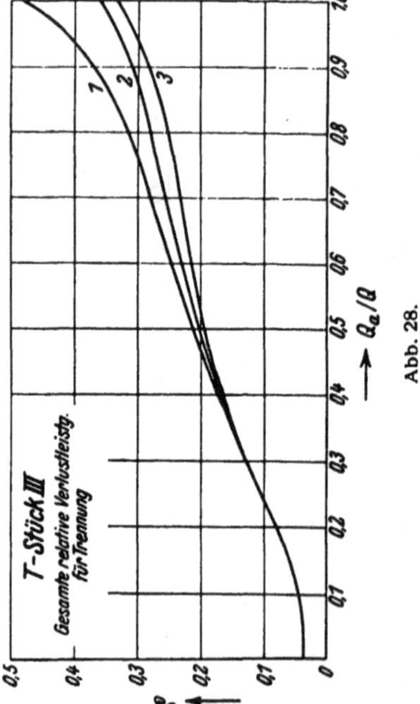

Abb. 28.

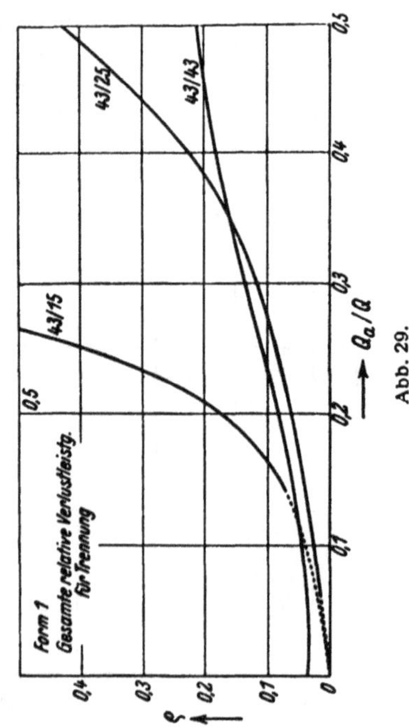

Abb. 29.

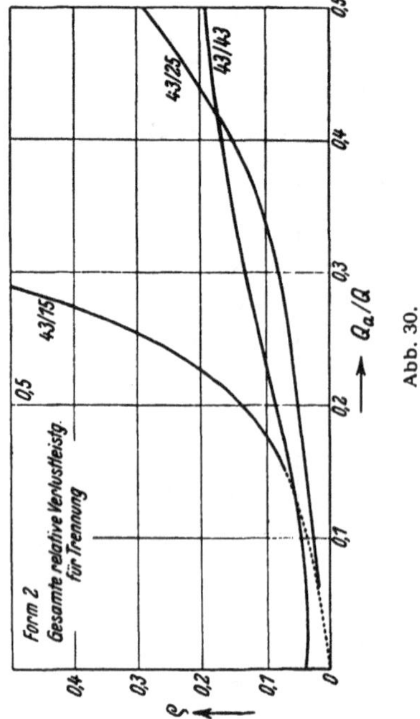

Abb. 30.

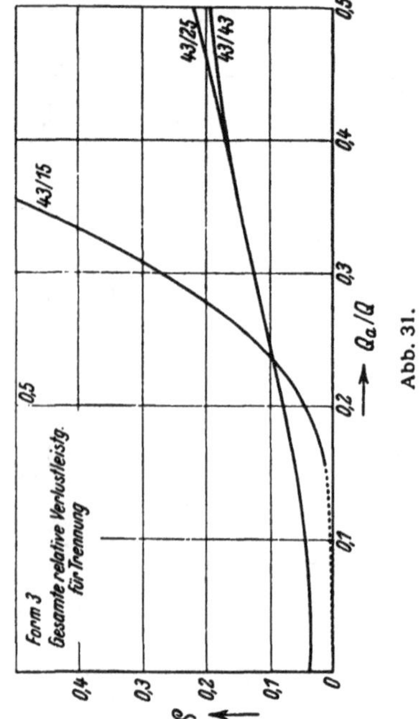

Abb. 31.

über $Q_a/Q = 0{,}5$ eine Vergrößerung des Durchmessers des Abzweiges günstig auf die Gesamtverluste bei Trennung wirkt. Ergibt ein Betriebszustand also eine starke Inanspruchnahme des Abzweiges für Trennung, so wird man zweckmäßig einen großen Abzweigdurchmesser wählen.

Da aus diesen Kurven nicht ohne weiteres ersehen werden kann, wie die Verhältnisse für Trennung bei kleinen abzweigenden Wassermengen liegen, sei in den folgenden Abbildungen 29, 30, 31 der untere Teil dieser Verlustleistungskurven nochmals in größerem Maßstabe dargestellt. Diesmal sind die einzelnen T-Stückformen miteinander verglichen.

Man kann daraus ersehen, daß für den ungünstigsten Übergang (scharfkantig, Abb. 26) bis zu Abzweigwassermengen $Q_a/Q = 0{,}35$ der 25-mm-Abzweig dem größeren überlegen ist. Bei Form 2 (Abb. 30) erstreckt sich diese Überlegenheit bis $Q_a/Q = 0{,}42$. Wählt man endlich die konische Form (Abb. 31), so ist sogar der kleinste Abzweigdurchmesser bis $Q_a/Q = 0{,}25$ günstiger als das T-Stück III.

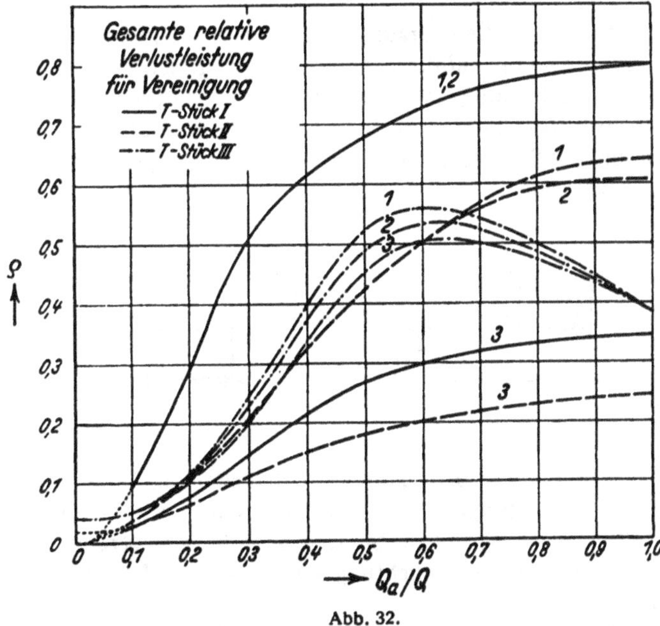

Abb. 32.

Die Kurven für Vereinigung (Abb. 32) zeigen bei größeren zugelieferten Wassermengen eine Verflachung bzw. (bei T-Stück III) eine Abnahme der Verlustleitung. Dies ist durch die zunehmende Saugwirkung des zugelieferten Wassers zu erklären. Das T-Stück II mit konischem Übergang verhält sich von allen T-Stücken am günstigsten. Aber selbst das T-Stück I, Form 3, ist dem T-Stück III überlegen, wenn es auch etwas höhere Verluste zeigt als das T-Stück II, Form 3. Kann man den konischen Übergang aus irgendwelchen Gründen nicht wählen, so folgt aus den Kurven, daß bis etwa $Q_a/Q = 0{,}6$ das T-Stück II, Form 1 oder 2, von diesem Abzweigverhältnis ab aber das T-Stück III überlegen ist, für welches sich auch hier nur unbedeutende Unterschiede der Gesamtverluste bei den einzelnen Formen ergeben. Bei den T-Stücken mit kleinerer Abzweigbohrung bringt eine Abrundung keinen (T-Stück I) bzw. nur unbedeutenden (T-Stück II) Leistungsgewinn bei Vereinigung.

Zusammenfassend läßt sich also sagen, daß ein günstigstes T-Stück nicht ohne weiteres angegeben werden kann, daß die Auswahl vielmehr danach verschieden ist, ob das Formstück für Trennung oder Vereinigung verwendet werden soll und ob durch den Abzweig prozentual viel oder wenig Wasser aus der Hauptleitung entnommen bzw. zugeliefert wird. Ein Vergleich mit den entsprechenden Vogelschen Kurven[1]) zeigt, daß durch die Anordnung des Abzweiges unter 45° gegenüber der unter 90° eine Ersparnis an Verlustleistung von rd. 60% bei sonst gleichen Verhältnissen zu erzielen ist.

[1]) Mitteilungen des Hydraul. Instituts der Techn. Hochschule München, Heft 2, S. 63.

Der Reibungsverlust in Rohrleitungen, die aus überlappten Schüssen hergestellt sind.

Von **O. Poebing** und **J. Spangler.**

Bei genieteten Rohrleitungen ist die hydraulisch günstigste Verbindung der einzelnen Schüsse die äußere Laschennietung, die — bis auf die Nietköpfe — die Innenwand glatt läßt. Diese Verbindung ist aber teuer, so daß man häufig statt ihrer die Rohrenden überlappt, indem man entweder die einzelnen Schüsse schwachkegelig ausführt (Durchmesserunterschied $= 2 \times$ Wandstärke, Schema Abb. 1) oder zylindrische Schüsse mit abwechselnd um die doppelte Wandstärke schwankenden Durchmesser (Abb. 2) verwendet.

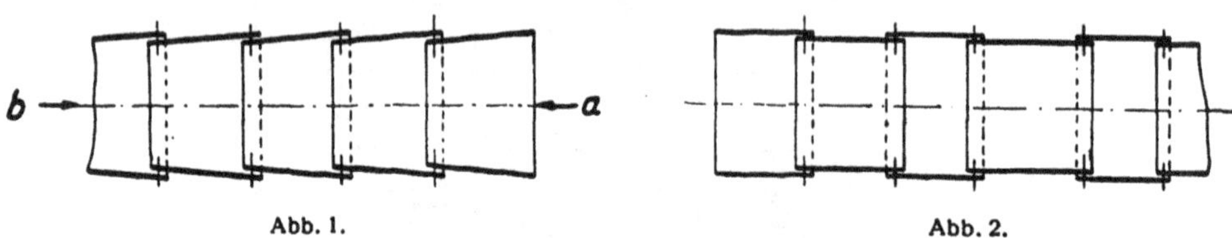

Abb. 1. Abb. 2.

Im ersteren Falle mußte es zwar als wahrscheinlich gelten, daß die Strömungsrichtung *a* günstiger ist als die Strömungsrichtung *b*, und in der Tat sind die ausgeführten Leitungen fast immer so angeordnet, daß sie vom Wasser im Sinne *a* durchflossen werden. Einzelne Fachleute waren aber der Meinung, daß die Strömungsrichtung *b* günstiger sei. Nur der Versuch konnte hier zuverlässig entscheiden.

Bei den von D. Thoma angeregten Versuchen sollte zugleich auch der Reibungsverlust für den zweiten Fall — zylindrisch überlappte Rohre — untersucht werden; Leitungen mit dieser Verbindung werden nämlich billiger als bei kegeliger Überlappung, so daß die letztere wirtschaftlich nur dann gerechtfertigt ist, wenn sie einen merklich geringeren Reibungsverlust bedingt.

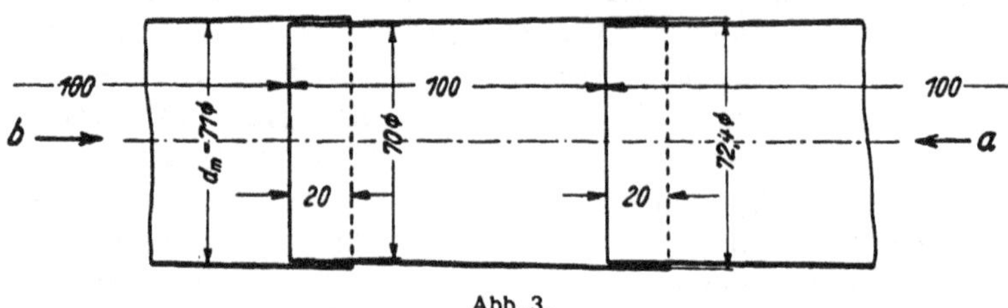

Abb. 3.

Um von den bei praktischen Ausführungen vorliegenden Verhältnissen nicht zu sehr abzuweichen, durfte die Wandstärke der Versuchsrohre nur gering sein. Es wurden aus diesem Grunde die Schüsse bei kegeliger Überlappung aus einem Messingrohr von 70 mm l. Dmr. und 1 mm Wandstärke entsprechend Abb. 3 durch „Drücken" hergestellt, wobei die gewünschte schwachkegelige Form mit großer Genauigkeit erreicht werden konnte. Die einzelnen Schüsse wurden dann verlötet. Die Bauart der zylindrisch überlappten Leitung ist in Abb. 4 dargestellt.

Die Versuchsleitung bestand aus 41 kegeligen Schüssen und zwei zylindrischen Endrohren (ca. 70 mm l. Dmr) von je ungefähr 1 m Länge. Die Druckmeßstellen waren ungefähr in der Mitte der zylindrischen Endrohre angeordnet, da bei Anordnung der Meßstellen innerhalb des eigentlichen Versuchsrohres Störungen der Druckmessung durch die Überlappungen zu befürchten waren. Die gesamte Versuchsanordnung ist in Abb. 5 dargestellt. Die Leitung mit zylindrisch überlappten Schüssen war entsprechend Abb. 4 in ähnlicher Weise aufgebaut. Die Leitungen wurden zusammen mit den Ein- und Auslaufrohren von je 3,5 m Länge auf einen Gitterträger fest aufgebaut und genau ausgerichtet.

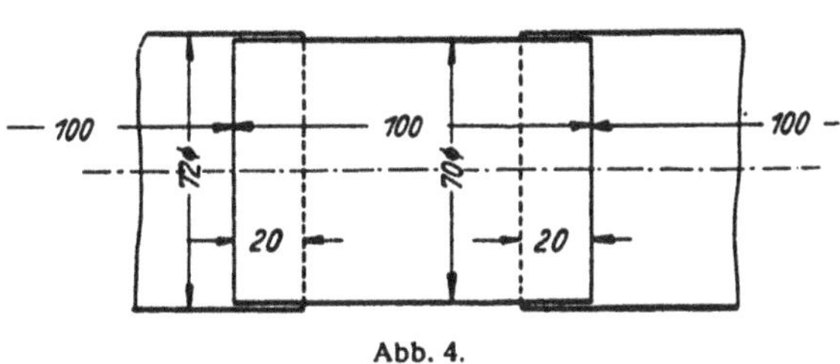

Abb. 4.

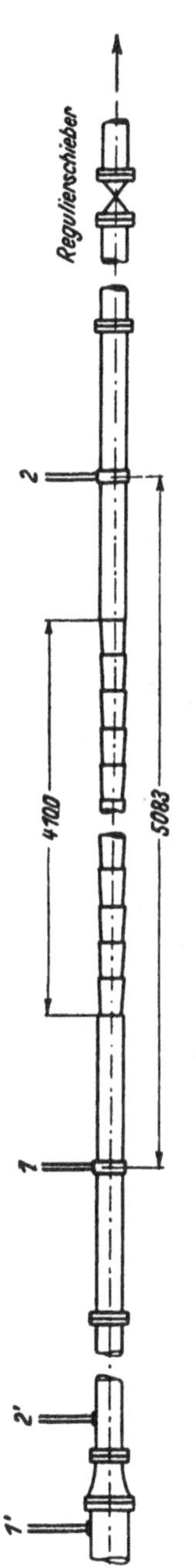

Abb. 5.

Der Druckunterschied zwischen den beiden Meßstellen 1 und 2 wurde durch Differentialmanometer gemessen, und zwar je nach der Wassergeschwindigkeit entweder mit Wasser-Luft oder mit Quecksilber-Wasser.

Die Wassermessung erfolgte in üblicher Weise durch Waage und Bandchronograph mit einem Genauigkeitsgrad von durchschnittlich $1^0/_{00}$. Zum schnellen Einstellen und zur Kontrolle des Beharrungszustandes diente die Ablesung des Druckunterschiedes zwischen den Meßstellen 1′ und 2′ an der vor dem Einlaufrohr befindlichen Düse (Abb. 5).

Zwischen den vor und hinter dem Verbrauchsrohr angeordneten Meßstellen 1 und 2 liegen, wie aus Abb. 5 ersichtlich, außer dem eigentlichen Versuchsrohr auch Teile der zylindrischen Endstücke von zusammen 983 mm Länge. Der in diesen Teilen entstehende Druckhöhenverlust wurde auf Grund der aus den Versuchen von Jakob und Erk (Forschungsheft VDI Nr. 267, 1924) sowie auf Grund von Versuchen des Hydraulischen Institutes (Versuche Kinne 1928) bekannten Reibungsverluste im glatten geraden Rohr ausgerechnet und von dem beobachteten Druckhöhenverlust abgezogen.

In Abb. 6 sind für die verschiedenen Fälle die Werte von λ aus der Gleichung

$$h_w = \frac{L}{d} \cdot \frac{v^2}{2g} \cdot \lambda$$

in Abhängigkeit von der Reynoldsschen Zahl $v \cdot \frac{d}{\nu}$ aufgetragen. Dabei war $L =$ 4100 mm. Der mittlere Durchmesser d wurde durch Auswägen des mit Wasser gefüllten bzw. des leeren Rohres bestimmt. Derselbe war $d = 70{,}86$ mm bei den kegelig überlappten Rohren und $d = 70{,}64$ mm bei den zylindrisch überlappten Rohren; dieser Durchmesser diente auch dazu, um aus der beobachteten Wassermenge die mittlere Geschwindigkeit v zu errechnen, die bei den Versuchen zwischen ungefähr $v = 0{,}15$ m/s (entsprechend $\frac{v \cdot d}{\nu}$ ungefähr 15000) und zwischen ungefähr $v = 6{,}7$ m/s (entsprechend $\frac{v \cdot d}{\nu}$ ungefähr 400000) schwankte. Die Durchmesser der Endrohre an den beiden Meßstellen 1 und 2 waren nicht wesentlich voneinander verschieden ($d_1 = 69{,}89$ mm und $d_2 = 69{,}93$ mm).

Die Versuche zeigen, daß die Strömungsrichtung *a* in der Tat die günstigere ist und einen wesentlich geringeren Reibungsverlust ergibt als die Strömungsrichtung *b*. Bei der Auswertung der Versuche zeigte es sich, daß sich bei Strömung in Richtung *a* ohne erkennbare Ursache Schwankungen des Reibungsverlustes um etwa $\pm\, 1^0/_0$ ergaben; die in Abb. 6 gezeichnete Kurve gibt den Mittelwert. Bei der zylindrisch überlappten Rohrleitung ergaben sich in beiden Durchflußrichtungen nm etwa $\pm 2\%$ verschiedene Reibungsverluste. Eine genaue Besichtigung der Rohrleitung durch nachträgliches Aufschneiden ließ jedoch keine Unsymmetrie erkennen, so daß die Ursache dieser Erscheinung zunächst nicht mit Sicherheit angegeben und nur vermutet werden kann, daß ähnlich wie bei der Fließrichtung *a* für konische Überlappung innerhalb bestimmter Grenzen labile Strömungszustände vorlagen, deren Erforschung und

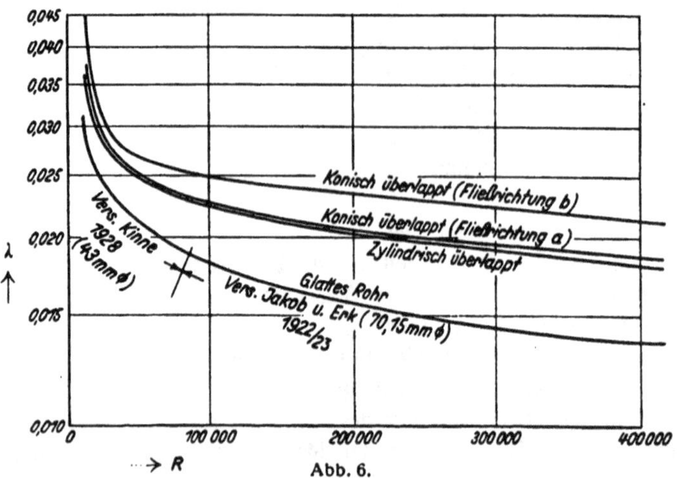

Abb. 6.

Ursache weitere Versuche erfordert. Wenn man das Mittel beider Kurven als gültig annimmt, so ergibt sich, daß das zylindrisch überlappte Rohr besonders bei großen Reynoldsschen Zahlen, wie sie bei Ausführungen von Rohrleitungen in der Praxis die Regel bilden, einen geringeren Reibungswiderstand ergibt als das kegelig überlappte Rohr bei der günstigeren Strömungsrichtung *a*.

Es besteht also im Hinblick auf die Reibungsverluste kein Grund dafür, die in der Ausführung unbequemere Bauart mit kegeliger Überlappung zu wählen oder gar derselben den Vorzug zu geben.

Um Mißverständnissen vorzubeugen, sei an dieser Stelle erklärt, daß die gefundenen Werte selbstverständlich nur für solche Rohre gelten, bei denen die Rohrwandstärke und die Schußlänge in demselben Verhältnis zum lichten Durchmesser stehen wie bei den Versuchsrohren. Es darf aber angenommen werden, daß auch bei geänderten Verhältnissen die zylindrische Überlappung hydraulisch nicht ungünstiger ist als die konische Überlappung bei der günstigeren Durchflußrichtung.

Der Energieverlust in Kniestücken bei glatter und rauher Wandung.

Von **Werner Schubart.**

I. Problemstellung.

Die vorliegende Arbeit ist eine Fortsetzung der Untersuchungen von Kirchbach über den Energieverlust in Kniestücken[1]). Unter Kniestücken hat man dabei diejenigen Elemente von Rohrleitungen zu verstehen, in welchen zwei Rohre in scharfem Winkel — ohne Abrundungen an der Durchdringungslinie — aneinandergefügt sind. Die im ersten Teil der vorliegenden Arbeit gebrachten Versuche wurden wie die Kirchbachschen an Rohren mit glatter Wandung durchgeführt und erstrecken sich auf bisher noch nicht untersuchte Formen und Kombinationen von Kniestücken. Der zweite Teil dagegen, der Versuche an künstlich angerauhten Kniestücken bringt, die zwischen angerauhte Rohre eingefügt waren, soll Aufschluß geben, wie weit der durch Kniestücke hervorgerufene Energieverlust durch die Wandrauhigkeit beeinflußt wird; derartige Untersuchungen sind, soweit dem Verfasser bekannt, bisher nicht unternommen worden; die zahlreichen an rauhen Rohren durchgeführten Versuche erstrecken sich auf gerade Rohrleitungen und dienen der Ermittlung eines Widerstandsgesetzes. Weitere Versuche sollten der Ermittlung des günstigsten Knickstellenabstandes bei aus mehreren Kniestücken gebildeten Formstücken dienen in Fortführung der 2. Versuchsreihe der Kirchbachschen Arbeit. Schließlich soll eine Gegenüberstellung der an glatten und an rauhen Rohren gefundenen Werte gebracht werden.

II. Das Versuchsprogramm.

A. Untersuchungen an Kniestücken bei glatter Wandung.

Da der Widerstandsbeiwert der Kniestücke aus dem Unterschiede der Druckverluste in einer das Kniestück enthaltenden und in einer gleich langen geraden Leitung errechnet wird, mußte zuerst der in den zu einer geraden Leitung zusammengesetzten Rohren entstehende Wandreibungsverlust hw_r festgestellt werden. Die darauffolgenden Versuche mit den Kniestücken lassen sich in folgende Versuchsreihen einteilen:

Versuchsreihe 1.

Richtungsänderung der Rohrachse nur einmal um den Winkel δ, und zwar um

$$\delta = 5^0,\ 10^0,\ 15^0 \text{ (Abb. 1).}$$

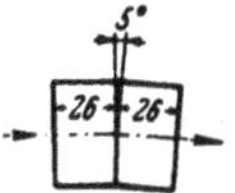

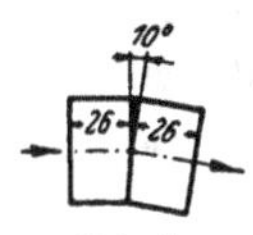

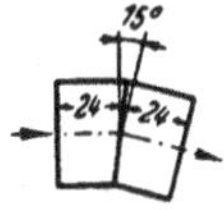

Abb. 1.

Versuchsreihe 2.

Gesamtrichtungsänderung $\Sigma\,\delta$ der Rohrachse durch mehrere (n) hintereinanderfolgende gleich große Einzelrichtungsänderungen, je mit verschiedenen Knickstellenabständen. Unter dem Knick-

[1]) Kirchbach, Verluste in Kniestücken. Vorläufige Mitteilung in Heft 2 der Mitteilungen des Hydraulischen Institutes der Technischen Hochschule München, S. 72/73 bzw. dieses Heft, S. 68.

stellenabstand versteht man dabei den auf der Rohrachse gemessenen Abstand von je zwei in Strömungsrichtung aufeinanderfolgenden Knickstellen, wie Abb. 2 zeigt. Dieser Abstand sei mit a bezeichnet, werde mit Index versehen (z. B. a_{1-2} zwischen Winkel δ_1 und δ_2) und werde als ein Vielfaches des Durchmessers d angegeben.

a) $n = 3$, $\delta_1 = \delta_2 = \delta_3 = 30^0$, $\Sigma\,\delta = 90^0$ (Abb. 3).

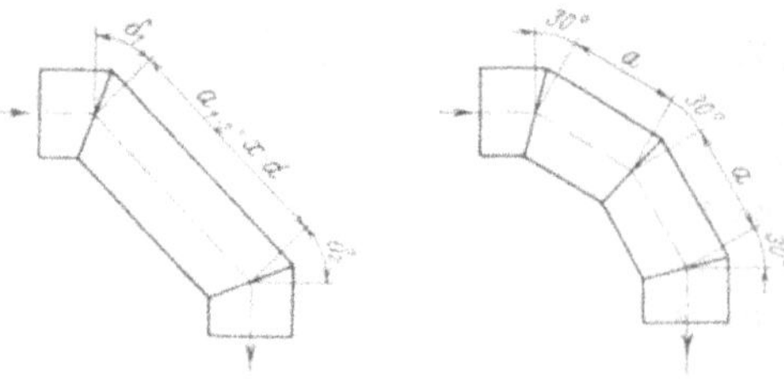

Abb. 2. Abb. 3.

Veränderung des Knickstellenabstandes, und zwar:

$a/d = 1{,}23;\ 1{,}44;\ 1{,}67;\ 1{,}91;\ 2{,}37;\ 2{,}96;\ 4{,}11;\ 4{,}70;\ 6{,}10.$

b) $n = 4$, $\delta_1 = \delta_2 = \delta_3 = \delta_4 = 22{,}5^0$, $\Sigma\,\delta = 90^0$; eine Skizze und eine Photographie des Formstückes zeigen Abb. 4 und 5.

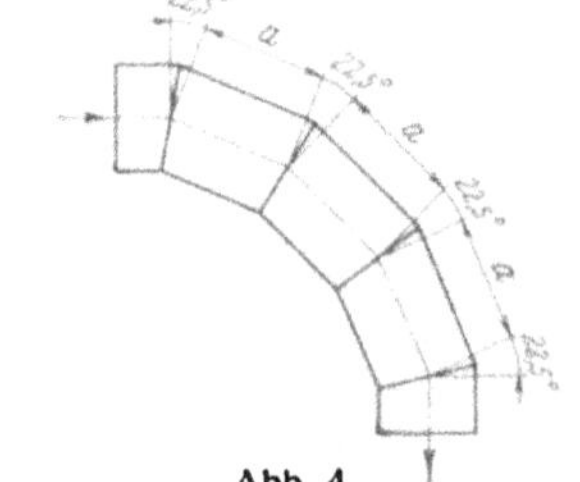

Abb. 4.

Abb. 5.

Veränderung des Knickstellenabstandes, und zwar:

$a/d = 1{,}186;\ 1{,}40;\ 1{,}63;\ 1{,}86;\ 2{,}325;\ 2{,}91;\ 3{,}49;\ 4{,}65;\ 6{,}05.$

In beiden Fällen a) und b) waren dabei bei den jeweiligen Formstücken die Knickstellenabstände unter sich gleich groß,

also $a_{1-2} = a_{2-3} = a$ im Falle a),
bzw. $a_{1-2} = a_{2-3} = a_{3-4} = a$ im Falle b).

Die vorerwähnten kleinsten Knickstellenabstände $a/d = 1{,}23$ bzw. $a/d = 1{,}186$ konnten aus konstruktiven Gründen nicht unterschritten werden.

Versuchsreihe 3.

Untersuchungen über die Nachwirkung eines eingebauten Kniestückes durch Messung des Reibungsverlustes auf einer Rohrstrecke hinter dem Kniestück und Vergleich dieses Verlustes mit dem auf derselben Rohrstrecke bei Vorschaltung einer geraden Leitung ermittelten Reibungsverluste. Eingebaut waren dabei die Einzelkniestücke $\delta = 45^0$ und $\delta = 90^0$, deren Skizzen Abb. 10 zeigt, und die Formstücke 3×30^0 mit Knickstellenabstand $a = 1{,}23\,d$ und $4 \times 22{,}5^0$ mit $a = 1{,}186\,d$.

Diese Versuche hatten sich als nötig erwiesen, da die Werte der Versuchsreihe 2.) kleine Unstimmigkeiten mit den von Kirchbach in der vorläufigen Mitteilung gebrachten Ergebnissen zeigten. Nach Erfahrungen an anderen im Hydraulischen Institut durchgeführten Arbeiten[1]) ließ sich dabei vermuten, daß die von Kirchbach verwandte Meßstelle, die etwa $25\,d$ hinter dem eingebauten Kniestück angeordnet war, für die aus mehreren Kniestücken mit kleinen Ablenkungswinkeln zusammengesetzten Formstücke noch innerhalb des entstehenden Störungsbereiches lag.

[1]) Vgl. **Hofmann**, Neue Untersuchungen über den Druckverlust in Rohrkrümmern. Vorläufige Mitteilung im Heft 2 der Mitteilungen des Hydraulischen Institutes der Technischen Hochschule München, S. 70/71.

Versuchsreihe 4.

Nachprüfung der von Kirchbach in der vorläufigen Mitteilung gebrachten Widerstandsbeiwerte, soweit sie sich aus den vorstehend unter Versuchsreihe 3 erwähnten Gründen als notwendig erwiesen hatte.

a) Richtungsänderung der Rohrachse nur einmal um

$$\delta = 22{,}5^0 \text{ und } \delta = 30^0 \text{ (Abb. 6).}$$

b) Gesamtrichtungsänderung $\Sigma\delta$ durch mehrere (n) hintereinanderfolgende gleich große Einzelrichtungsänderungen.

α) $n = 2$, $\delta_1 = \delta_2 = 22{,}5^0$, $\Sigma\,\delta = 45^0$. Knickstellenabstand $a = 1{,}186\ d$ (Abb. 7).

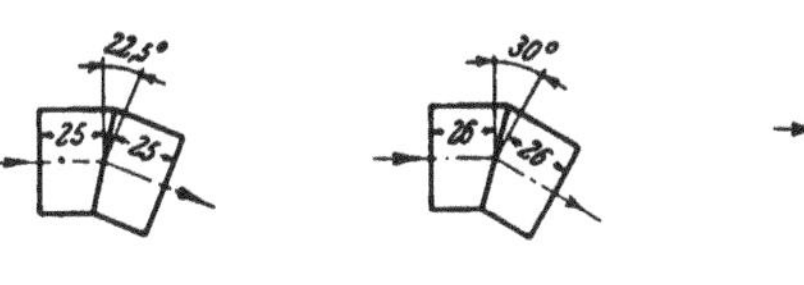

Abb. 6.

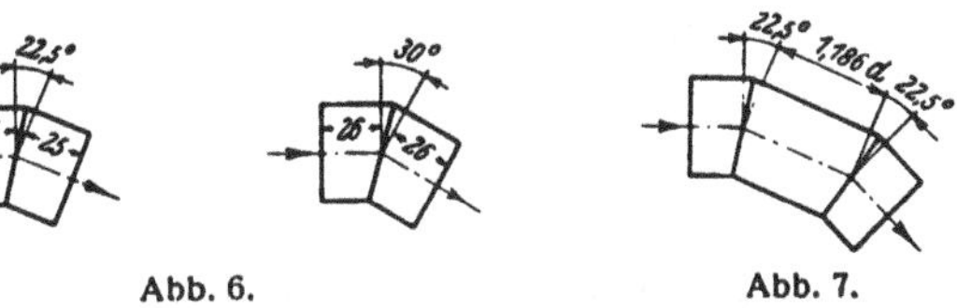

Abb. 7.

β) $n = 3$, $\delta_1 = \delta_2 = \delta_3 = 20^0$, $\Sigma\,\delta = 60^0$, gleiche Knickstellenabstände $a = 1{,}058\ d$ (Abb. 8).

$n = 3$, $\delta_1 = \delta_2 = \delta_3 = 30^0$, $\Sigma\,\delta = 90^0$, gleiche Knickstellenabstände $a = 1{,}23\ d$, siehe Versuchsreihe 2 (Abb. 3).

$n = 3$, $\delta_1 = \delta_2 = \delta_3 = 30^0$, $\Sigma\,\delta = 90^0$. Die Knickstellenabstände sind unter sich nicht gleich groß, a_{1-2} und a_{2-3} gemäß Abb. 9.

γ) $n = 4$, $\delta_1 = \delta_2 = \delta_3 = \delta_4 = 22{,}5^0$, $\Sigma\,\delta = 90^0$, gleiche Knickstellenabstände $a = 1{,}186 d$, siehe Versuchsreihe 2 (Abb. 4).

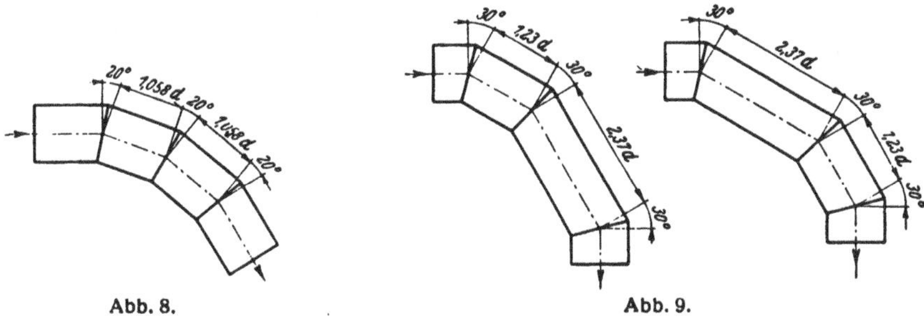

Abb. 8. Abb. 9.

B. Untersuchungen an Kniestücken bei rauher Wandung.

Auch hier wurde zunächst der Wandreibungsverlust hw_r festgelegt. In den folgenden Versuchsreihen wurden sowohl die unter II A angegebenen wie auch alle seinerzeit von Kirchbach behandelten Zusammenstellungen an angerauhten Rohren untersucht.

Versuchsreihe 5.

Richtungsänderung der Rohrachse nur einmal um

$$\delta = 5^0,\ 10^0,\ 15^0,\ 22{,}5^0,\ 30^0,\ 45^0,\ 60^0,\ 90^0 \text{ (Abb. 1, 6 und 10).}$$

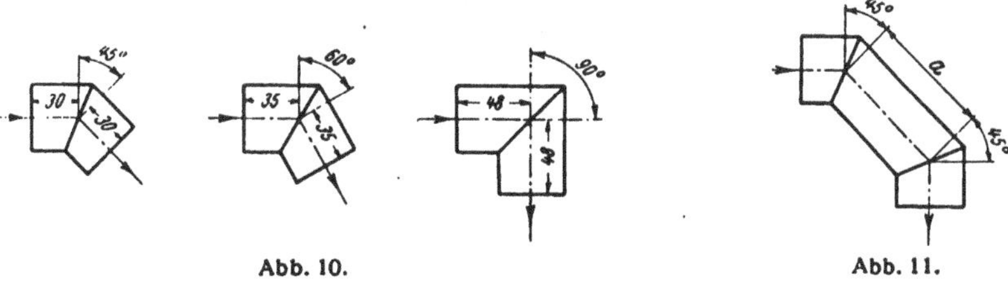

Abb. 10. Abb. 11.

Versuchsreihe 6.

Gesamtrichtungsänderung $\Sigma\delta$ durch mehrere (n) hintereinanderfolgende gleich große Einzelrichtungsänderungen.

a) $n = 2$, $\delta_1 = \delta_2 = 45^0$, $\Sigma\delta = 90^0$ (Abb. 11).

Veränderung des Knickstellenabstandes in folgender Weise:

a/d = 0,71; 0,943; 1,174; 1,42; 1,86; 2,56; 3,14; 3,72; 4,89; 5,59; 6,28.

b) $n = 3$, $\delta_1 = \delta_2 = \delta_3 = 30^0$, $\Sigma\delta = 90^0$ (Abb. 3). Veränderung des Knickstellenabstandes wie bei Versuchsreihe 2a.

c) $n = 4$, $\delta_1 = \delta_2 = \delta_3 = \delta_4 = 22{,}5^0$, $\Sigma\delta = 90^0$ (Abb. 4). Veränderung des Knickstellenabstandes wie bei Versuchsreihe 2b.

In den Fällen b) und c) waren dabei die Knickstellenabstände bei dem jeweiligen Formstück wieder unter sich gleich groß.

d) $n = 3$, $\delta_1 = \delta_2 = \delta_3 = 20^0$, $\Sigma\delta = 60^0$ (Abb. 8), gleiche Knickstellenabstände $a = 1{,}058d$.

e) $n = 3$, $\delta_1 = \delta_2 = \delta_3 = 30^0$, $\Sigma\delta = 90^0$. Die Knickstellenabstände sind unter sich nicht gleich groß, a_{1-2} und a_{2-3} gemäß Abb. 9.

f) $n = 2$, $\delta_1 = \delta_2 = 22{,}5^0$, $\Sigma\delta = 45^0$ (Abb. 7), gleiche Knickstellenabstände $a = 1{,}186\,d$.

g) $n = 2$, $\delta_1 = \delta_2 = 30^0$, $\Sigma\delta = 60^0$. Veränderung des Knickstellenabstandes in der aus Skizze Abb. 12 ersichtlichen Weise.

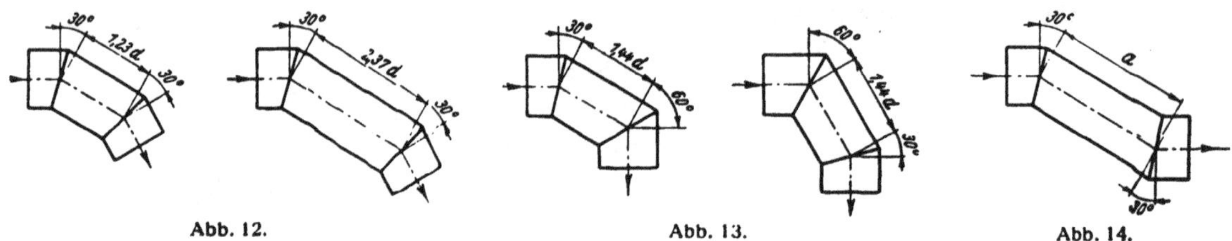

Abb. 12. Abb. 13. Abb. 14.

Versuchsreihe 7.

Gesamtrichtungsänderung $\Sigma\delta$ durch zwei hintereinanderfolgende verschieden große Einzelrichtungsänderungen der Rohrachse bei gleichbleibendem Knickstellenabstande gemäß Abb. 13.

Während bei allen vorstehenden Formstücken gleichsinnige Richtungsänderung vorhanden war, betrifft

Versuchsreihe 8

zwei hintereinanderfolgende gleich große Einzelrichtungsänderungen der Rohrachse bei gegensinniger Ablenkung:

$$\delta_1 = \delta_2 = 30^0, \quad \Sigma\delta = 0^0 \text{ (Abb. 14).}$$

Veränderung des Knickstellenabstandes, und zwar

a/d = 1,23; 1,67; 2,37; 3,77.

III. Die Versuchseinrichtung.

Für alle Versuche wurde die Kirchbachsche Versuchseinrichtung verwandt, auf die hier nur in großen Zügen eingegangen werden soll. Nur die vorgenommenen Veränderungen sollen näher erörtert werden. Die Gesamtanordnung ist aus Abb. 15 zu ersehen.

Die Versuche wurden mit Wasser durchgeführt, dessen kinematische Zähigkeit bei einer mittleren Temperatur von 15^0 C $\nu = 0{,}114 \cdot 10^{-5}$ m²/s betrug. Die Rohrleitung, aus kalibrierten, gezogenen Messingrohren mit einem lichten Durchmesser $d = 43$ mm bestehend, konnte sowohl durch Absperrschieber für kleine Wassergeschwindigkeiten an einen Zwischenbehälter, als für große Geschwindigkeiten bis 7 m/s an den Hochbehälter des Institutes angeschlossen werden. Die Überfallkanten der Behälter befanden sich 2 m bzw. 17 m über der Rohrachse.

Die Herstellung der Versuchskörper, für deren Material Rotguß gewählt worden war, um Veränderungen der Wandrauhigkeit durch Rosten zu vermeiden, hat Kirchbach in seiner Arbeit genau beschrieben. Die neu beschafften Kniestücke mit $\delta = 5^0$, 10^0, 15^0 wurden ebenfalls in der von Kirchbach angegebenen Weise angefertigt. Auch hier erstrecken sich alle Versuche nur auf die Richtungsänderung in einer Ebene. Die Messung der durch die Rohrleitung fließenden Wassermenge wurde im Kellergeschoß mittels Dezimalwaage, auf die ein Meßtank gestellt war, und Bandchronographen durchgeführt.

Für die Druckmessung waren drei Meßstellen längs der Rohre angeordnet, und zwar Meßstelle I am geraden Rohre kurz vor dem eingebauten Kniestück, . die Meßstellen *II* und *III* am geraden Rohre hinter dem Kniestück (Abb. 15). Die Entfernung zwischen den Meßanschlüssen *II*

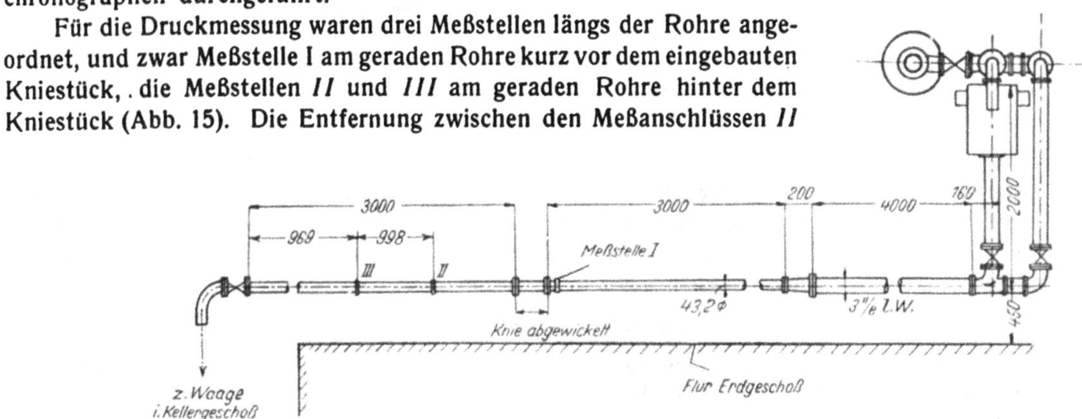

Abb. 15.

und *III* betrug 0,998 m = 23,2 *d*, die Entfernung *I—II* veränderte sich je nach der Baulänge des eingesetzten Knie- bzw. Formstückes. In jedem Falle aber lag Meßanschluß *I* 49 mm vor dem Eintrittsflansch des jeweiligen Versuchskörpers, Meßanschluß *II* 1052 mm hinter dessen Austrittsflansch. Die auf der Achse der einzelnen Versuchskörper zwischen Eintritts- und Austrittsflansch gemessenen Längen können aus den Skizzen Abb. 1 bis Abb. 14 bzw. aus den zugehörigen Tabellen entnommen werden.

Bei kleinen Wassergeschwindigkeiten bis $v = 2{,}4$ m/s wurde der Druckhöhenunterschied an 2 m langen, oben offenen Glasröhren gemessen, die Meßrohranschlüsse waren nach den Erfahrungen von Vogel[1]) ausgeführt; als Schwimmkörper wurden die gleichen wie bei den Kirchbachschen Versuchen angewandt[2]). Bei hohen Wassergeschwindigkeiten, $v = 2{,}5$ m/s bis 7 m/s, wurden die Meßröhren durch ein Differenzialquecksilbermanometer ersetzt, wie es Mueller in seiner Arbeit[3]) näher beschrieben hat, nur wurden statt der Drosselhähne als Dämpfungsglieder Kapillarröhrchen von 1 mm lichtem Durchmesser verwandt. Durch Umschalthähne konnten mittels Schlauchleitungen alle drei Meßanschlüsse auf das Manometer geschaltet werden. Die Versuchsanordnung blieb die gleiche für die Versuche mit glatten wie mit rauhen Kniestücken und Rohren.

Bei den Versuchen mit angerauhten Knie- und Formstücken wurden auch die beiden 3 m langen Zu- und Ablaufrohre in gleicher Weise angerauht; zum Anrauhen diente eine sanddurchsetzte Emaillackfarbe, wie sie Hofmann bei seinen Versuchen verwandte und in seiner Arbeit

---

[1]) Vgl. Vogel, Untersuchungen über den Verlust in rechtwinkligen Rohrverzweigungen, Mitteilungen des Hydraulischen Institutes der Technischen Hochschule München, Heft 1, S. 77.

[2]) Kirchbach, dieses Heft, S. 77.

[3]) Mueller, Beeinflussung der Anzeige von Venturimessern durch vorgeschaltete Krümmer, Mitteilungen des Hydraulischen Instituts der Technischen Hochschule München, Heft 2, S. 32, 33.

beschrieben hat[1]). Die Farbe wurde durch ein Sieb in die vertikal aufgehängten, am unteren Ende zugeflanschten Versuchsrohre bis zum oberen Rande eingefüllt. Dann wurden die Flanschen entfernt und die herauslaufende Farbe in einem Gefäße aufgefangen. Die Rohre ließ man in vertikaler Lage hängend gut trocknen. Die auf diese Art erzielte Rauhigkeit kann als homogen angesehen werden, man vergleiche dazu die photographischen Aufnahmen in der Hofmannschen Arbeit. In gleicher Weise wie die 3 m langen Versuchsrohre wurden auch die einzelnen Versuchskörper angerauht; nur mußten während des Auslaufens der Farbe aus den Kniestücken diese selbst sorgfältig geschwenkt werden, um ein gleichmäßiges Austropfen und damit eine homogene Rauhigkeit zu erhalten. Der Vorteil der künstlichen Anrauhung mit einer sanddurchsetzten Farbe liegt darin, daß eine solche Rauhigkeit jederzeit durch Aufweichen in Rohöl leicht entfernt und in gleicher Beschaffenheit wieder hergestellt werden kann.

IV. Die Durchführung der Versuche.

Der Widerstandsbeiwert ζ, der den Energieverlust in einem Kniestücke kennzeichnet, ist definiert durch die Gleichung

$$\zeta = \frac{h w_{\text{Knie}}}{v^2/2\,g}\,.$$

Dabei ist v die mittlere Wassergeschwindigkeit und hw_{Knie} definiert als Differenz des Gesamtdruckhöhenunterschiedes, gemessen an zwei Meßstellen vor und hinter dem eingebauten Kniestück, und des Reibungsverlustes hw_r in einem geraden Rohre auf einer Strecke gleich der auf der Rohrachse gemessenen Entfernung zwischen jenen beiden Meßstellen, also:

$$h w_{\text{Knie}} = h w_{\text{ges}} - h w_r.$$

Als für die Ermittlung von ζ maßgebende Meßstellen wurden die Meßanschlüsse *I* und *III* gewählt. Meßstelle *III* lag je nach der Baulänge des eingesetzten Knie- bzw. Formstückes 48 *d* bis 67 *d* hinter der Knickstelle des Versuchskörpers und darf als außerhalb des Störungsbereiches liegend angesehen werden. Die Meßstelle *III* noch weiter abzurücken war nicht empfehlenswert, weil sich dann — besonders bei kleinen Winkeln δ — hw_{Knie} als Unterschied zweier zu großer Werte nicht genau genug hätte bestimmen lassen.

A. Untersuchungen an Kniestücken bei glatter Wandung.

a) Ermittlung des Wandreibungsverlustes hw_r.

Die Rohre wurden zu einer geraden Leitung zusammengebaut, die Entfernung zwischen den maßgebenden Meßstellen *I* und *III* wurde durch Einbau gerader, verschieden langer Zwischenstücke verändert. Aus dem zwischen den Meßstellen *I* und *III* gemessenen Druckunterschied, also hw_{r1-3}, und der jeweiligen Entfernung dieser Meßstellen L_{1-3} ergab sich der Reibungsverlust pro m durchströmter Rohrstrecke zu

$$J_{1-3} = \frac{h w_{r1-3}}{L_{1-3}}\,.$$

Die untere Kurve der Abb. 16 zeigt die J-Werte abhängig von der mittleren Wassergeschwindigkeit v bei zwei verschieden großen Meßstreckenlängen L_{1-3}. Die sehr geringe Abweichung der Meßpunkte voneinander rechtfertigt die Festlegung einer Kurve $J = f(v)$ für alle Verhältnisse, d. h. unabhängig von der Länge des eingebauten Zwischenstückes. Für die Ermittlung von hw_r bei den Versuchen mit Kniestücken war also der zu der betreffenden Wassergeschwindigkeit gehörige Wert von J aus der Kurve Abb. 16 abzugreifen und mit der — bei den einzelnen Versuchen verschiedenen — auf der Rohrachse gemessenen Entfernung der Meßstellen *I* und *III* zu multiplizieren.

---

[1]) Hofmann, Der Druckverlust in 90°-Rohrkrümmern. Dieses Heft S. 45.

b) Ermittlung der Widerstandsbeiwerte ζ.

Der Gesamtverlust hw_{ges} zwischen den Meßstellen *I* und *III* wurde bei jedem Kniestück für 7 bis 11 verschiedene Strömungsgeschwindigkeiten gemessen. Die Widerstandsbeiwerte wurden in Abhängigkeit von der Reynoldsschen Zahl $R = \frac{v \cdot d}{\nu}$ aufgetragen, wobei der genaue mittlere Durchmesser der glatten Rohre $d_{glatt} = 42{,}91$ mm zugrunde gelegt wurde (vgl. Abschnitt IV B, S. 128).

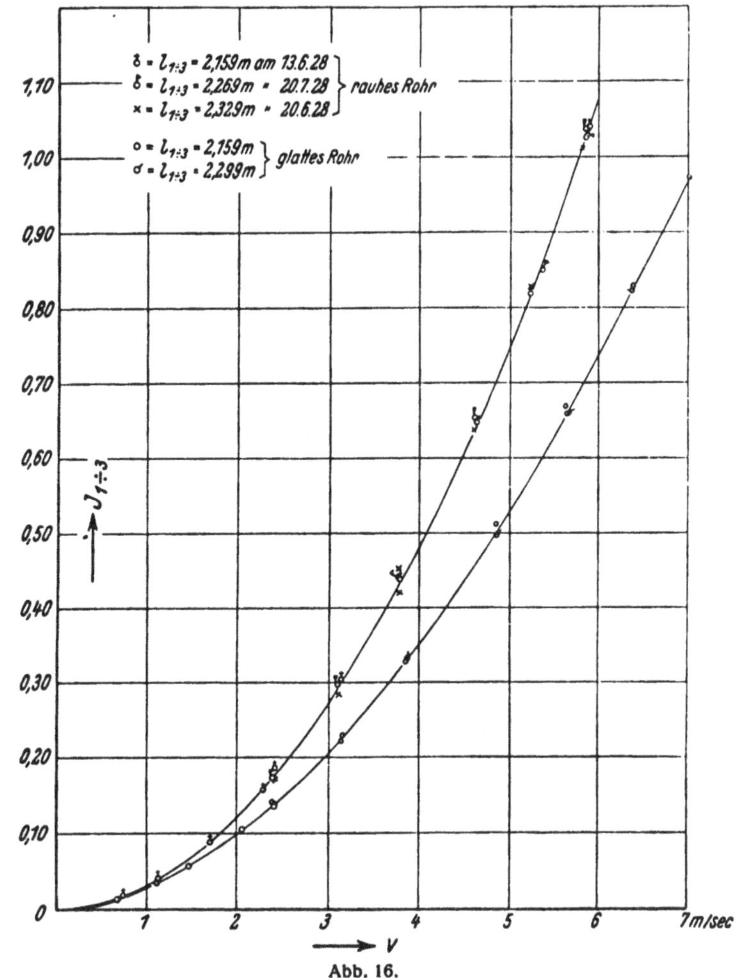

Abb. 16.

c) Untersuchungen über die Nachwirkung eines Kniestücks.

Wie schon unter Abschnitt II gesagt wurde, hat die Versuchsreihe 3 den Zweck, festzustellen, ob die Meßstelle *II* (von Kirchbach Meßstelle *V* genannt und von ihm ausschließlich zur Ermittlung seiner Widerstandsbeiwerte verwandt) noch innerhalb des Störungsbereiches lag. Durch das zwischen die Meßstellen *II* und *III* eingeschaltete Differentialmanometer wurde für jeweils etwa 7 verschiedene Wassergeschwindigkeiten der Druckunterschied gemessen, der sich beim Einbau verschiedener Knie- und Formstücke bzw. bei Vorschaltung nur der geraden Rohrstrecke einstellte.

Da diese Untersuchung für Beurteilung aller folgenden Ergebnisse dieser Arbeit und für einen Vergleich der erhaltenen Werte mit den Kirchbachschen Werten von grundlegender Bedeutung ist, soll das Ergebnis bereits hier gebracht werden.

Kniestücke mit den Ablenkungswinkeln $\delta = 45^0$ und $\delta = 90^0$ bewirkten keine Veränderung des Druckverlustes auf der Strecke *II—III* im Vergleich zu dem bei Vorschaltung nur einer geraden Leitung entstehenden Verluste. Dieselbe Feststellung hatte Kirchbach bei seinen Vorversuchen bei $\delta = 90^0$ gemacht; die Versuche wurden nunmehr aber auch mit Formstücken mit 3×30^0 und $4 \times 22{,}5^0$ Ablenkung gemacht; überraschenderweise trat hier eine zwar nur geringe, aber noch deutlich merkbare Nachwirkung auf der Strecke *II—III* auf: der Verlust war größer als bei Vorschaltung nur einer geraden Strecke, und zwar bei kleinen Geschwindigkeiten bis etwa 3 m/s um 0,020 bis 0,025 der Geschwindigkeitshöhe $\frac{v^2}{2g}$, bei größeren Geschwindigkeiten, $v = 5$ bis 7 m/s, um 0,005 bis 0,009 der Geschwindigkeitshöhe.

Die von Kirchbach gemachte, an sich sehr naheliegende Annahme, daß die festgestellte Abwesenheit der Nachwirkung bei $\delta = 90^0$ auch deren Abwesenheit bei sanfterer Ablenkung sicherstelle, hat sich also als unzutreffend herausgestellt. Die Werte, die Kirchbach gefunden und auch in seiner vorläufigen Mitteilung angegeben hat, sind deswegen teilweise etwas zu niedrig. Ein Vergleich dieser Kirchbachschen ζ-Werte mit den ζ-Werten, die Hofmann bei seinen Untersuchungen über Rohrkrümmer bei entsprechendem Verhältnis r/d gefunden hat, legte übrigens diese Vermutung schon vor der Ausführung der Versuche recht nahe. Allgemein gilt also, daß für allmähliche und kleine Richtungsänderungen der Rohrachse die Meßstelle erst in etwa $50\,d$ Entfernung hinter dem Knie- bzw. Formstück angeordnet werden darf. Dies stimmt auch mit den von Hofmann gemachten Erfahrungen überein.

B. Untersuchungen an Kniestücken bei rauher Wandung.

a) Ermittlung des Wandreibungsverlustes hw_r.

Die Untersuchungen wurden wie bei A durchgeführt, nur wurden zwischen Anlauf- und Ablaufrohr diesmal drei verschieden lange gerade Zwischenstücke eingeschaltet. Es ergaben sich für die Meßstrecke I—III also drei verschiedene Längen, nämlich

$$L_{1-3} = 2{,}159 \text{ m}$$
$$L_{1-3} = 2{,}269 \text{ m}$$
$$L_{1-3} = 2{,}329 \text{ m}$$

Die obere Kurve der Abb. 16 zeigt den Reibungsverlust pro 1 m durchströmte Rohrstrecke, also

$$J = \frac{h\,w_{r\,1-3}}{L_{1-3}}$$

in Abhängigkeit von der Wassergeschwindigkeit für rauhe Rohre. Aus den eingezeichneten Meßpunkten läßt sich die Abweichung von einer mittleren J-Kurve bei den verschiedenen Meßstreckenlängen L_{1-3} erkennen. Errechnet man nun für die Punkte jeder einzelnen Meßstreckenlänge die mittlere Konstante nach der Gleichung

$$J_{1-3} = C \cdot v^m, \text{ also } C = \frac{J_{1-3}}{v^m},$$

wobei sich der Exponent m zu 1,977 aus der Auftragung im logarithmischen Maßstabe bestimmen ließ, so ergeben sich für die drei Konstanten folgende Werte:

$$C_1 = 0{,}0312$$
$$C_2 = 0{,}0312$$
$$C_3 = 0{,}0310$$

Der Mittelwert der drei Konstanten ist somit 0,03113, die größte Abweichung von diesem Mittelwert demnach

$$\frac{0{,}00013 \cdot 100}{0{,}03113} = 0{,}42\,\%.$$

Da eine systematische Abhängigkeit der Konstanten von der Länge des Zwischenstückes nicht zu erkennen ist, anderseits die Abweichung selbst innerhalb des Genauigkeitsgrades der Messungen liegt, wurde für die Reibungsverluste die in Abb. 16 angegebene mittlere J-Kurve zugrunde gelegt.

Überdies wurden aus den entsprechenden J-Werten für glatte und rauhe Rohre auch die λ-Werte errechnet und in Abhängigkeit von der Reynoldschen Zahl $R = \frac{v \cdot d}{\nu}$ aufgetragen (Abb. 17). λ ist dabei aus der Gleichung definiert:

$$\lambda = \frac{J \cdot d}{v^2/2\,g}.$$

Der mittlere Durchmesser der Versuchsrohre wurde durch sorgfältige volumetrische Messung erhalten; für glatte Rohre ergab sich d_{glatt} zu 42,91 mm, während der durch die Farbschicht verkleinerte Durchmesser der rauhen Rohre zu $d_{\text{rauh}} = 42{,}43$ mm bestimmt wurde.

b) Ermittlung der Widerstandsbeiwerte ζ.

Es wurde wie bei den Untersuchungen an glatten Rohren vorgegangen (vgl. Abschnitt IV A b).

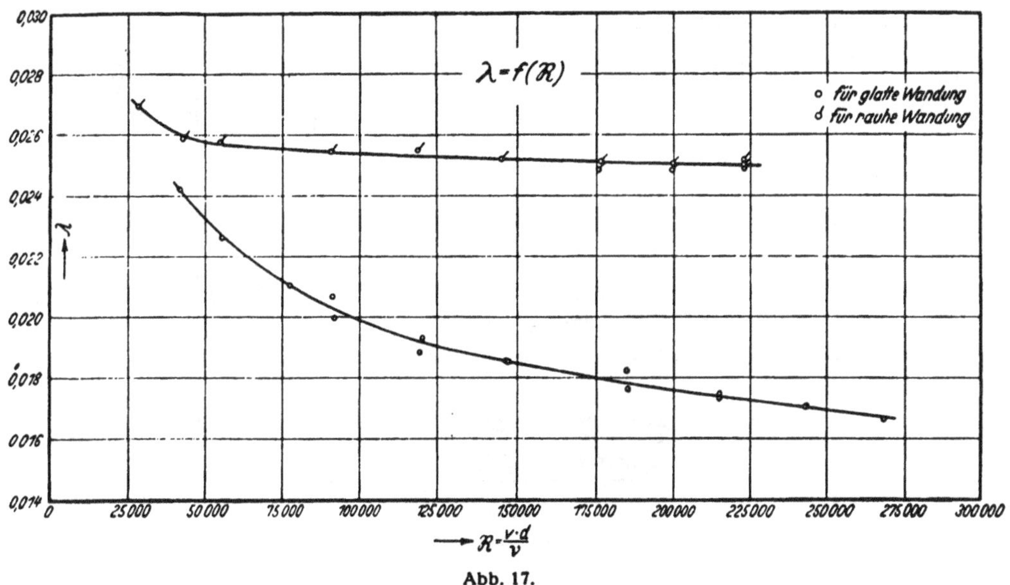

Abb. 17.

V. Fehlerquellen.

Kirchbach führt in seiner Arbeit drei hauptsächlich mögliche Fehlerquellen an, die im wesentlichen auch für unsere Versuche in Betracht kommen:

1. Fehler durch Durchmesserabweichungen an den Meßstellen,
2. Fehler durch Veränderungen der Wandbeschaffenheit,
3. Fehler durch mangelnde Herstellungsgenauigkeit der Versuchskörper.

Zu 1. Man vergleiche die Ausführungen Kirchbachs in Abschnitt VI seiner Arbeit!

Zu 2. Wiederholte Nachmessungen der Verluste in den geraden Leitungen ergaben stets dieselben Werte; eine merkliche Änderung der Wandbeschaffenheit konnte also nicht ermittelt werden, auch nicht bei den rauhen Rohren, bei denen die besonders sorgfältig durchgeführten Nachmessungen sich auf 5 Wochen erstreckten.

Zu 3. Ungenauigkeiten in der Herstellung der Versuchskörper wirken sich am meisten auf die Kniestücke mit einem Ablenkungswinkel von $\delta = 22{,}5^0$ aus. Bei drei untersuchten Kniestücken von je $\delta = 22{,}5^0$ ergibt sich dabei vom Mittelwert eine größte Abweichung von 3% vom Mittelwert.

VI. Versuchsergebnisse.

A. Untersuchnngen an Kniestücken bei glatter Wandung.

Fast alle ζ-Kurven zeigen das bereits von Kirchbach gefundene Verhalten, nämlich hohe Widerstandsbeiwerte bei niedrigen Reynoldsschen Zahlen, Auftreten eines Zwischenmaximums und Abfallen bei steigender Reynoldsscher Zahl.

Versuchsreihe 1.

Richtungsänderung der Rohrachse nur einmal um den Winkel δ. Veränderung von δ. Die Kurven für $\delta = 5^0, 10^0, 15^0$ zeigt Abb. 18. Wie das Ergebnis der Versuchsreihe 3 zeigte, liegen für kleine Winkel $\delta \leqq 30^0$ die von Kirchbach in der vorläufigen Mitteilung gebrachten Widerstandsbeiwerte zu tief. Die mit den hier gefundenen Werten ergänzte Kirchbachsche Kurve für Knie-

stücke mit glatter Wandung ist in Abb. 25 für $v = 6$ m/s, $R = 225800$ mit eingezeichnet. **Aus den Ergebnissen folgt,** daß für kleine Richtungsänderungen der Rohrachse bis $\delta = 20^0$ der Widerstandsbeiwert ζ sich ungefähr proportional dem Winkel erhöht.

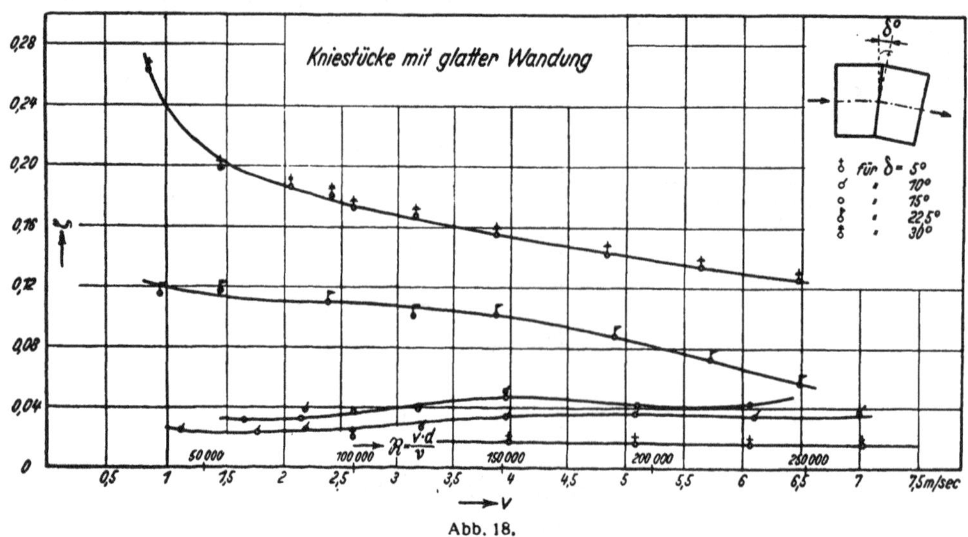

Abb. 18.

Versuchsreihe 2.

Gesamtrichtungsänderung $\Sigma\delta$ der Rohrachse durch mehrere (n) hintereinanderfolgende gleich große Einzelrichtungsänderungen. Veränderung des Knickstellenabstandes.

ζ ist hier der Widerstandsbeiwert für das ganze, durch Aneinanderreihen mehrerer Kniestücke gebildete Formstück.

a) $n = 3$, $\delta_1 = \delta_2 = \delta_3 = 30^0$.

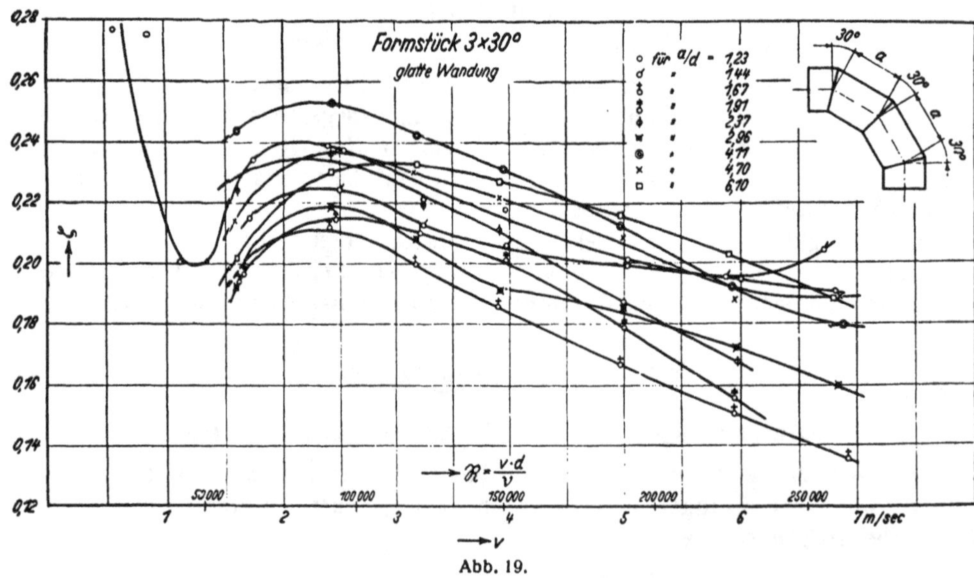

Abb. 19.

Abb. 19 zeigt die starke Abhängigkeit des ζ von der Größe des Knickstellenabstandes. Ein deutlicher günstigster Knickstellenabstand a_{optimum} ergibt sich nach Abb. 20, in der die Widerstandsbeiwerte ζ abhängig von a/d für zwei Geschwindigkeiten aufgetragen sind. Das Optimum liegt für alle Geschwindigkeiten bei $a = 1{,}7\,d$.

b) $n = 4,\ \delta_1 = \delta_2 = \delta_3 = \delta_4 = 22{,}5^0$.

Auch hier gilt das unter a) Gesagte, wie Abb. 21 zeigt. Aus Abb. 22 ist ein $a_{\text{optimum}} = 2{,}4\,\delta$ zu entnehmen bei $R = 225800$ entsprechend $v = 6$ m/s. Bei $R = 112900$ ($v = 3$ m/s) ergibt sich ein günstigster Knickstellenabstand zwar nicht so klar, doch liegen auch hier bei $a = 2{,}4\,d$ immerhin günstige Verhältnisse vor.

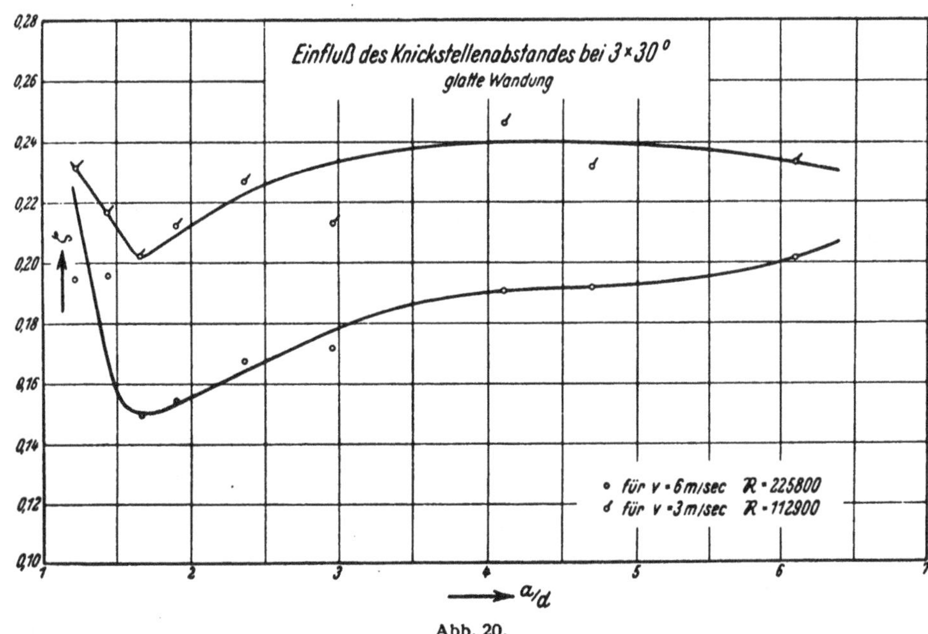

Abb. 20.

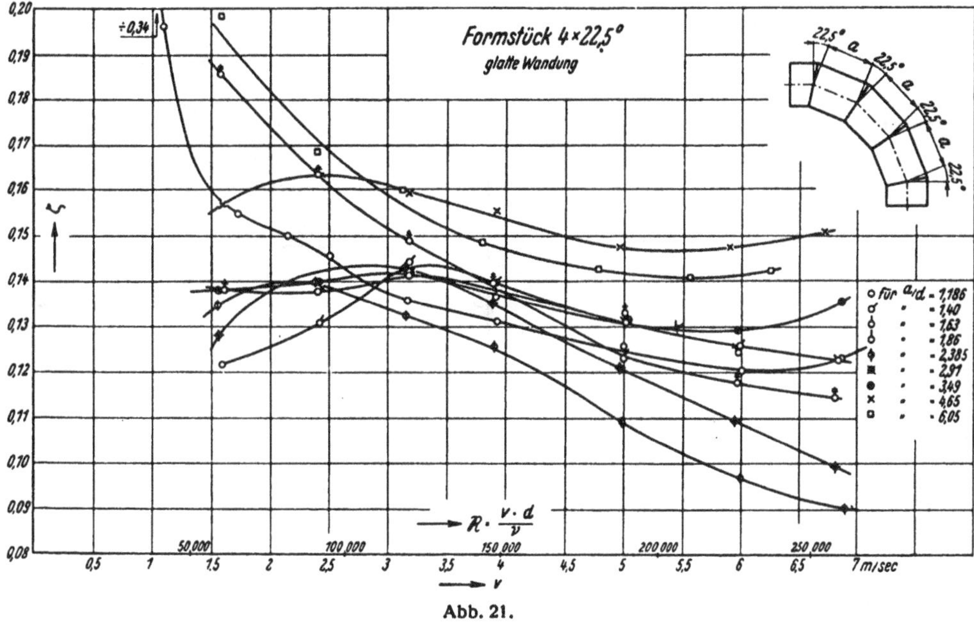

Abb. 21.

Versuchsreihe 3.

Das Ergebnis wurde bereits auf Seite 127, Abschnitt IV A c mitgeteilt.

Versuchsreihe 4.

Nachprüfung der von Kirchbach in der vorläufigen Mitteilung gebrachten Widerstandsbeiwerte für kleine und sanfte Ablenkung der Rohrachse.

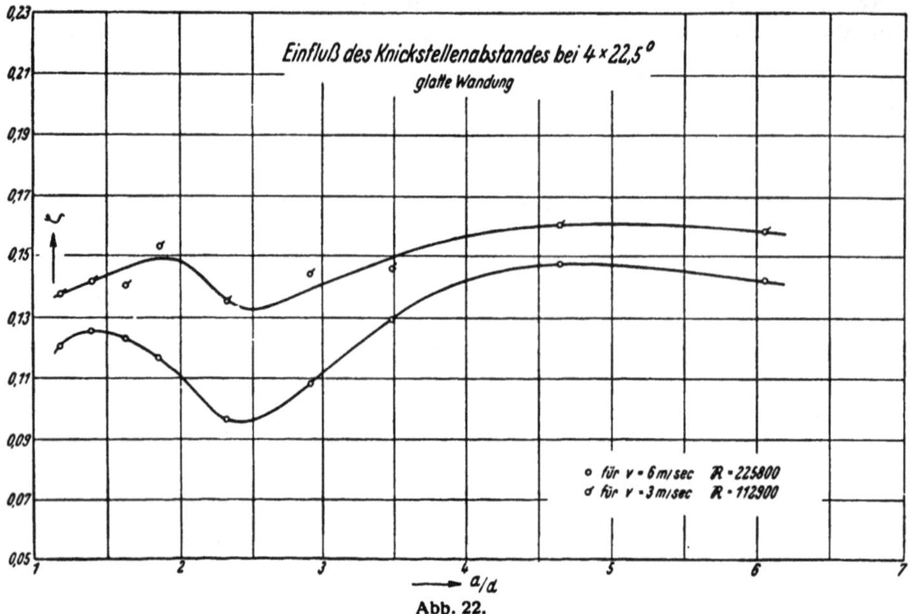

Abb. 22.

a) Richtungsänderung der Rohrachse nur einmal um $\delta = 22{,}5^0$ und $\delta = 30^0$.

Abb. 18 zeigt die Widerstandsbeiwerte ζ abhängig von der Reynoldsschen Zahl bei $\delta =$ const., Abb. 25 abhängig vom Ablenkungswinkel δ bei $v =$ const. aufgetragen.

b) Gesamtrichtungsänderung $\Sigma\delta$ der Rohrachse durch mehrere (n) hintereinanderfolgende gleich große Einzelrichtungsänderungen[1]).

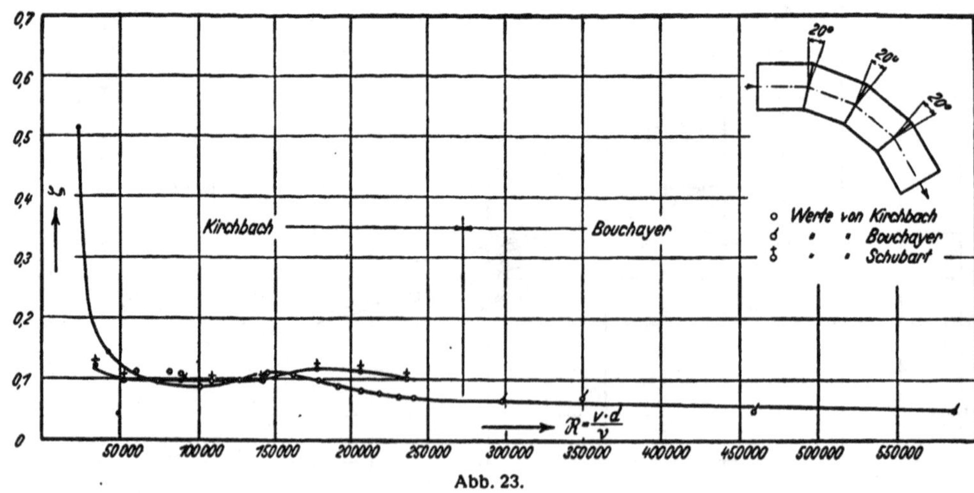

Abb. 23.

α) $n = 2$, $\delta_1 = \delta_2 = 22{,}5^0$, $\Sigma\delta = 45^0$.

Das Ergebnis für hohe Geschwindigkeiten ($v \sim 6$ m/s, $R \sim 225000$) zeigt die Zusammenstellung auf Tafel 49.

β) $n = 3$, $\delta_1 = \delta_2 = \delta_3 = 20^0$, $\Sigma\delta = 60^0$.

---

[1]) Siehe auch Kirchbach, dieses Heft, S. 84.

Dieses Formstück ist, wie Kirchbach auf S. 96 seiner Arbeit berichtet, einem bereits von Bouchayer untersuchten Formstück modellähnlich nachgebildet. Abb. 23 bringt sowohl die von Bouchayer bzw. Kirchbach als auch die vom Verfasser gefundenen Widerstandsbeiwerte abhängig von der Reynoldsschen Zahl. Aus den vorstehend auf S. 122 bzw. 127 erwähnten Gründen liegen die neuerdings gefundenen Werte höher.

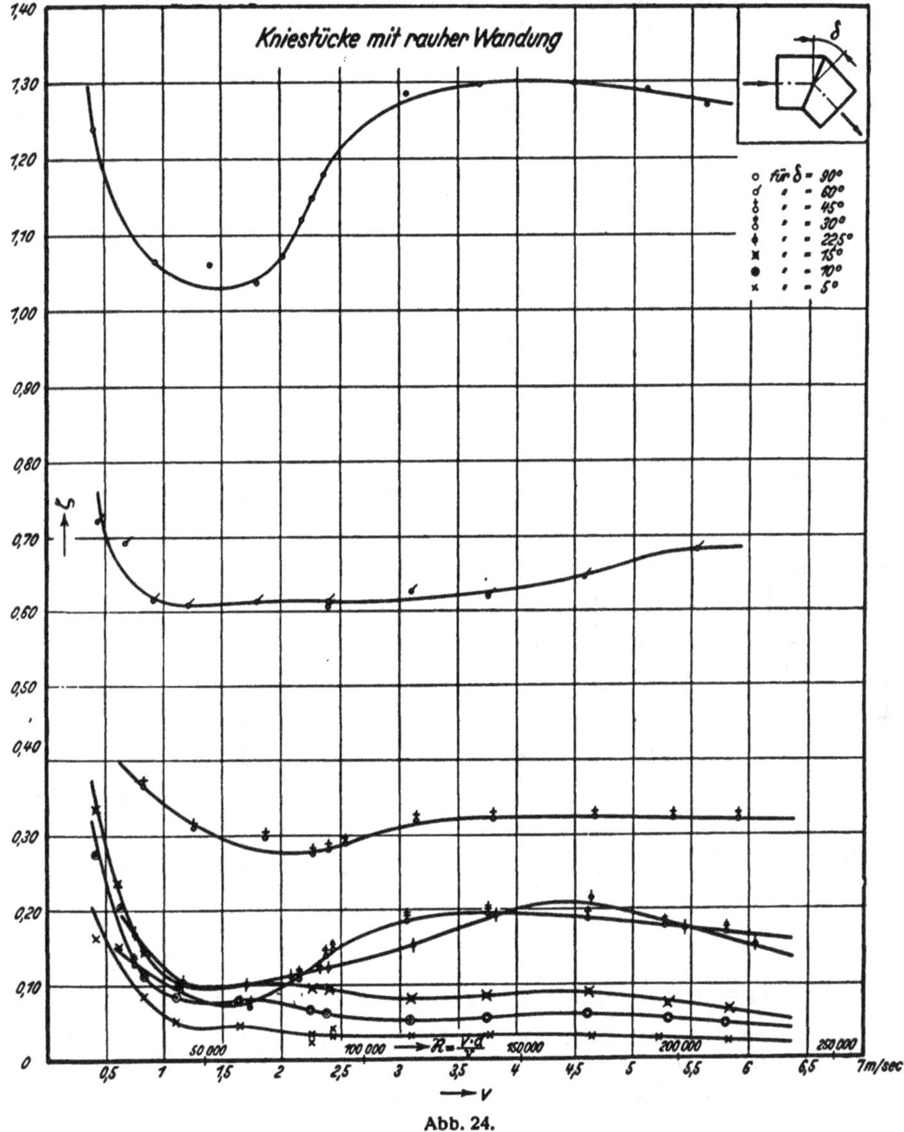

Abb. 24.

$$n = 3,\ \delta_1 = \delta_2 = \delta_3 = 30^0,\ \Sigma\,\delta = 90^0,\ a = \text{const.} = 1{,}23\,d.$$

Die sich ergebende Kurve ist auf Abb. 19 miteingezeichnet.

$$n = 3,\ \delta_1 = \delta_2 = \delta_3 = 30^0,\ \Sigma\,\delta = 90^0.$$

Die Knickstellenabstände sind unter sich nicht gleich groß. Die Werte für hohe Geschwindigkeiten bringt Tafel 49.

γ) $n = 4,\ \delta_1 = \delta_2 = \delta_3 = \delta_4 = 22{,}5^0,\ \Sigma\,\delta = 90^0,\ a = \text{const.} = 1{,}186\,d.$

Die sich ergebende Kurve ist auf Abb. 21 miteingezeichnet.

Vergleicht man folgende Kurven miteinander:

Abb. 18 für einmalige,
Kirchbach, Abb. 44, für zweimalige,
Abb. 21 für viermalige
} Ablenkung um je $\delta = 22{,}5^0$ bei gleichem Knickstellenabstande $a = 1{,}186\,d$,

so sieht man wieder, wie schon Kirchbach für das 30°-Kniestück zeigte[1]), daß für eine bestimmte Reynoldssche Zahl der Gesamtwiderstandsbeiwert ζ_{ges} eines Formstückes, daß aus n gleichen und in gleichen Abständen hintereinanderfolgenden Kniestücken gebildet ist, stets kleiner ist als die Summe der Widerstandsbeiwerte der einzelnen Kniestücke, solange die Größe des Knickstellenabstandes innerhalb bestimmter Grenzen bleibt.

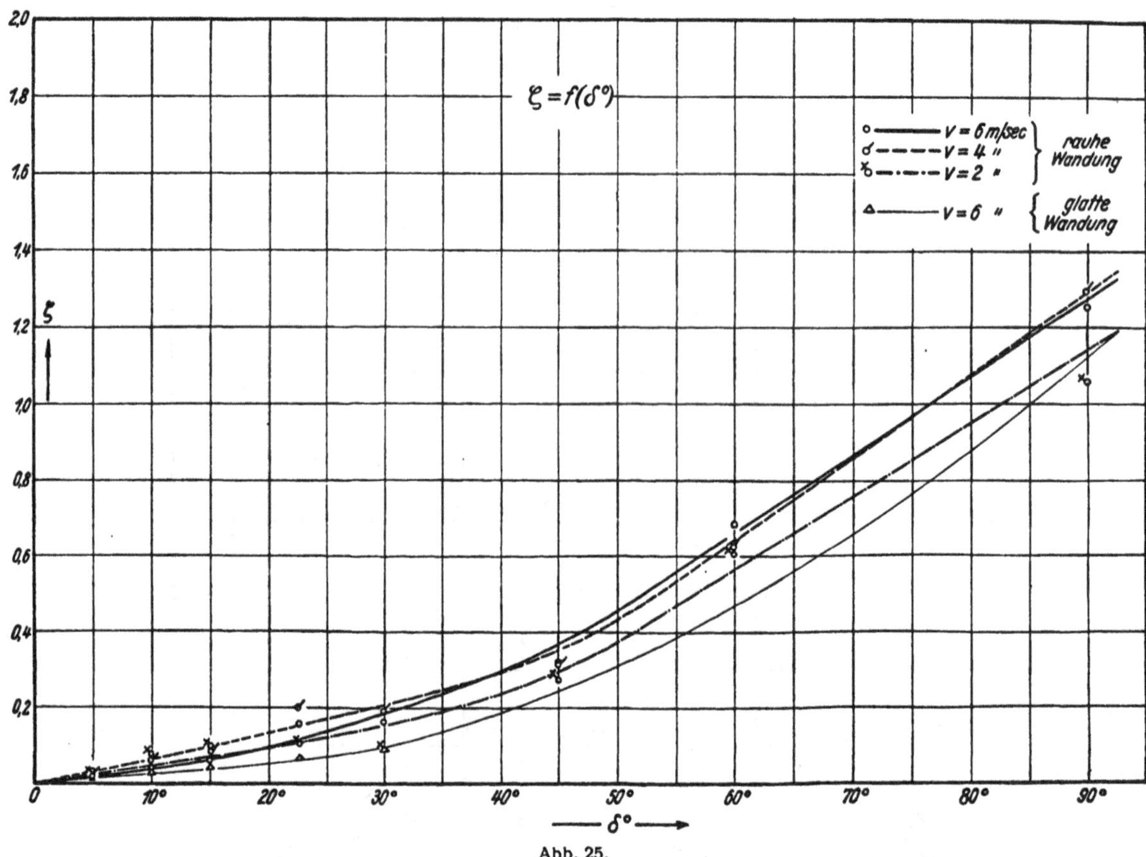

Abb. 25.

B. Untersuchungen an Kniestücken bei rauher Wandung.

Die Widerstandsbeiwerte wurden wieder in Abhängigkeit von der Reynoldsschen Zahl bzw. der Wassergeschwindigkeit v aufgetragen. Die Kurven zeigen einen ähnlichen Verlauf wie die für glattwandige Versuchskörper, jedoch ist ζ stärker von der Reynoldsschen Zahl abhängig als dort.

Versuchsreihe 5.

Richtungsänderung der Rohrachse nur einmal um den Winkel δ. Veränderung von δ. Eine Zusammenstellung der Ergebnisse bringt Abb. 24. Bei den Kurven für $\delta = 90^0$ und $\delta = 30^0$ zeigen sich bei einer Reynoldsschen Zahl von $R = 50000$ auffallend niedrige ζ-Werte, eine Erscheinung, die auch bei einer Wiederholung der Messungen wieder auftrat. In Abb. 25 sind die Widerstandsbeiwerte bei konstanter Reynoldsscher Zahl abhängig von δ aufgetragen. Bei kleinen Winkeln bis $\delta = 20^0$ nimmt ζ wieder annähernd proportional mit δ zu.

[1]) Kirchbach, dieses Heft, S. 88.

Versuchsreihe 6.

Gesamtrichtungsänderung $\Sigma\,\delta$ durch mehrere (n) hintereinanderfolgende gleich große Einzelrichtungsänderungen.

a) $n = 2$, $\delta_1 = \delta_2 = 45^0$; Veränderung des Knickstellenabstandes. Die Ergebnisse zeigen Abb. 26 und Abb. 27. Das Optimum liegt für alle Reynoldsschen Zahlen bei $a = 1{,}5\,d$.

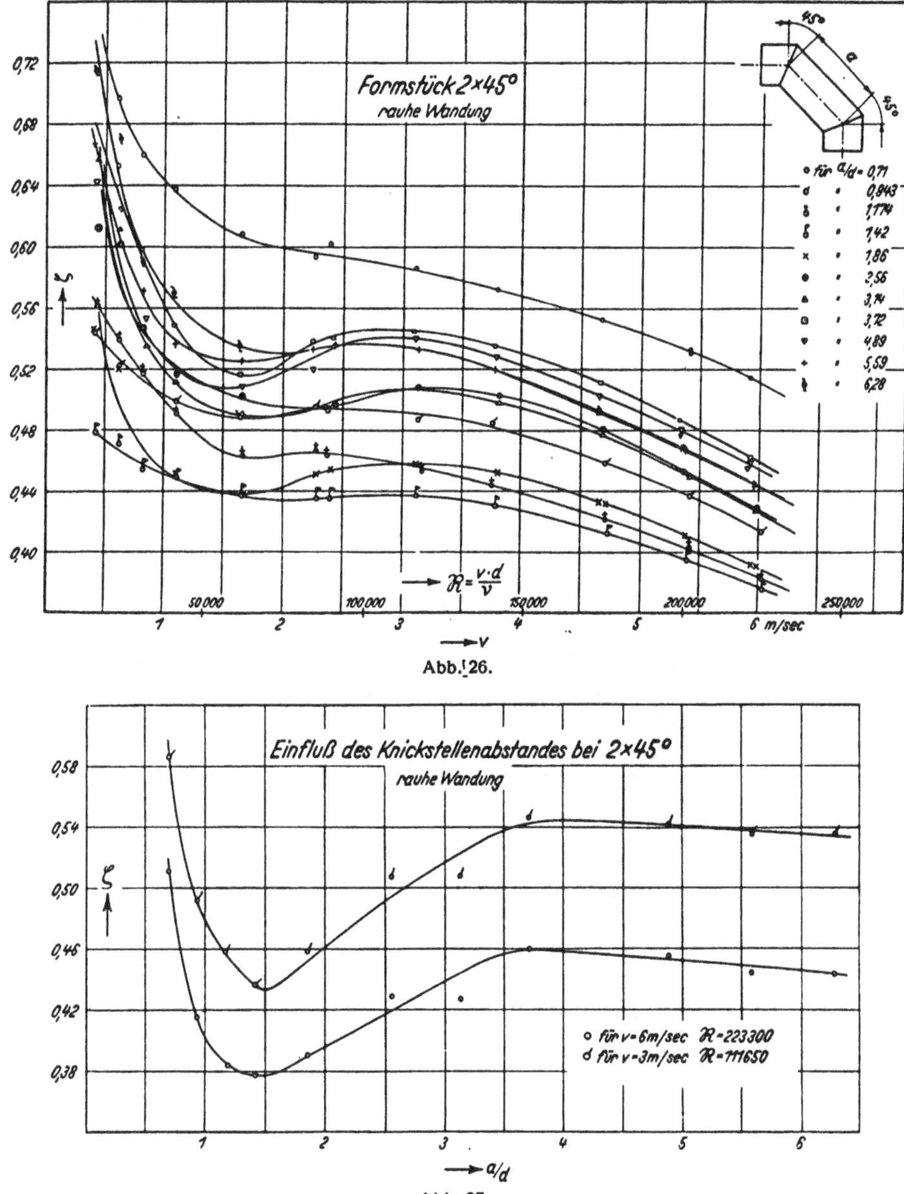

Abb. 26.

Abb. 27.

b) $n = 3$, $\delta_1 = \delta_2 = \delta_3 = 30^0$; Veränderung des Knickstellenabstandes. Die Ergebnisse zeigen die Abb. 28 und 29. Das Optimum liegt für $R = 223300$ bei $a = 1{,}7\,d$.

c) $n = 4$, $\delta_1 = \delta_2 = \delta_3 = \delta_4 = 22{,}5^0$; Veränderung des Knickstellenabstandes. Die Ergebnisse zeigen die Abb. 30 und 31. Das Optimum liegt für $R = 223300$ bei $a = 1{,}5\,d$.

Im Bereich kleinerer Reynoldsscher Zahlen zeigt sich kein deutliches Minimum, doch scheinen hier kleinere Zwischenlängen vorteilhaft zu sein.

d) $n = 3$, $\delta_1 = \delta_2 = \delta_3 = 20^0$; Knickstellenabstand $a = 1{,}058\,d$. Abb. 32 bringt das Ergebnis der am angerauhten Formstück durchgeführten Versuche.

e) $n = 3$, $\delta_1 = \delta_2 = \delta_3 = 30^0$; die Knickstellenabstände sind im Gegensatze zu b) und c) unter sich nicht gleich groß. Die günstigeren Werte scheint nach Abb. 33 dasjenige Formstück zu liefern, bei dem das g r ö ß e r e Zwischenstück a_{1-2} zuerst durchströmt wird.

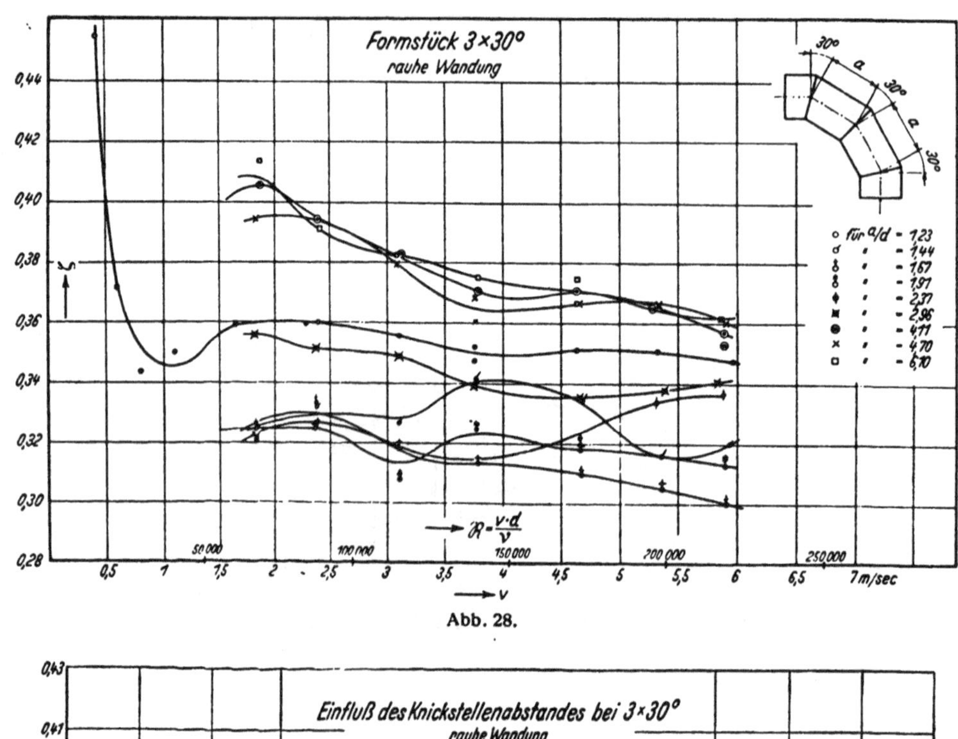

Abb. 28.

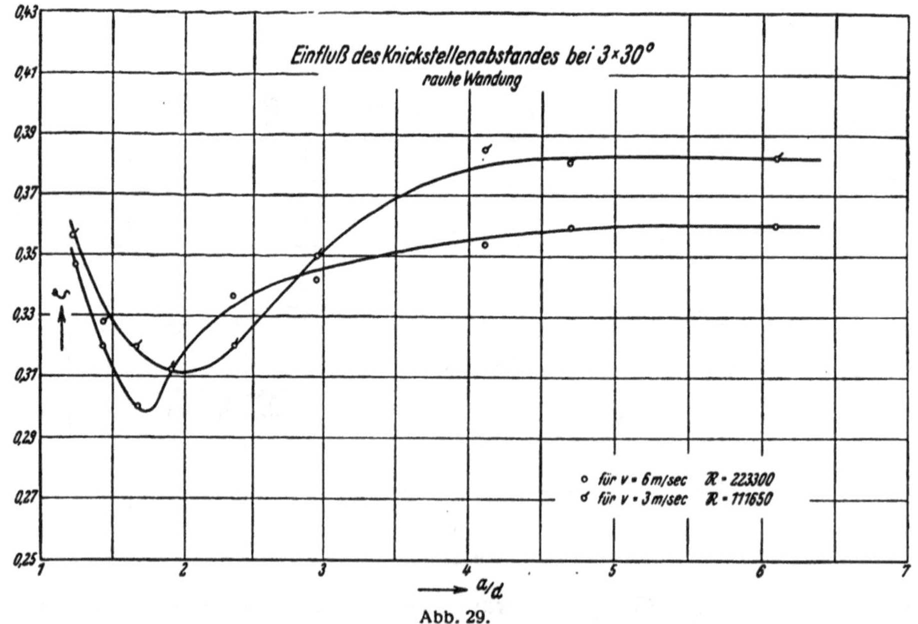

Abb. 29.

f) $n = 2$, $\delta_1 = \delta_2 = 22{,}5^0$; Knickstellenabstand $a = 1{,}186\,d$. Das Ergebnis zeigt Abb. 34. Vergleichsweise sei angeführt, daß bei $v = 6$ m/s, also $R = 223300$, der Widerstandsbeiwert des Formstückes $\zeta = 0{,}284$ beträgt gegenüber $\zeta = 0{,}155$ bei einer Einzelrichtungsänderung um $\delta = 22{,}5^0$. Was schon Kirchbach angab, gilt also auch für die Versuche an rauhen Rohren, nämlich daß der Gesamtwiderstandsbeiwert eines Formstückes kleiner ist als die Summe der Widerstandsbeiwerte entsprechender einzelner Kniestücke, solange die Größe des Knickstellenabstandes innerhalb bestimmter Grenzen bleibt.

g) $n = 2$, $\delta_1 = \delta_2 = 30^0$; Veränderung des Knickstellenabstandes. Der Einfluß dieser Veränderung auf die Widerstandsbeiwerte ζ ist aus Abb. 35 ersichtlich.

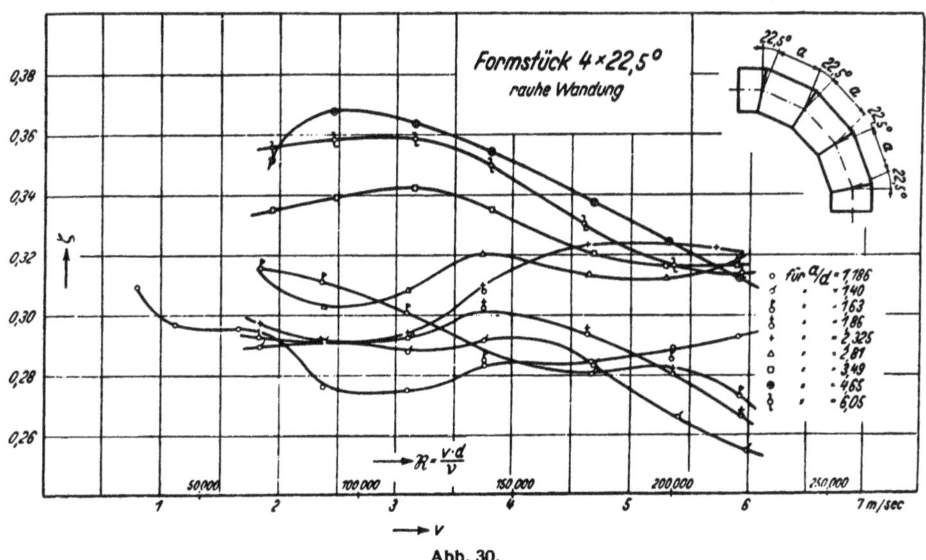

Abb. 30.

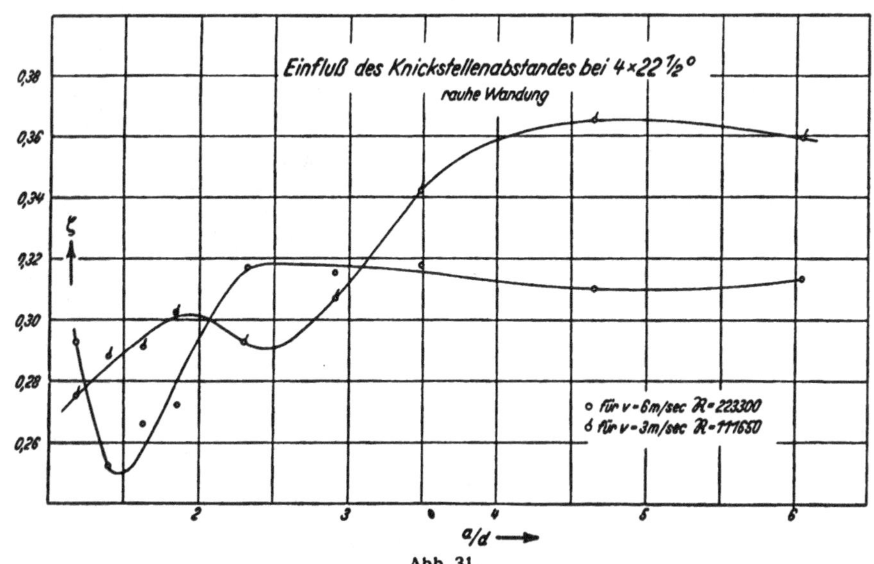

Abb. 31.

Versuchsreihe 7.

Gesamtrichtungsänderung $\Sigma\delta$ durch zwei hintereinanderfolgende verschieden große Einzelrichtungsänderungen der Rohrachse bei gleichbleibendem Knickstellenabstand.

Nach Abb. 36 erweist es sich als günstig, das Kniestück mit der kleineren Richtungsänderung im Strömungszulauf einzubauen, d. h. $\delta_1 < \delta_2$ besser als $\delta_1 > \delta_2$. Daraus und aus dem Ergebnis der Versuchsreihe 6e kann folgendes geschlossen werden: Sind bei einer Rohrleitung mit großer

Wandrauhigkeit zwei verschieden große, unmittelbar hintereinanderfolgende Richtungsänderungen der Rohrachse vorzunehmen, so treten die kleineren Verluste auf, wenn zuerst die schwächere Richtungsänderung bewirkt wird.

Versuchsreihe 8.

Zwei hintereinanderfolgende gleich große Einzelrichtungsänderungen der Rohrachse bei gegensinniger Ablenkung.

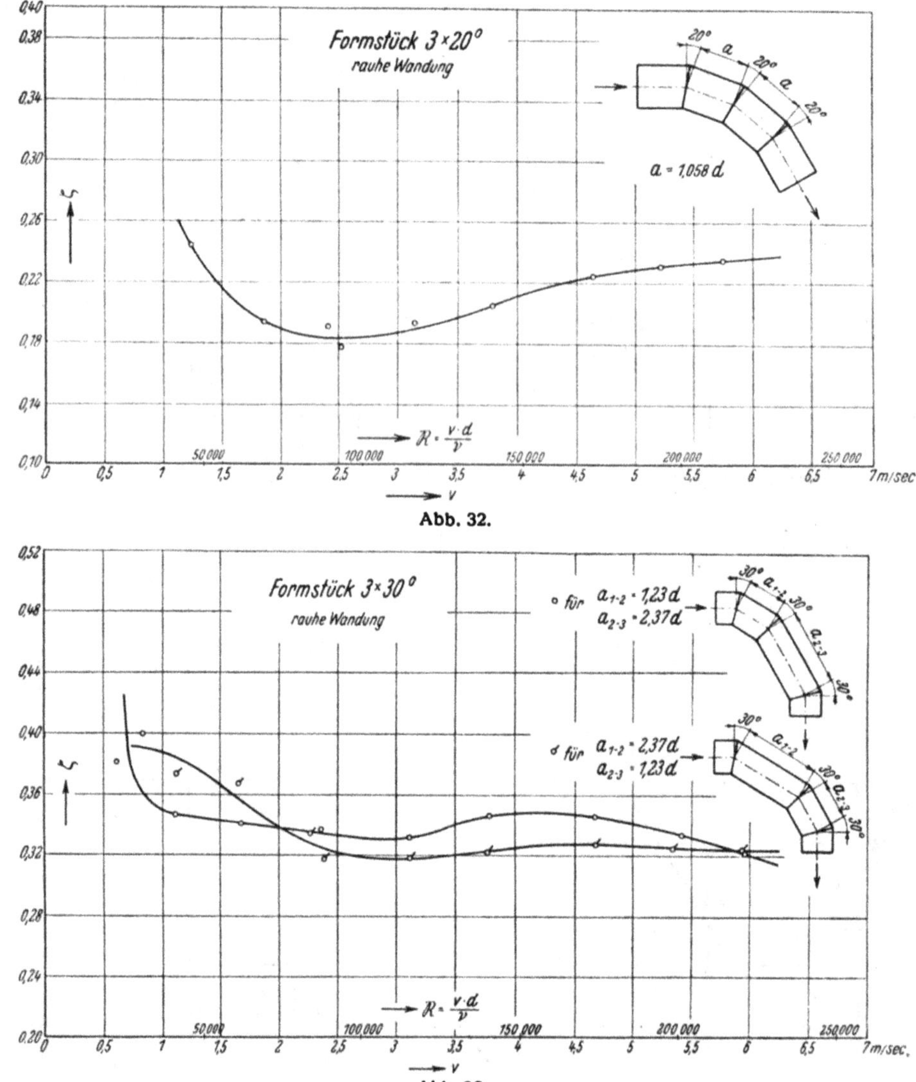

Abb. 32.

Abb. 33.

$\delta_1 = \delta_2 = 30^0$; Veränderung des Knickstellenabstandes.

In nachfolgender Tabelle sind die Widerstandsbeiwerte ζ bei vier verschiedenen Knickstellenabständen für drei Wassergeschwindigkeiten angegeben.

Ein a_{optimum} hat sich hier mit Sicherheit nicht ermitteln lassen.

	a/d	1,23	1,67	2,37	3,77
ζ	für $v = 2$ m/s	0,230	0,288	0,249	0,280
	für $v = 4$ m/s	0,224	0,289	0,244	0,256
	für $v = 5{,}5$ m/s	0,300	0,378	0,262	0,248

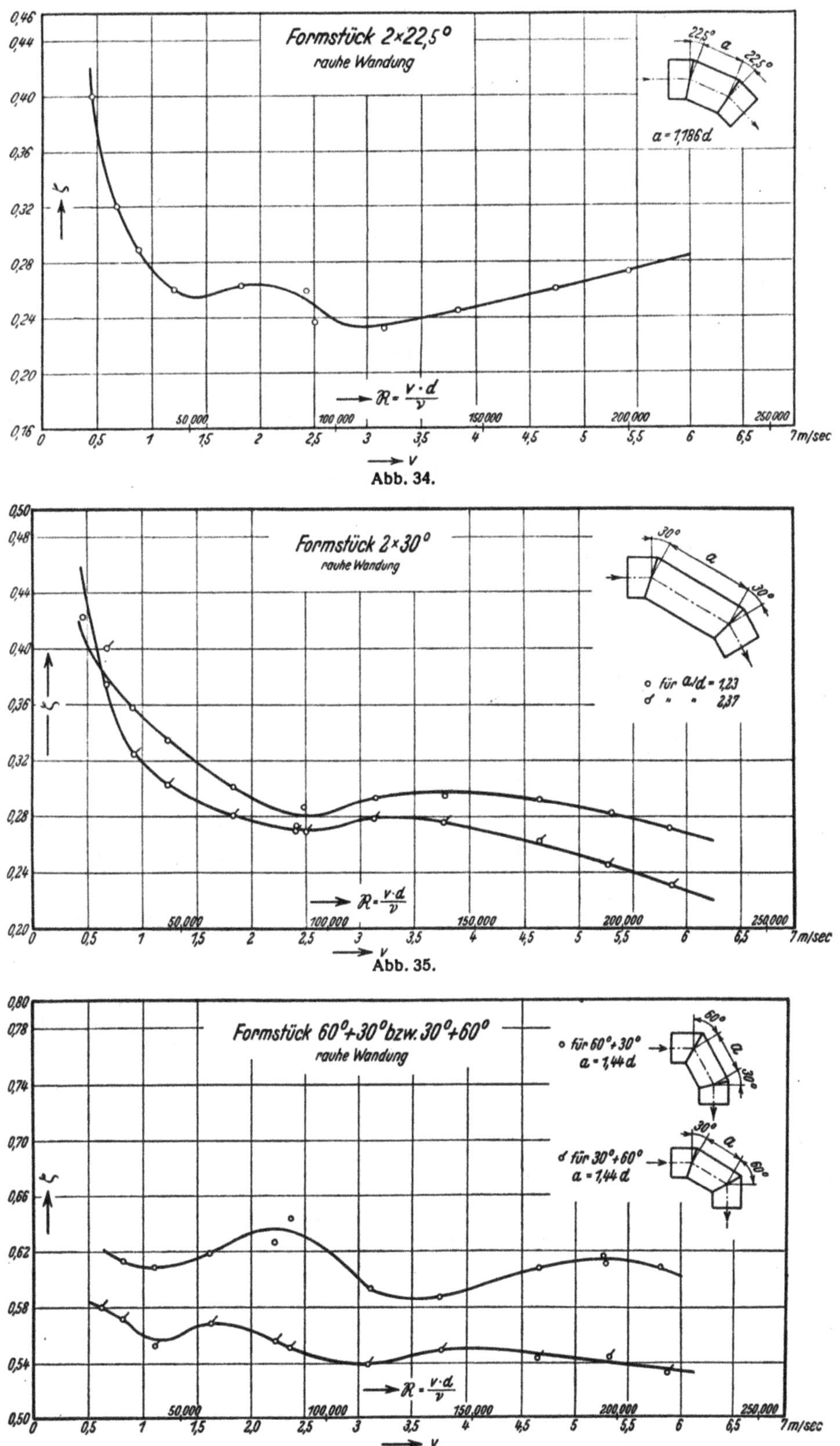

Abb. 34.

Abb. 35.

Abb. 36.

C. Gegenüberstellung der Ergebnisse an Versuchskörpern bei glatter und rauher Wandung.[1])

In den Abb. 37 bis 48 sind für einige besonders wichtige Knie- und Formstücke, und zwar für jeden Versuchskörper gesondert, die Werte bei glatter und rauher Wandung abhängig von der Reynoldsschen Zahl eingezeichnet. Da bei den Formstücken 2×45^0, 3×30^0 und $4\times22{,}5^0$ sich das a_{optimum} erst durch die Versuche ergeben hat, somit die Formstücke mit dem jeweiligen günstigsten Knickstellenabstande selbst nicht untersucht wurden, mußten die Kurven der Abb. 46 bis 48, die den Verlauf der Widerstandsbeiwerte ζ für die Formstücke mit dem sich bei hohen Geschwindigkeiten ($v = 6$ m/s) ergebenden günstigsten Knickstellenabstande darstellen, durch Interpolation zwischen die bei den benachbarten Formstücken gefundenen Widerstandsbeiwerte ermittelt werden.

Der Energieverlust in Kniestücken bei großer Rauhigkeit steht zu dem Verlust bei glatter Wand ungefähr im Verhältnis 2:1; dieses Verhältnis hängt von der Reynoldsschen Zahl nicht wesentlich ab.

Die zur Ermittlung günstigster Knickstellenabstände angestellten Versuche haben bei glatten und rauhen Rohren für 2×45^0, 3×30^0 und $4\times22{,}5^0$ ein deutliches a_{optimum} ergeben. Eine Zusammenstellung der Werte bei hohen Geschwindigkeiten ($v = 6$ m/s) sei hier eingefügt.

Tabelle für a_{optimum}.

	Formstück	2×45^0	3×30^0	$4\times22{,}5^0$
a_{optimum}	für glatte Wandung	$1{,}5\,d$	$1{,}7\,d$	$2{,}4\,d$
	für rauhe Wandung	$1{,}5\,d$	$1{,}7\,d$	$1{,}5\,d$

Bei anderen Reynoldsschen Zahlen erhalten wir nur wenig abweichende Werte. Ein Einfluß der Rauhigkeit auf a_{optimum} ist nur bei $4\times22{,}5^0$ festzustellen. Für den Fall der Praxis ist wohl die absolute Rauhigkeit, d. h. die Höhe der Wanderhebungen, größer, doch sind hier auch größere Rohrdurchmesser vorherrschend, so daß die relative Rauhigkeit meist gering bleibt; für das Formstück $4\times22{,}5^0$ ist somit praktisch ein günstigster Knickstellenabstand $a_{\text{optimum}} = 2{,}4\,d$ zu empfehlen.

In Abb. 49 sind schließlich unter Einschluß der Kirchbachschen Ergebnisse für hohe Geschwindigkeiten ($v \sim 6$ m/s, $R \sim 225000$) die Widerstandsbeiwerte ζ aller untersuchten Knie- und Formstücke mit glatter und mit rauher Wand zusammengefaßt.

Bei einer Gesamtablenkung von 90^0 wird für große Reynoldssche Zahlen bei glatter Wand und $\frac{v\cdot d}{\nu} = 146000$ ($v = 4$ m/s):

bei Formstück: 2×45^0, Abstand $a/d = 1{,}5$, $R/d = 1{,}96$, $\zeta_{\text{ges.}} = 0{,}285$
„ „ 3×30^0, „ $a/d = 1{,}23$, $R/d = 2{,}3$, $\zeta_{\text{ges.}} = 0{,}217$
„ „ 3×30^0, „ $a/d = 1{,}7$, $R/d = 3{,}18$, $\zeta_{\text{ges.}} = 0{,}187$
„ „ $4\times22{,}5^0$, „ $a/d = 1{,}186$, $R/d = 2{,}99$, $\zeta_{\text{ges.}} = 0{,}132$
„ „ $4\times22{,}5^0$, „ $a/d = 2{,}4$, $R/d = 6{,}0$, $\zeta_{\text{ges.}} = 0{,}117$

Dabei ist R der Radius desjenigen Kreises, der die gebrochene Mittellinie der Rohrachse des Formstückes tangiert. Beim Vergleich dieser Ziffern mit den von Hofmann angeführten Widerstandsbeiwerten von Kreiskrümmern[2]) ergibt sich, daß der Widerstand eines aus 4 Kniestücken von je $22{,}5^0$ gebildeten Formstückes mit $R/d = 6$ das 1,52fache des Widerstandes für den Kreiskrümmer $R/d = 6$ beträgt. Die Widerstände sind überhaupt nur klein und der Unterschied zwischen dem Formstück und dem Krümmer beträgt nur etwa 4% der Geschwindigkeitshöhe. Bei geschweißter Leitung wird es sich also nicht lohnen, besondere konstruktive Mittel aufzuwenden, um ein Formstück $4\times22{,}5^0$ durch einen Kreiskrümmer zu ersetzen.

---

[1]) Die Kirchbachschen Werte wurden dabei mitverwandt.

[2]) Hofmann, a. a. O. Kurven Abb. 14.

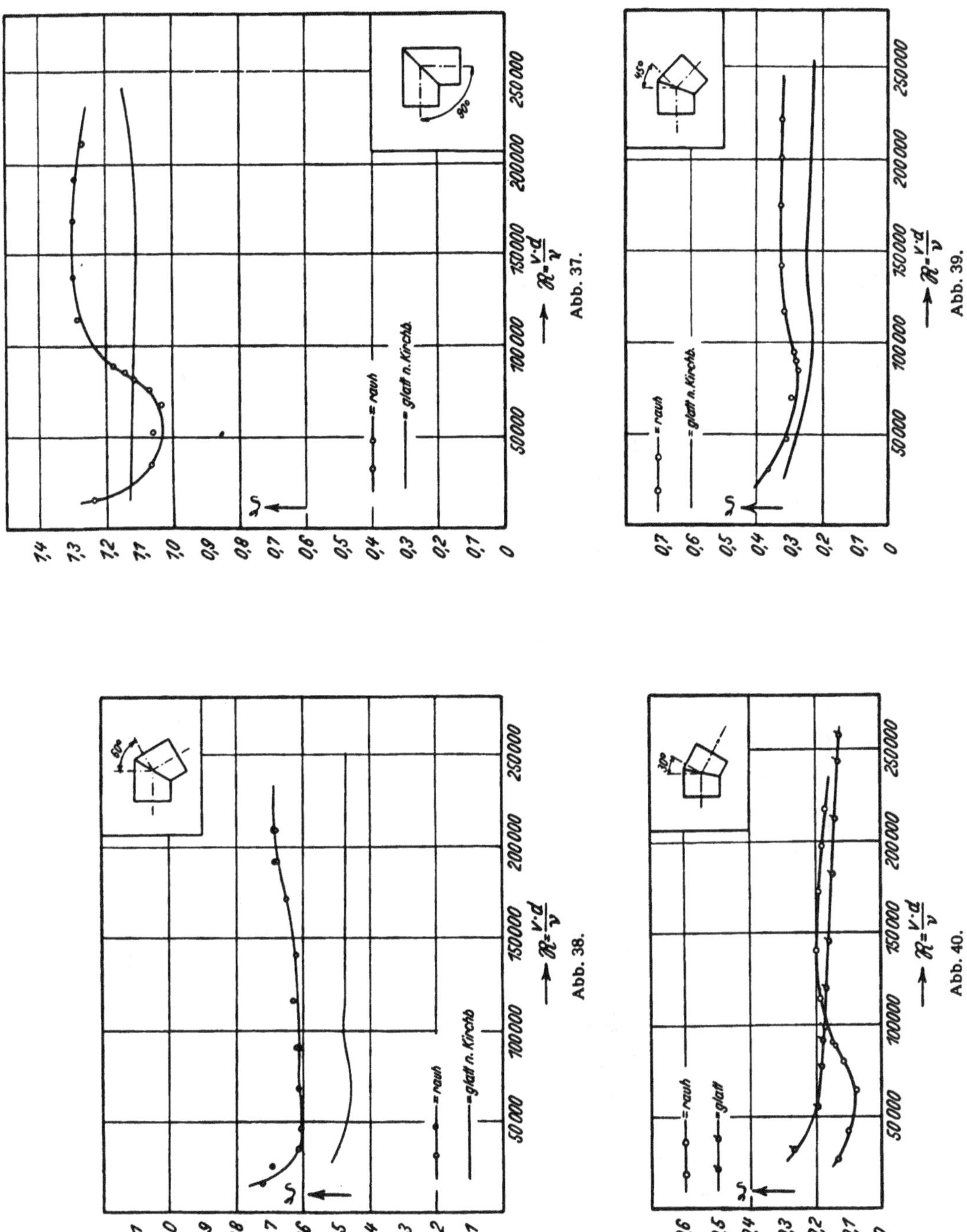

Abb. 37.

Abb. 38.

Abb. 39.

Abb. 40.

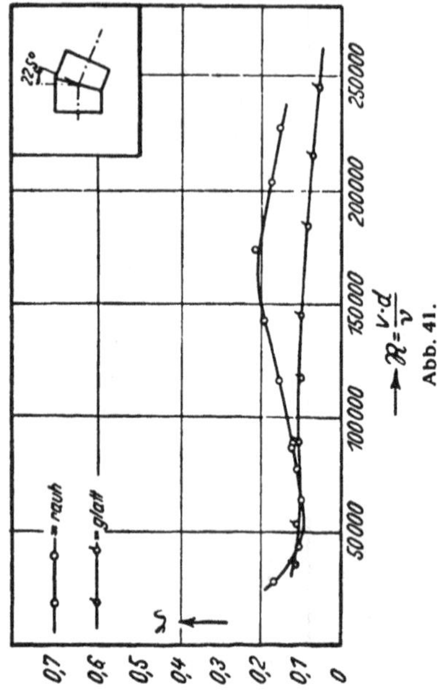

Abb. 41.

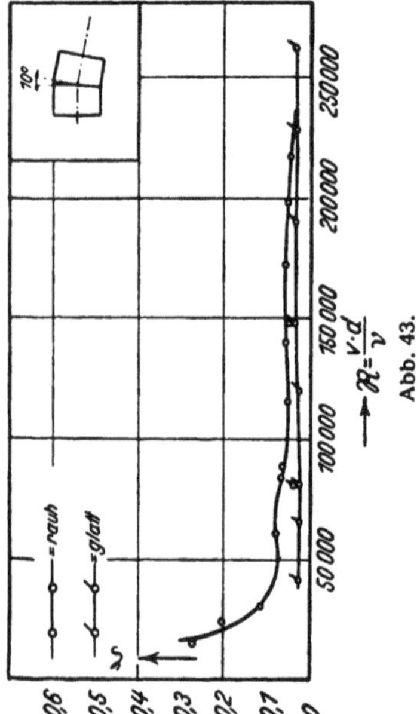

Abb. 43.

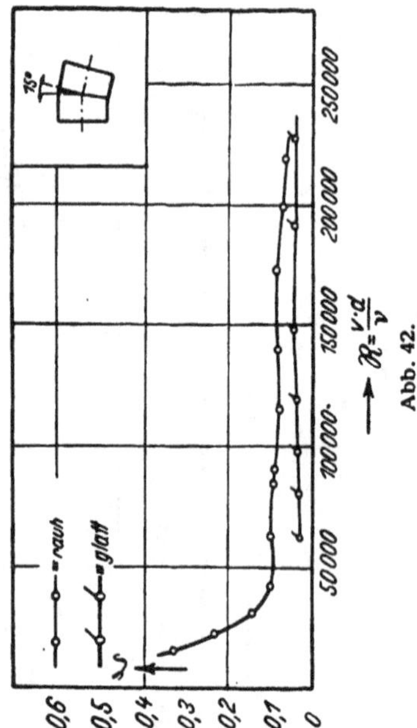

Abb. 42.

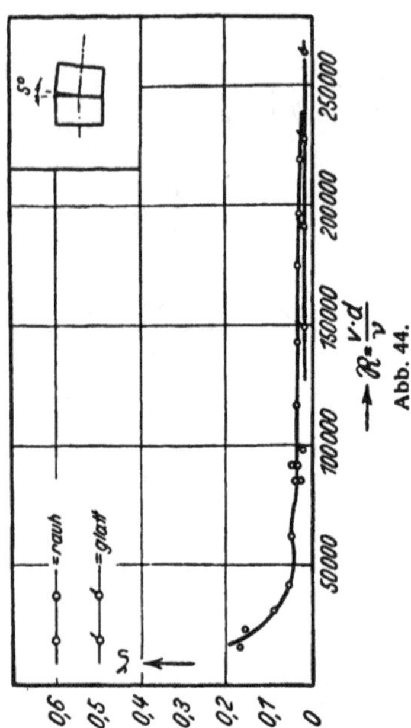

Abb. 44.

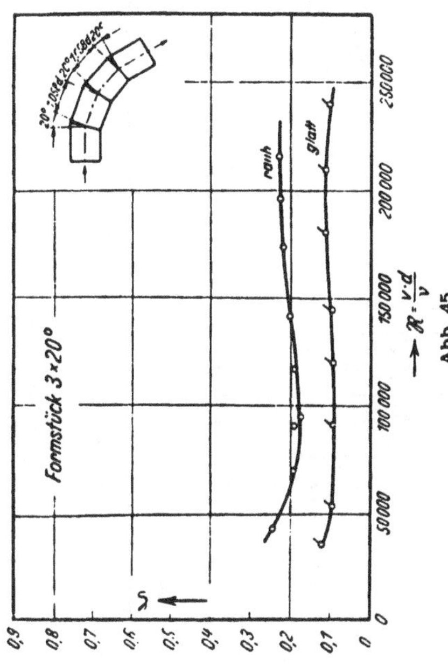

Abb. 45.

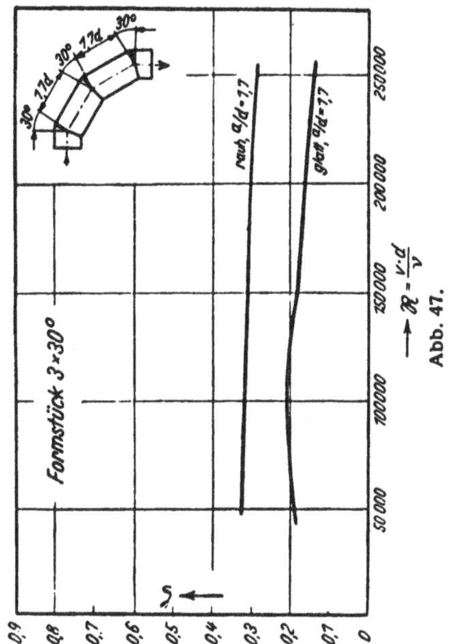

Abb. 47.

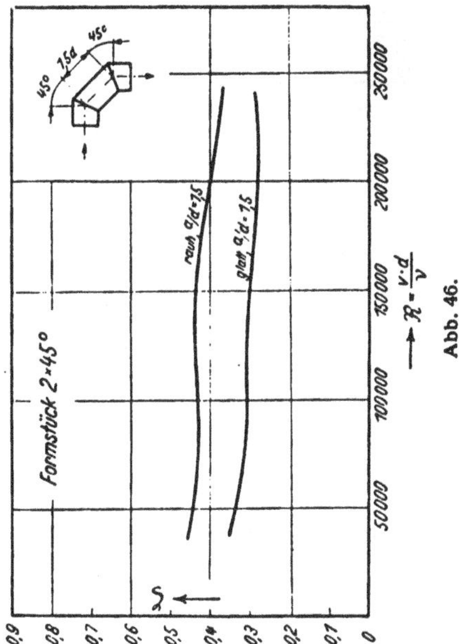

Abb. 46.

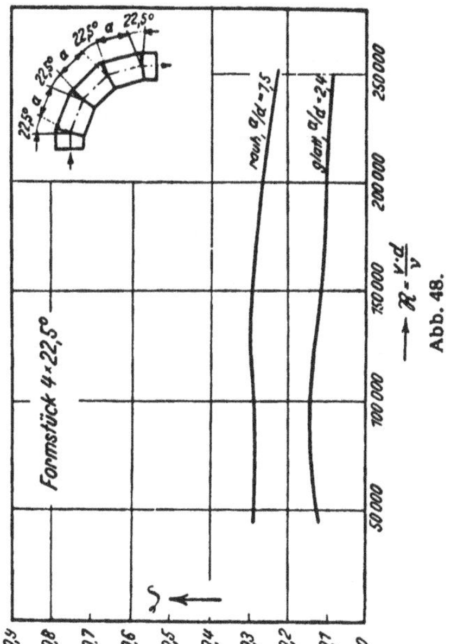

Abb. 48.

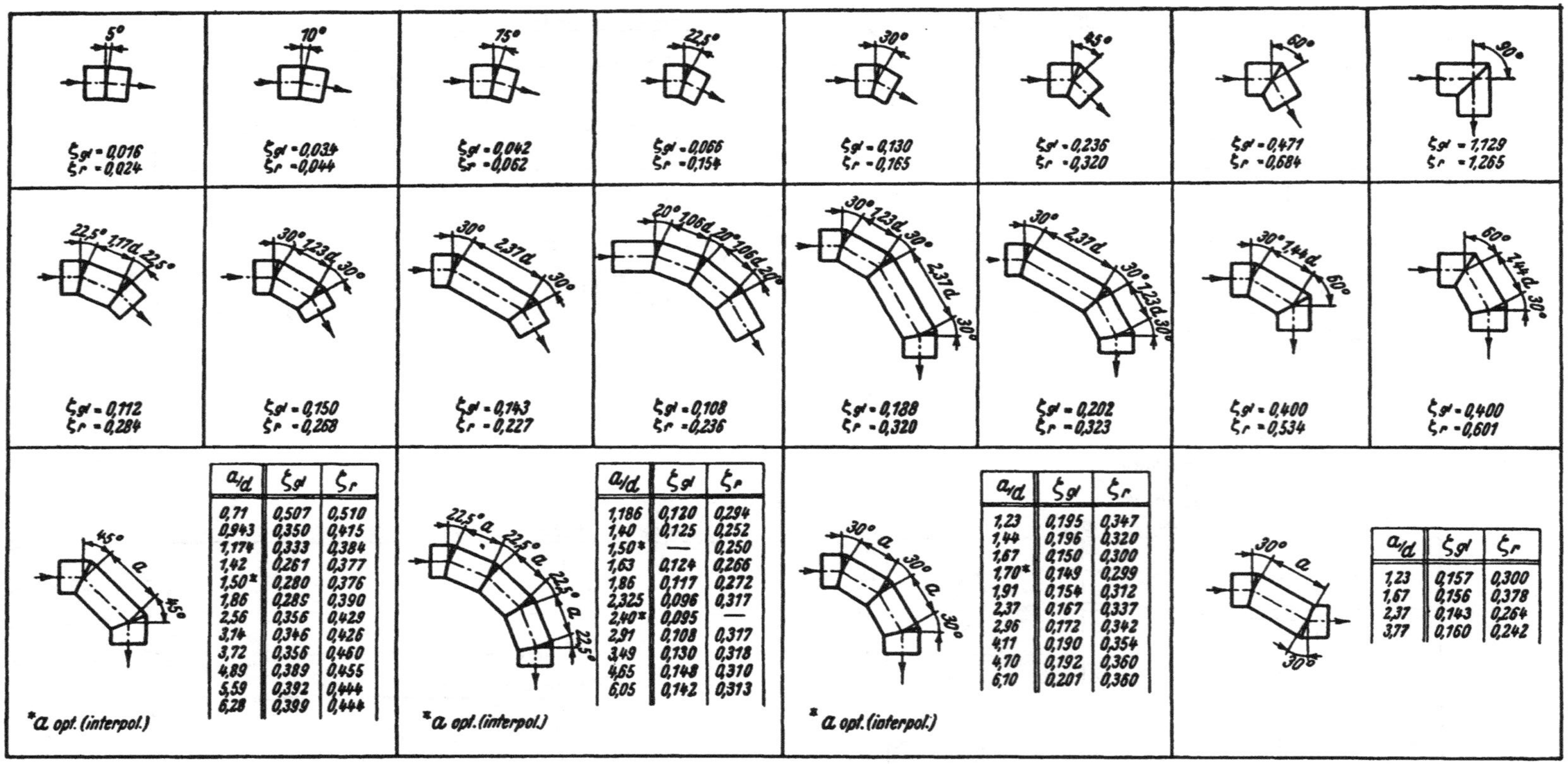

5°	10°	15°	22,5°	30°	45°	60°	90°
$\zeta_{gl} = 0{,}016$ $\zeta_r = 0{,}024$	$\zeta_{gl} = 0{,}034$ $\zeta_r = 0{,}044$	$\zeta_{gl} = 0{,}042$ $\zeta_r = 0{,}062$	$\zeta_{gl} = 0{,}066$ $\zeta_r = 0{,}154$	$\zeta_{gl} = 0{,}130$ $\zeta_r = 0{,}165$	$\zeta_{gl} = 0{,}236$ $\zeta_r = 0{,}320$	$\zeta_{gl} = 0{,}471$ $\zeta_r = 0{,}684$	$\zeta_{gl} = 1{,}129$ $\zeta_r = 1{,}265$
22,5° 1,17d 22,5°	30° 1,23d 30°	30° 2,37d 30°	20° 1,06d 20° 1,06d 20°	30° 1,23d 30° 2,37d 30°	30° 2,37d 30° 1,23d 30°	30° 1,44d 60°	60° 1,44d 30°
$\zeta_{gl} = 0{,}112$ $\zeta_r = 0{,}284$	$\zeta_{gl} = 0{,}150$ $\zeta_r = 0{,}268$	$\zeta_{gl} = 0{,}143$ $\zeta_r = 0{,}227$	$\zeta_{gl} = 0{,}108$ $\zeta_r = 0{,}236$	$\zeta_{gl} = 0{,}188$ $\zeta_r = 0{,}320$	$\zeta_{gl} = 0{,}202$ $\zeta_r = 0{,}323$	$\zeta_{gl} = 0{,}400$ $\zeta_r = 0{,}534$	$\zeta_{gl} = 0{,}400$ $\zeta_r = 0{,}601$

45° a 45°

a/d	ζ_{gl}	ζ_r
0,71	0,507	0,510
0,943	0,350	0,415
1,174	0,333	0,384
1,42	0,261	0,377
1,50*	0,280	0,376
1,86	0,285	0,390
2,56	0,356	0,429
3,14	0,346	0,426
3,72	0,356	0,460
4,89	0,389	0,455
5,59	0,392	0,444
6,28	0,399	0,444

* a opt. (interpol.)

22,5° a 22,5° a 22,5° a 22,5°

a/d	ζ_{gl}	ζ_r
1,186	0,120	0,294
1,40	0,125	0,252
1,50*	—	0,250
1,63	0,124	0,266
1,86	0,117	0,272
2,325	0,096	0,317
2,40*	0,095	—
2,91	0,108	0,317
3,49	0,130	0,318
4,65	0,148	0,310
6,05	0,142	0,313

* a opt. (interpol.)

30° a 30° a 30°

a/d	ζ_{gl}	ζ_r
1,23	0,195	0,347
1,44	0,196	0,320
1,67	0,150	0,300
1,70*	0,149	0,299
1,91	0,154	0,312
2,37	0,167	0,337
2,96	0,172	0,342
4,11	0,190	0,354
4,70	0,192	0,360
6,10	0,201	0,360

* a opt. (interpol.)

30° a 30°

a/d	ζ_{gl}	ζ_r
1,23	0,157	0,300
1,67	0,156	0,378
2,37	0,143	0,264
3,77	0,160	0,242

Abb. 49. Widerstandsbeiwerte bei glatter (ζ_{gl}) und rauher (ζ_r) Wandung bei $\Re \sim 225000$.

Untersuchungen an einem neuen Apparat zur Beurteilung der Schmierfähigkeit von Ölen.

Von Dipl.-Ing. **Rolf Voitländer.**

I. Einleitung.

1. Über Schmiermittelprüfung.

Die hydrodynamische Theorie der Lagerreibung verwendet zur Kennzeichnung der Eigenschaften des Schmiermittels lediglich die Zähigkeit: diese ist die einzige auf das Schmiermittel bezügliche physikalische Größe, welche in die hydrodynamischen Gleichungen eingeht. Daß bei der praktischen Beurteilung eines Schmieröles auch dessen chemische Eigenschaften herangezogen werden müssen (Säurefreiheit, chemische Beständigkeit usw.), ist nur selbstverständlich; aber auch zur Beurteilung der mechanischen Eigenschaften reicht erfahrungsgemäß die Zähigkeit nicht aus: Öle von gleicher Zähigkeit können sich im Lager ganz verschieden verhalten. So würden bei Beurteilung der mechanischen Eigenschaften auf Grund der Zähigkeit allein wichtige Eigenschaften des Öles unberücksichtigt bleiben. Die Praxis benützt die Zähigkeit insbesondere bei der Bestimmung des durch die gegebenen Werte der Flächenpressung und der Umfangsgeschwindigkeit gekennzeichneten Verwendungsbereiches eines Öles.

Darüber hinaus werden die Schmiermittel heute mit Hilfe der Ölprüfungsmaschinen beurteilt, die, soweit dem Verfasser bekannt, alle auf dem Prinzip beruhen, daß die Reibung eines zylindrischen Zapfens in seinem Lager oder die Reibung zweier ebener Scheiben gegeneinander untersucht wird. Dabei wird eine möglichst genaue Ausführung der reibenden Flächen erstrebt und eine Deformation der sich berührenden Teile möglichst vermieden. Wenn es möglich wäre, die Flächen der Ölprüfmaschinen absolut genau auszuführen, dann würden wahrscheinlich im Bereiche der in der Praxis vorkommenden Flächendrücke und Umfangsgeschwindigkeiten die Zähigkeitseigenschaften allein maßgebend sein; aber selbst wenn diese absolut genaue Ausführung möglich wäre, würde der Praxis nicht gedient sein, da dieser Fall bei der Verwendung der Öle im Lager niemals verwirklicht wird: die Flächen der Lager sind nicht absolut genau ausgeführt, zudem kommen im Betriebe durch ungleichmäßige Abnützung oder durch die Temperaturdehnungen oder durch mechanische Beanspruchung weitere Unregelmäßigkeiten der Form hinzu; an einzelnen Stellen wird der Abstand der Flächen besonders klein, und an diesen tritt die sog. „halbflüssige" Reibung auf. Solche Stellen mögen „Quetschstellen" genannt sein. Maßgebend für die Belastungsfähigkeit der Lager ist in vielen Fällen gerade das Verhalten des Öles an solchen Quetschstellen.

Bei den bisher bekannten Ölprüfmaschinen treten infolge der Ungenauigkeit der Ausführung und der Formänderungen im Betriebe bei genügend hoher Belastung zwar auch Quetschstellen auf; da die Form der Quetschstellen aber den Ungenauigkeiten der Ausführung und unerwünschten und nicht genau bekannten Formänderungen der reibenden Körper entspringt, bleibt sie naturgemäß dem Zufall überlassen, wird auch bei verschiedenen Exemplaren derselben Bauart verschieden sein. Es sind daher auch die sich ergebenden Werte von Ölprüfungen verschieden; sie hängen auch von der zufälligen Form der reibenden Flächen ab und können somit nicht allgemeingültig die Schmierfähigkeit eines Öles anzeigen.

An einer Quetschstelle wird die besondere, mit „Schmierfähigkeit" bezeichnete Eigenschaft der Öle wirksam. Hier versagt die hydrodynamische Theorie, deren Ansätze ihre Gültigkeit verlieren, sobald die reibenden Flächen sich so stark nähern, daß ihr Abstand von derselben Größenordnung wird wie die Wirkungsweise der Ölmoleküle. Die für die mechanischen Eigenschaften maßgebenden „Ölmoleküle" sind dabei als viel größer anzusehen als die chemischen Moleküle; es handelt sich wohl um Zusammenballungen einer großen Zahl chemischer Moleküle.

Die „Schmierfähigkeit" ist abhängig von der Fähigkeit des Öles an den Flächen zu haften und von der Kraft, mit welcher das Schmieröl durch die bewegte Fläche in die Quetschstelle hineingeschleppt wird.

Man hat versucht, den wirklichen Verhältnissen dadurch sich zu nähern, daß man die Oberflächenspannung zwischen Metall und Öl der Beurteilung der Schmierfähigkeit zugrundegelegt hat. Diese Art der Prüfung, die einer unvollständigen theoretischen Überlegung entstammt, gibt aber kein zuverlässiges Bild über das für die Schmierfähigkeit grundlegende Verhalten des Öles an einer Quetschstelle.

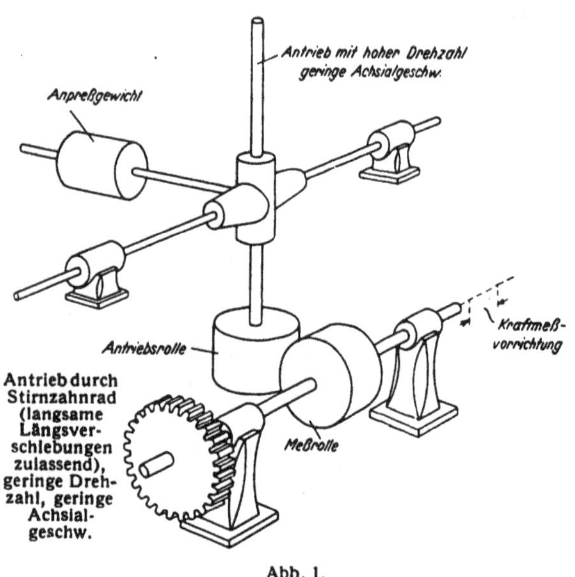

Abb. 1.

Auf Grund dieser Erwägungen hat Professor Dr. D. Thoma schon vor längerer Zeit einen neuen Apparat für die Ölprüfung vorgeschlagen, der dann von W. Staufer in den Jahren 1921 und 1922 entworfen worden ist und alsbald auch ausgeführt wurde. Durch den Fortgang des Herrn Staufer und die Behinderung eines weiteren Beobachters, der schon mit einigen Versuchen begonnen hatte, trat eine längere Unterbrechung der Arbeiten ein. Im Jahre 1927 übernahm der Verfasser die Arbeit; die bei ausführlichen Vorversuchen gewonnenen Erfahrungen ließen einige Abänderungen der Einrichtung als wünschenswert erscheinen. Mit der verbesserten Einrichtung wurden dann die jetzt vorliegenden Versuchsergebnisse gewonnen.

Die Ölprüfmaschine, die in Abb. 1 schematisch dargestellt ist, ist derart gebaut, daß eine genau herstellbare und genau reproduzierbare Quetschstelle gebildet wird. Da sich zylindrische Flächen am genauesten herstellen lassen, wird die Quetschstelle durch Berührung zweier Kreiszylinder mit gekreuzten Achsen gebildet. Mit einstellbarer Kraft werden die Zylinder aufeinandergepreßt; der eine von ihnen wird in schnelle Drehung versetzt. Der andere wird durch die an der Berührungsstelle entstehende Reibung in achsialer Richtung verschoben; es wurde erwartet, daß diese achsiale Verschiebungskraft zusammen mit dem bekannten Anpreßdruck und der bekannten Drehgeschwindigkeit des ersten Zylinders ein Maß für das Verhalten des Schmieröles an der Quetschstelle und damit für seine Schmierfähigkeit abgeben werde.

Die beiden Zylinder („Rollen") sind vollständig in das zu prüfende Öl eingetaucht. Um eine gleichmäßige Abnützung der beiden Rollen zu erreichen, wird der ersteren („Antriebsrolle") außer der schnellen Drehbewegung eine langsame Bewegung in achsialer Richtung, der zweiten („Meßrolle") eine Drehbewegung und ebenfalls eine langsame Achsialbewegung erteilt. Der Berührpunkt beschreibt damit auf jedem der beiden Zylindermäntel eine Schraubenlinie von ganz geringer Steigung; eine gleichmäßige Abnützung ist damit sichergestellt. Die rotierende Bewegung der Meßrolle bezweckt außerdem die Aufhebung der ruhenden Reibung in den Lagern. Es war beabsichtigt, die Drehzahl der Meßrolle sehr gering zu halten; ein Versehen bei der Konstruktion verursachte schnelle Drehbewegung der Meßrolle, was eine größere Korrektur (siehe Abschnitt I, 3) des Reibungswertes erforderte.

2. Der Ölprüfapparat nach D. Thoma.

Der Apparat ist in den Abb. 2, 3, 4, 5 dargestellt. Die beiden gekreuzten Rollen (aus ungehärtetem Stahl) a_1 und a_2 liegen in einer Kammer, die vollkommen mit dem zu untersuchenden Öl aufgefüllt ist. Durch je einen Elektromotor werden sie in Drehung versetzt, wobei der Drehsinn durch Polumschalter verändert werden kann. Die Drehzahl der Antriebsrolle a_2 kann durch einen in den Stromkreis eingeschalteten Schieberwiderstand in den Grenzen von $n_2 = 150$—500 U/min geändert werden und wird mit Hilfe eines Tachometers gemessen. Die Drehzahl der Meßrolle a_1 beträgt $n_1 = 300$ U/min und bleibt konstant.

Abb. 2.

Die Achsialverschiebung der beiden Rollen, die eine ungleichmäßige Abnützung verhindern soll, geschieht dadurch, daß der Welle der Antriebsrolle, dem Lager der Meßrolle und der damit verbundenen Kraftmeßvorrichtung durch Schraubentriebe eine Längsbewegung erteilt wird, so daß bei Inbetriebnahme der Maschine a_1 in der vertikalen, a_2 in der horizontalen Richtung langsam verschoben werden. Die Begrenzung der Bewegung von a_2 geschieht durch zwei selbsttätige Endausschalter.

Das Rollensystem a_2 ist als Winkelhebel ausgebildet mit 0 als Drehpunkt (Abb. 4 und 5);

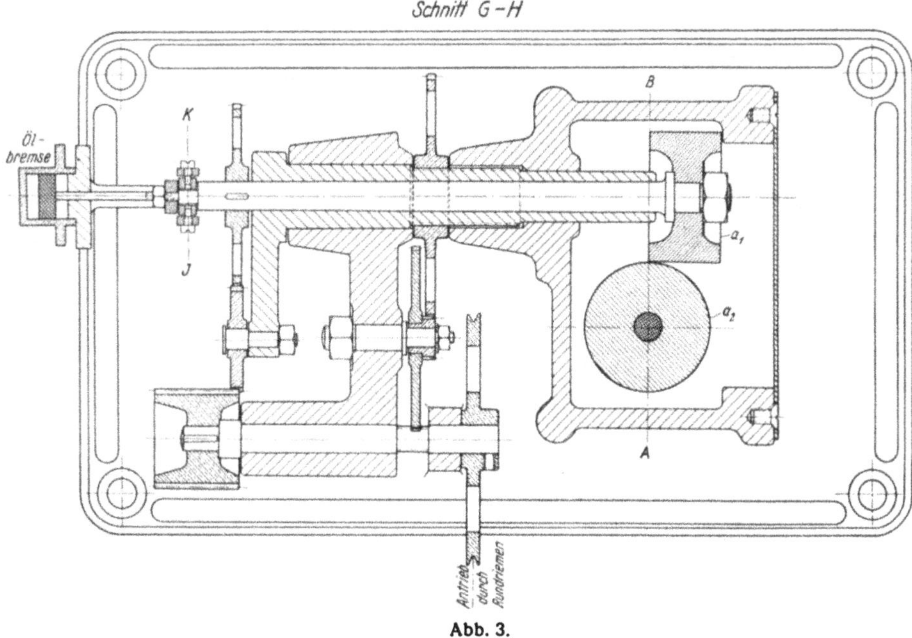

Abb. 3.

der horizontale Schenkel dient als Belastungsarm und trägt ein Laufgewicht. Mittels dieser Anordnung kann der gewünschte Anpreßdruck von der Antriebsrolle auf die Meßrolle eingestellt werden.

Zur Einstellung der Temperatur des Schmiermittels und der Rollen dient ein am Deckel der Ölkammer angebrachter, in den Abbildungen fortgelassener Heizwiderstand.

Die Welle der Meßrolle und mit ihr die Meßrolle selbst ist in den Lagern verschiebbar (Abb. 3). Die an der Berührungsstelle der beiden Rollen entstehende Reibung sucht die Meßrolle in achsialer Richtung zu verschieben. Eine mit der Welle durch Muffe, Hebel und Kreuzgelenk verbundene

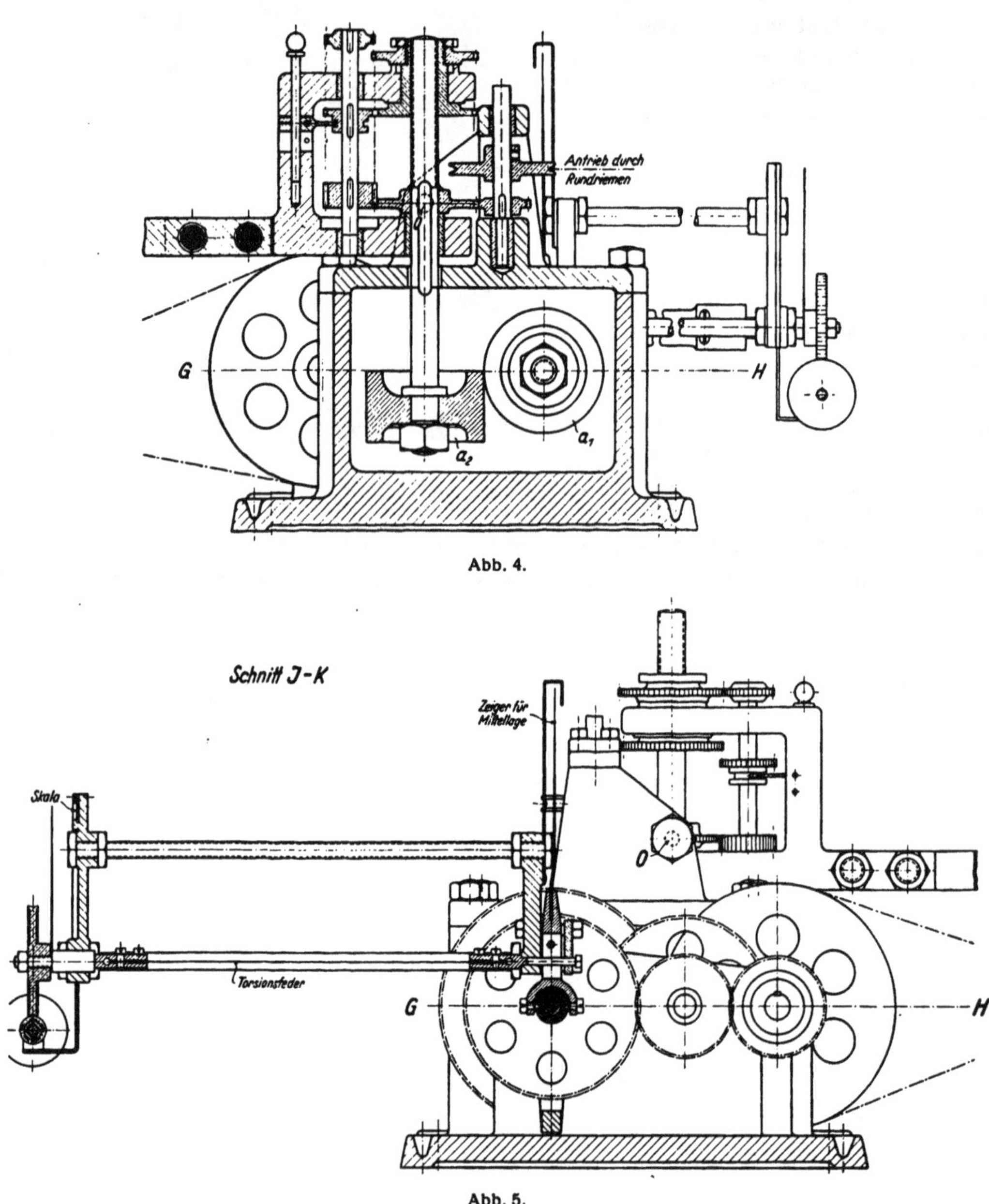

Abb. 4.

Abb. 5.

Torsionswaage (Abb. 5) zeigt die Größe der Kraft an. Man bringt mittels dieser Waage die Meßrolle in die relative Mittellage zum Rahmen, in dem die Meßrollenwelle gelagert ist, zurück. Diese an der Torsionswaage abgelesene Reibungskraft R dient zur Beurteilung für die Schmierfähigkeit des untersuchten Schmiermittels. Je größer unter sonst gleichen Umständen R ist, desto geringer ist die Schmierfähigkeit und umgekehrt.

3. Korrektion des gemessenen Reibungswertes *R*.

Die an der Torsionswaage gemessene Reibungskraft R ist nicht gleich der wirklichen Reibung R_0, die in die Richtung der relativen Gleitung zwischen den beiden Rollen liegt: R ist nur die in die Richtung der Meßrollenachse fallende Komponente der wirklichen Reibungskraft R_0.

Zur Untersuchung dieser Verhältnisse diene Abb. 6, welche im Aufriß eine Ansicht auf die Meßrolle und die dahinterliegende Antriebsrolle gibt. Die Geschwindigkeiten der sich berührenden Stellen der beiden Rollen sind somit parallel zur Ebene dieser Abbildung. Die Rollen mögen sich in dem durch die Pfeile angegebenen Sinne drehen. Die Oberfläche der Meßrolle hat dann am Berührungspunkt eine vertikal nach unten gerichtete Umfangsgeschwindigkeit $u_1 = \frac{2\pi}{60} n_1 \cdot r_1$. Die Oberfläche der Antriebsrolle dagegen hat am Berührungspunkt eine horizontal nach rechts gerichtete Geschwindigkeit $u_2 = \frac{2\pi}{60} \cdot n_2 \cdot r_2$. Die Geschwindigkeit der Antriebsrollenoberfläche relativ zur Oberfläche der Meßrolle ist dann gleich dem Unterschied der Vektoren u_2 und u_1, also gleich $u_2 - u_1$; die auf die Meßrolle übertragene Reibungskraft R_0 fällt in die Richtung des Vektors $u_2 - u_1$. Die gemessene Komponente R ist

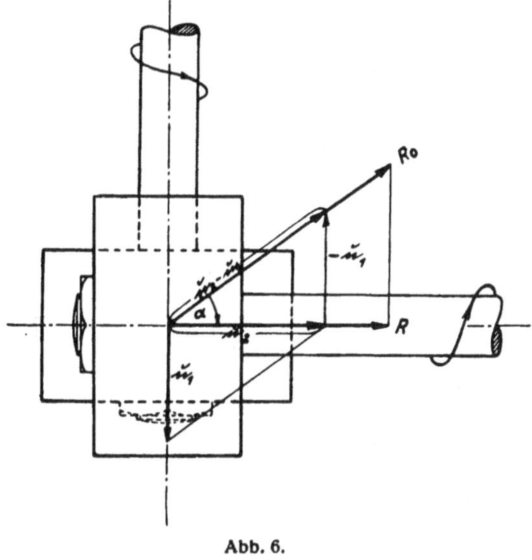

Abb. 6.

$$\underline{R = R_0 \cdot \cos \alpha.}$$

Dabei ist, wie aus der Abbildung folgt

$$\underline{\operatorname{tg} \alpha = \frac{n_1}{n_2}.}$$

Für den Fall, daß $n_1 = n_2$ ist (bei den meisten Versuchen war $n_1 = n_2 = 300$ U/min), wird demnach

$$\underline{R_0 = R \cdot \sqrt{2}.}$$

4. Versuchsprogramm.

Mit diesem neuen Ölprüfapparat sollte die Schmierfähigkeit einer größeren Anzahl von Mineral- und Pflanzenölen — also Ölen verschiedener Art — untersucht werden. Um dabei die Einwirkung verschiedener Zähigkeit auszuschalten, wurden sämtliche Schmiermittel durch Einstellung der jeweils entsprechenden Temperatur gleichzähe gehalten. Nachdem für jedes Öl die Zähigkeit in Abhängigkeit der Temperatur bestimmt worden war, wurde eine bestimmte gemeinsame Zähigkeit gewählt, die dann bei der Untersuchung der verschiedenen Öle durch Einstellung der entsprechenden, für jedes Öl verschiedenen Temperatur hergestellt wurde.

Zum Vergleich wurde auch eine Zuckerlösung — also ein fettfreies Schmiermittel — herangezogen, deren Konzentration so bemessen wurde, daß bei einer ungefähr gleichen Temperatur wie bei den Ölen die oben erwähnte, gemeinsame Zähigkeit erreicht wurde.

II. Durchführung der Versuche.

1. Zähigkeitsmessungen.

Es wurden die in Tabelle 1 enthaltenen Schmiermittel verwendet. Die Zähigkeiten wurden im Vogel-Ossag-Viskosimeter bestimmt, und zwar von Zimmertemperatur ausgehend bis 100° C, in Intervallen von je 4°. Für jede Temperatur wurden vier Messungen durchgeführt.

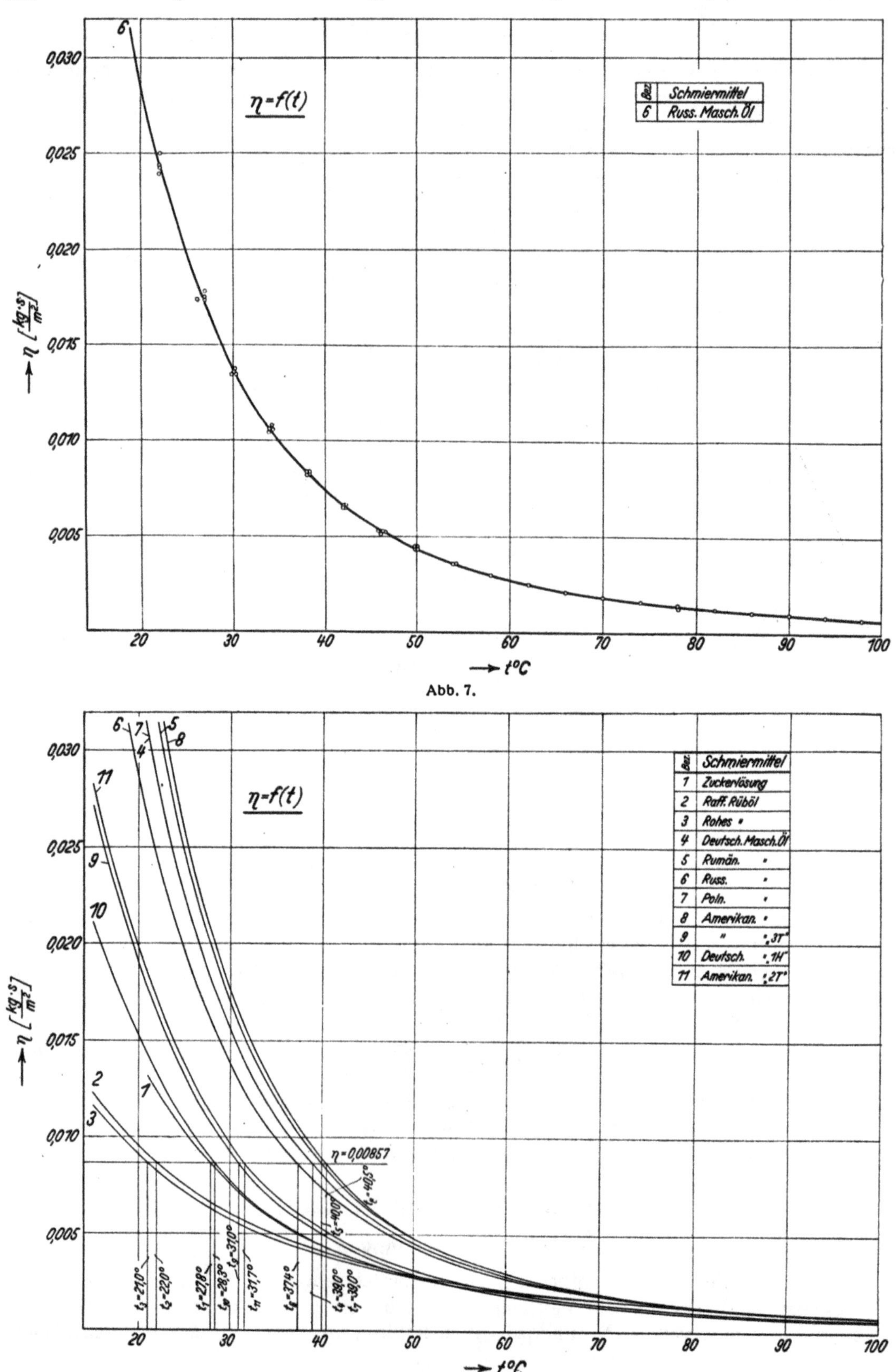

$\eta = f(t)$
Bez. | Schmiermittel
6 | Russ. Masch. Öl
η [kg·s/m²]
t°C

Abb. 7.

$\eta = f(t)$
Bez. | Schmiermittel
1 | Zuckerlösung
2 | Raff. Rüböl
3 | Rohes "
4 | Deutsch. Masch. Öl
5 | Rumän. "
6 | Russ. "
7 | Poln. "
8 | Amerikan. "
9 | " "3T"
10 | Deutsch. "1H"
11 | Amerikan. "2T"
η = 0,00857
η [kg·s/m²]
t°C

Abb. 8.

Abb. 7 zeigt eine vollständig durchgeführte Messung; sie stellt die Zähigkeit η[1]) eines Öles, Abb. 8 die Zähigkeiten aller untersuchten Schmiermittel in Abhängigkeit der Temperatur t dar.

Für die Untersuchungen am Ölprüfapparat wurde die Zähigkeit $\eta = 0{,}008567 \left[\frac{\text{kg} \cdot s}{\text{m}^2}\right]$ gewählt. Die Temperaturen, bei denen die Öle diese Zähigkeit aufweisen, können aus dem η—t-Diagramm entnommen werden und sind in Tabelle 1 ebenfalls enthalten.

Tabelle 1.

Bez.		Schmiermittel	Bezugsquelle	Spez. Gew. γ bei 15° C	Zähigkeit bei 50° C Engler°	Zähigkeit bei 50° C $\left[\frac{\text{kg} \cdot s}{\text{m}^2}\right]$	Temperatur bei $\eta = 0{,}008567 \left[\frac{\text{kg} \cdot s}{\text{m}^2}\right]$
1	Fettfreie Lös.	Zuckerlösung	—	1335	3,00	0,002825	27,8° C
2	Pflanzl. Öle	Raff. Rüböl	Mineralölwerk Franz Voitländer Kronach	914	4,40	0,002945	22,0 „
3		Rohes „		914	4,16	0,002775	21,0 „
4	Mineralöle	Deutsch. Masch.-Öl		925	6,73	0,00461	39,0 „
5		Rumän. „ „		928	6,92	0,00481	40,0 „
6		Russ. „ „		907	6,42	0,00436	37,4 „
7		Poln. „ „		915	6,73	0,00461	39,0 „
8		Amerikan. „ „		927	6,92	0,00481	40,5 „
9		„ „ „ „3T“	D. V. O. A. G.	920	4,43	0,00299	31,0 „
10		Deutsch. „ „ „1 H“		907	4,26	0,002825	28,3 „
11		Amerikan. „ „ „2T“		920	4,72	0,00322	31,7 „

2. Beschreibung eines Versuches.

Das zu untersuchende Schmiermittel wurde in entsprechender Menge in die Ölkammer gebracht und auf die zugehörige Temperatur erwärmt. Dabei wurde der Apparat in Betrieb gesetzt, was eine gute Durchrührung und damit gleichmäßige Erwärmung des Schmiermittels zur Folge hatte. Die Drehgeschwindigkeit der Meßrolle war hier, wie bei allen Versuchen, $n_1 = 300$ U/min. Die Drehgeschwindkeit der Antriebsrolle wurde auf $n_2 = 300$ U/min eingestellt und konstant gehalten.

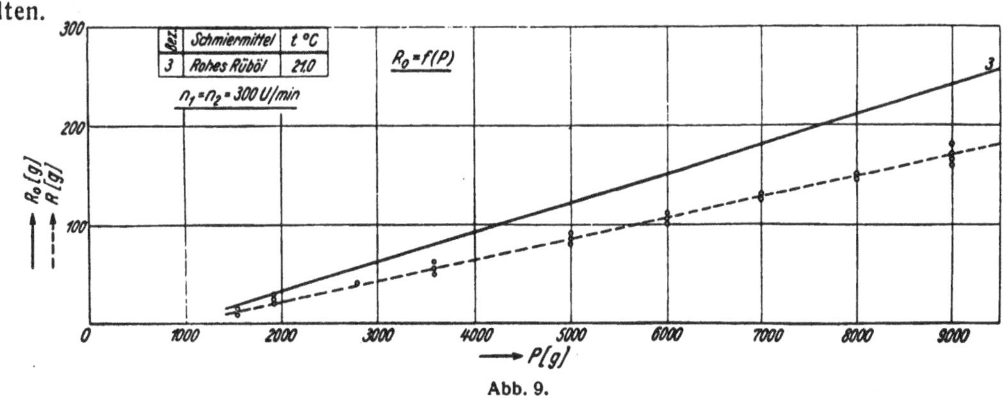

Abb. 9.

[1]) Die Zähigkeit wird im folgenden stets im technischen Maßsystem $\left[\frac{\text{kg} \cdot s}{\text{m}^2}\right]$ angegeben.

Da in der Literatur die Angabe der Zähigkeit meistens im absoluten Maßsystem $\left[\frac{\text{Dyn} \cdot s}{\text{cm}^2}\right]$ ist, sei hier kurz auf die gegenseitige Umrechnung hingewiesen:

$$1 \left[\frac{\text{kg} \cdot s}{\text{m}^2}\right] = 98{,}1 \left[\frac{\text{Dyn} \cdot s}{\text{cm}^2}\right] = 98{,}1 \left[\frac{g_{\text{masse}}}{s \cdot \text{cm}}\right] = 98{,}1 \text{ Poise}$$

$$1 \text{ Poise} = 0{,}0102 \left[\frac{\text{kg} \cdot s}{\text{m}^2}\right].$$

Um die Reibungskraft R in Abhängigkeit des Anpreßdruckes P zu bringen, wurde P durch Auflegen und Verschieben des Laufgewichtes hergestellt, und zwar von 1550 g (ohne Laufgewicht) bis ca. 9000 g.

Die für ein Schmieröl sich ergebenden Versuchswerte sind in Tabelle 2 enthalten und in Abb. 9 aufgetragen.

Tabelle 2.

Schmiermittel	$P[g]$	$R[g]$					
1. Zuckerlösung $\gamma_{15} = 1335$ $t = 27,8^\circ$ C	1550	10	10	10	10	10	10
		10	10	10	10	10	15
	1916	20	20	20	20	20	20
		20	20	20	20	25	20
	2787	40	40	40	30	25	30
		50	30	40	30	30	30
	3587	60	60	50	40	40	50
		60	60	60	50	40	50
	5000	60	70	70	60	60	50
		70	70	70	70	60	60
	6000	70	70	80	80	70	60
		80	90	80	90	80	70
	7000	80	80	100	90	100	90
		90	100	100	100	100	110
	8000	90	120	110	105	100	110
		—	110	120	120	110	120
	9000	—	120	140	130	110	130
		—	—	125	120	130	140
2. Raff. Rüböl $\gamma_{15} = 914$ $t = 22,0^\circ$ C	1550	20	20	20	10	10	10
	1916	30	40	30	30	20	30
	2787	50	40	40	50	40	50
	3587	60	60	60	70	60	60
	5000	80	90	80	90	80	80
	6000	110	120	100	110	100	110
	7000	130	130	120	130	120	130
	8000	150	150	140	150	140	150
	9000	170	170	160	170	160	170
	10000	—	—	190	—	200	—
3. Rohes Rüböl $\gamma_{15} = 914$ $t = 21,0^\circ$ C	1550	10	10	10	15	10	15
	1916	20	30	20	20	20	25
	2787	40	40	40	40	40	40
	3587	50	60	50	55	60	60
	5000	90	90	80	90	80	90
	6000	105	110	100	100	110	110
	7000	125	130	130	130	125	130
	8000	145	150	150	150	145	150
	9000	160	180	170	170	170	165
4. Deutsches Maschinenöl $\gamma_{15} = 925$ $t = 39,0^\circ$ C	1550	40	40	40	35	40	40
	1916	55	60	50	60	50	60
	2787	80	90	80	80	80	85
	3587	110	110	110	100	110	110
	5000	170	170	160	170	160	160
	6000	200	200	190	200	200	200
	7000	240	230	250	240	240	250
	8000	260	260	270	260	270	270
	9000	280	290	300	300	300	300
5. Rumän. Maschinenöl $\gamma_{15} = 918$ $t = 40,0^\circ$ C	1550	40	35	35	40	35	40
	1916	50	50	55	50	50	55
	2787	75	80	75	80	70	80
	3587	110	110	110	110	105	115
	5000	170	170	160	160	160	170
	6000	200	210	200	205	200	210
	7000	230	245	230	250	230	240
	8000	270	280	270	260	260	280
	9000	330	310	330	300	310	320
6. Russ. Maschinenöl $\gamma_{15} = 907$ $t = 37,4^\circ$ C	1550	40	50	40	40	40	40
	1916	60	60	50	50	50	60
	2787	90	90	80	90	80	90
	3587	120	120	120	120	110	110
	5000	160	160	160	180	160	170
	6000	210	210	210	210	210	210
	7000	230	250	230	250	240	240
	8000	270	280	280	280	270	270
	9000	320	330	320	300	310	330
7. Poln. Maschinenöl $\gamma_{15} = 915$ $t = 39,0^\circ$ C	1550	40	40	40	40	40	40
	1916	60	60	55	60	60	60
	2787	80	90	90	90	80	90
	3587	110	120	120	120	115	115
	5000	180	180	170	170	170	170
	6000	220	210	210	220	210	210
	7000	250	260	245	260	260	250
	8000	280	300	290	290	290	290
	9000	310	340	330	330	330	330
8. Amerikan. Maschinenöl $\gamma_{15} = 927$ $t = 40,5^\circ$ C	1550	40	50	40	45	40	40
	1916	55	60	50	60	50	60
	2787	80	90	90	100	90	90
	3587	120	125	120	130	120	120
	5000	170	180	170	180	170	180
	6000	210	220	220	230	210	230
	7000	270	260	265	260	265	260
	8000	320	300	300	300	300	300
	9000	360	340	350	350	340	340
9. Amerikan. Maschinenöl „3 T“ $\gamma_{15} = 920$ $t = 31,0^\circ$ C	1550	50	40	40	40	40	40
	1916	60	70	60	65	60	60
	2787	90	90	80	90	80	90
	3587	130	120	120	120	120	120
	5000	180	180	170	180	170	180
	6000	210	220	210	230	220	220
	7000	270	270	270	270	—	—
	8000	300	320	—	—	—	—
	9000	—	—	—	—	—	—

Schmiermittel	P[g]	R[g]					
10. Deutsches Maschinenöl „1 H“ $\gamma_{15} = 907$ $t = 28{,}3^\circ$ C	1550	40	45	40	45	40	40
	1916	50	60	60	60	60	60
	2787	80	90	90	95	85	90
	3587	110	125	110	130	110	125
	5000	170	180	170	170	170	180
	6000	210	220	210	230	225	230
	7000	270	270	270	260	260	270
	8000	310	320	300	290	300	310
	9000	350	360	—	—	—	—
11. Amerikan. Maschinenöl „2 T“ $\gamma_{15} = 920$ $t = 31{,}7^\circ$ C	1550	40	45	40	40	40	40
	1916	55	50	60	50	60	55
	2787	90	80	80	85	90	90
	3587	125	130	130	120	120	130
	5000	180	180	180	180	180	180
	6000	220	230	220	230	220	220
	7000	270	270	270	270	270	260
	8000	325	320	300	320	300	320
	9000	360	370	—	—	—	—

Schmiermittel	P[g]	R[g]					
12. Trockene Reibung $t =$ ca. $14{,}0^\circ$ C	1550	150	150	150	150	160	160
		170	190	170	180	180	200
		200	200	180	200	180	200
	1916	180	190	180	190	180	190
		210	230	200	240	220	230
		230	230	230	240	230	230
	2787	280	280	270	280	280	280
		280	320	290	310	310	320
		340	330	340	340	320	330
	3587	330	340	350	340	350	350
		410	390	420	420	420	410
		400	440	420	420	420	440
	5000	480	480	490	490	480	500
		510	500	515	540	500	540
		530	540	530	550	550	550
	6000	560	590	560	600	540	570
		600	610	600	600	620	610
		640	620	640	640	620	630
	7000	680	660	680	660	670	670
		680	700	680	690	690	680
		700	730	720	680	700	720
	8000	770	740	760	760	750	760
		760	780	780	780	780	770
		820	790	800	810	820	790

3. Versuchswerte.

Die Versuchswerte für sämtliche in Tabelle 1 aufgeführten Schmiermittel und für Trockenreibung sind in Tabelle 2 enthalten und in Abb. 10 dargestellt. Die Diskussion erfolgt in Abschnitt III „Versuchsergebnisse“.

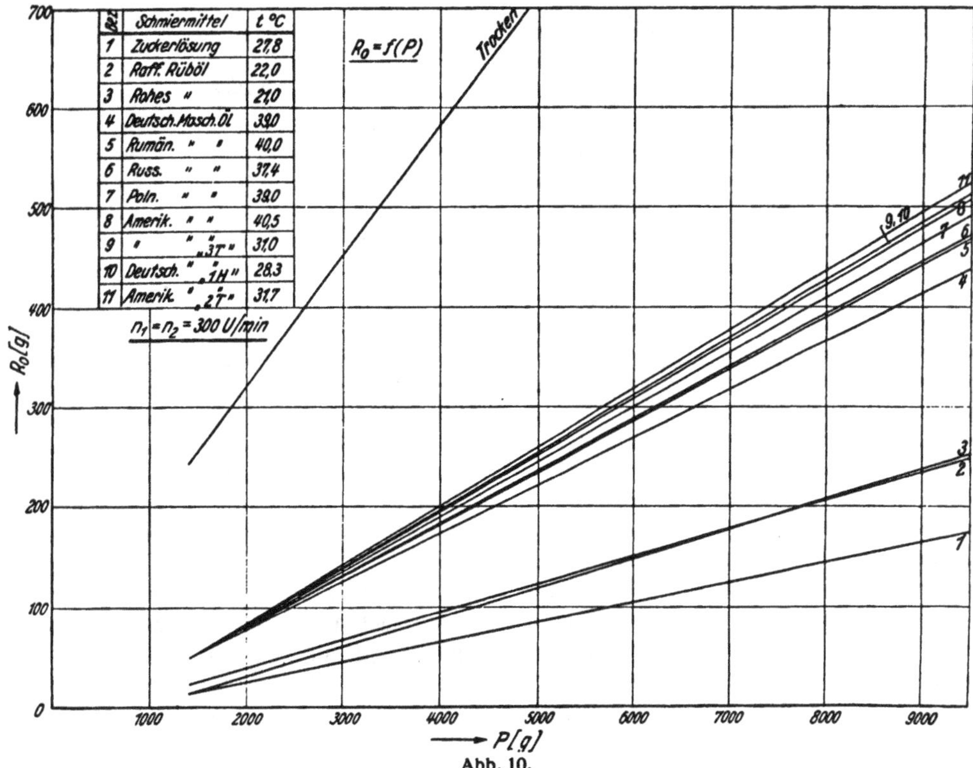

Abb. 10.

4. Zusätzliche Versuche.

Es wurden weiterhin noch folgende Versuche gemacht:

1. Reibungskraft R_0 abhängig von der Temperatur t des Schmiermittels (amerikanisches Maschinenöl „2 T") bei konstantem Anpreßdruck ($P = 2787$ g) und konstanten Drehzahlen ($n_1 = n_2 = 300$ U/min). In Abb. 11 ist diese Abhängigkeit dargestellt ($R_0 = f(t)$).

Von $t = 10^0$ bis $t = 20^0$ C bleibt R_0 konstant, sodann steigt die Kurve linear an.

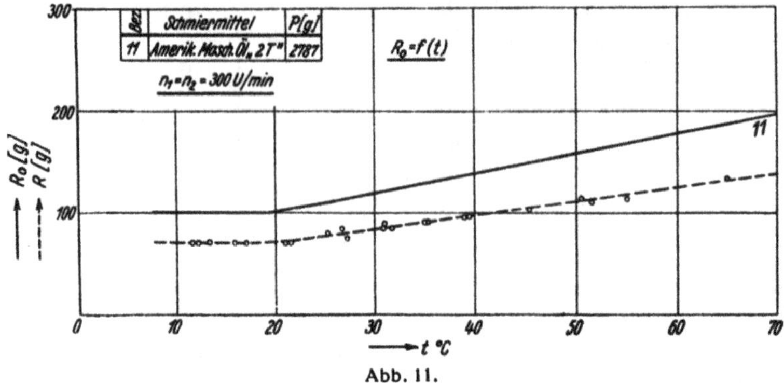

Abb. 11.

2. Reibungskraft R_0 abhängig von der Drehzahl n_2 der Antriebsrolle bei konstantem Anpreßdruck ($P = 2787$ g), konstanter Temperatur ($t = 31{,}7^0$ C) des Schmiermittels („2 T") und konstanter Drehzahl der Meßrolle ($n_1 = 300$ U/min). Diesen Versuch zeigt Abb. 12 ($R_0 = f(n_2)$).

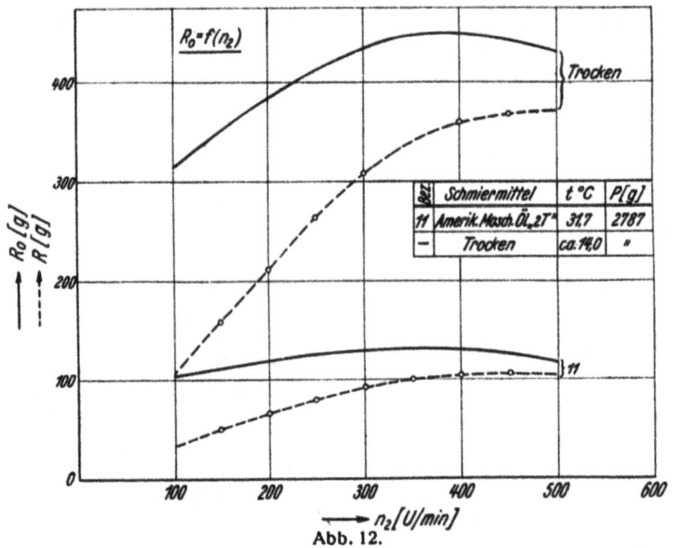

Abb. 12.

Es wurde R_0 im Bereich von $n_2 = 150$ bis 450 U/min gemessen. Zum Vergleich wurde die Kurve bei Trockenreibung aufgenommen. Diese liegt naturgemäß höher und hat ein Maximum bei ca. 375 U/min, während die „2 T"-Kurve flacher verläuft und ebenfalls ein Maximum bei ca. 375 U/min hat.

3. Wie aus Abb. 10 ersichtlich, ergaben die Untersuchungen am Ölprüfapparat, daß die Zuckerlösung eine größere Schmierfähigkeit besitzt als die untersuchten Schmieröle. Es wurde nun das Verhalten der Zuckerlösung im praktischen Betrieb untersucht und dem eines Mineralöles („2 T") gegenübergestellt: der Grenzfall des Anfressens eines Lagers, mit Zuckerlösung geschmiert, wurde festgestellt und mit dem bei Schmierung des Lagers mit „2 T" verglichen. Die Versuchseinrichtung war dabei folgende:

Ein als Lagerschale dienender, 15 mm breiter Weicheisenkörper hat eine in der Mitte angebrachte Bohrung von 15 mm Drm. und sitzt auf einer Welle, die an dem einen Ende in das Futter einer Drehbank eingespannt ist; am anderen Ende diente als Gegenlager die Spitze. Ein Thermometer reicht bis nahe an die Bohrung heran und gibt die Lagertemperatur an. Die Belastung wurde durch Auflegen von Gewichten auf eine am unteren Ende des Körpers angebrachten Waagschale hergestellt und alle 3 min um 1 kg erhöht. Die Drehzahl der Welle wurde konstant gehalten und betrug 700 U/min. Wie Abb. 13 zeigt, trat Anfressen ein, mit

Zuckerlösung (Siedepunkt bei 102,0° C) geschmiert, bei 37 kg Belastung und 104,9° C,
„2 T" geschmiert, bei 17 kg Belastung und 58,5° C.

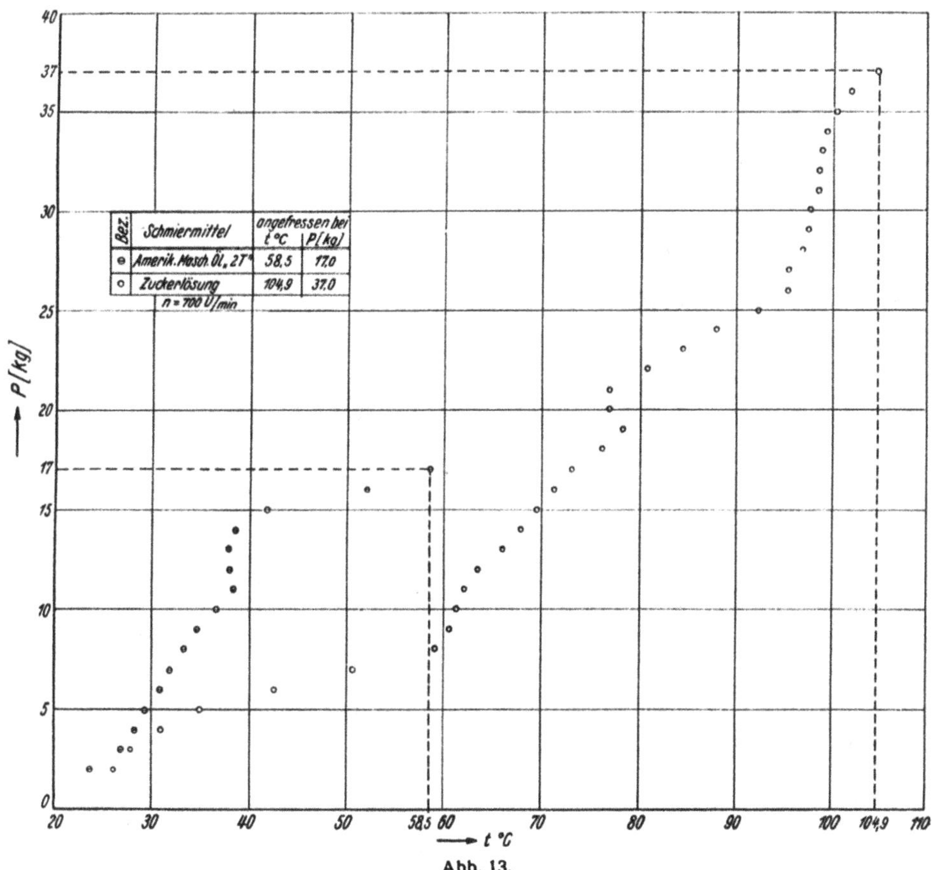

Abb. 13.

4. Ein weiterer Versuch bestand darin, daß ein Transmissionslager, dessen Welle mit Riemenscheibe eine Drehbank antrieb, einen Arbeitstag lang mit Zuckerlösung geschmiert wurde. Man hat dabei keine betriebsstörende Vorkommnisse, wie Festfressen des Lagers, übergroße Erwärmung desselben usw., beobachten können.

5. Wie eingangs erwähnt, ist es einem Versehen bei der Konstruktion des Apparates zuzusprechen, daß die Drehzahl der Meßrolle so hoch gehalten wurde. In den folgenden Versuchen wurden ein Pflanzen- und ein Mineralöl bei niedriger Drehzahl der Meßrolle, nämlich $n_1 = 50$ U/min, geprüft. Abb. 14 zeigt die Reibungskraft R_0 in Abhängigkeit vom Anpreßdruck P bei $n_1 = 50$ U/min. In Abb. 15 ist diese Abhängigkeit den bei der früheren Drehzahl $n_1 = 300$ U/min gefundenen Werten derselben Öle gegenübergestellt. Es ergibt sich dabei, daß die Reibungskurven bei kleiner Drehzahl von a_1 höher gelegen sind als die bei $n_1 = 300$ U/min.

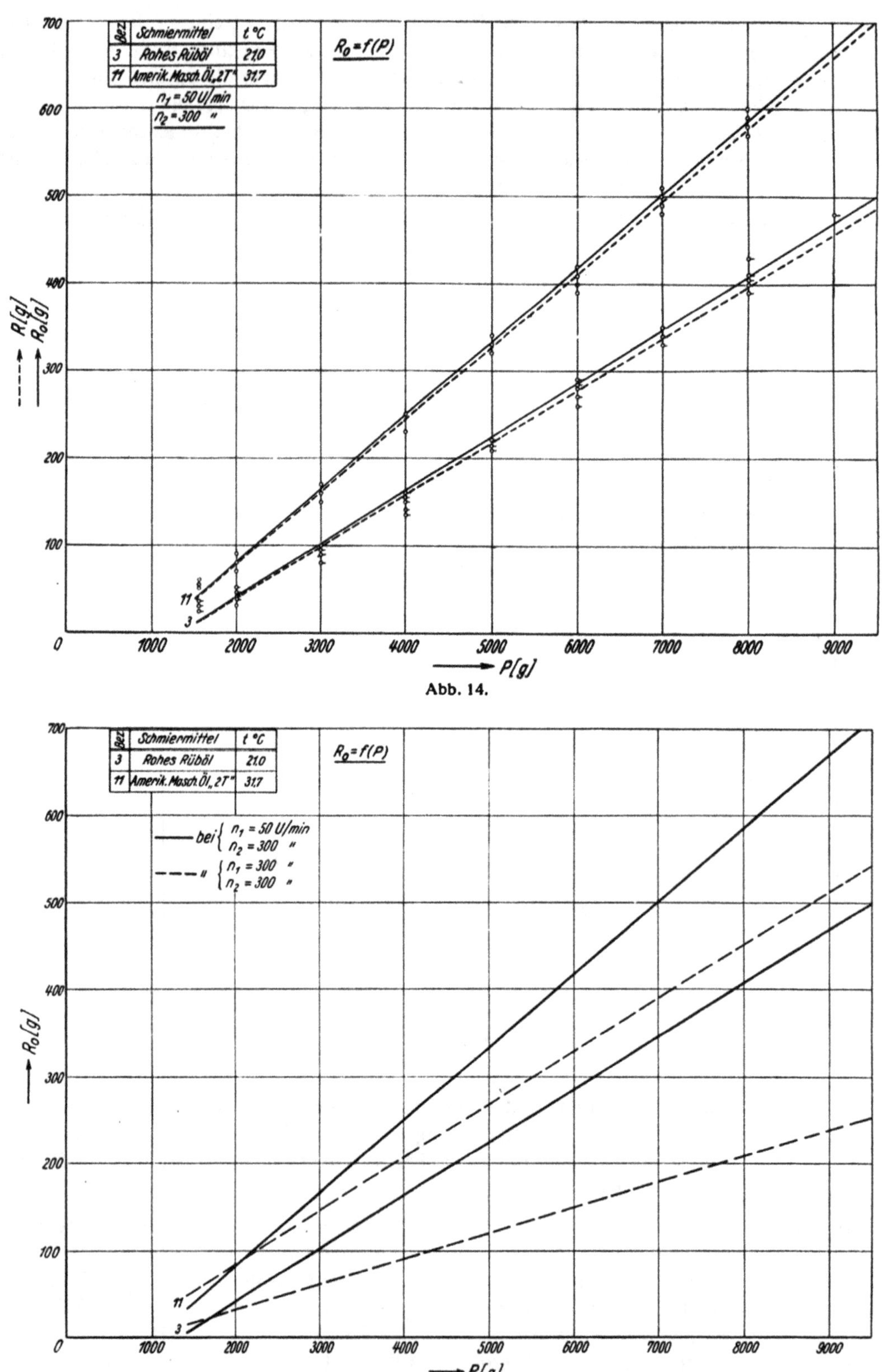
Bez.
Schmiermittel
t °C
3
Rohes Rüböl
21,0
11
Amerik. Masch. Öl „2T"
31,7
n_1 = 50 U/min
n_2 = 300 "
$R_0 = f(P)$
R[g]
$R_0[g]$
P[g]
0
1000
2000
3000
4000
5000
6000
7000
8000
9000
100
200
300
400
500
600
700
11
3

Abb. 14.

Bez.
Schmiermittel
t °C
3
Rohes Rüböl
21,0
11
Amerik. Masch. Öl „2T"
31,7
$R_0 = f(P)$
bei n_1 = 50 U/min
n_2 = 300 "
" n_1 = 300 "
n_2 = 300 "
$R_0[g]$
P[g]
0
1000
2000
3000
4000
5000
6000
7000
8000
9000
100
200
300
400
500
600
700
11
3

Abb. 15.

Die Ursache der sich ergebenden höheren Reibungswerte bei niedriger Drehzahl von a_1 ist wahrscheinlich in dem Umstande zu suchen, daß bei größerem n_1 mehr Öl in die Quetschstelle hineingeschleppt wird als bei kleinem n_1.

Der Unterschied beider Öle bezüglich ihrer Schmierfähigkeit ist bei dem Drehzahlverhältnis $n_1 = n_2 = 300$ U/min deutlicher zu beobachten als bei den in diesem Versuch vorherrschenden Drehzahlen $n_1 = 50$ U/min und $n_2 = 300$ U/min.

6. Um die Genauigkeit des Ölprüfapparates festzustellen, wurde ein mit nur 5% gefettetes Mineralöl untersucht. Dieses sog. „Compoundöl" bestand aus 95 Teilen amerikanischem Maschinenöl „2 T" und 5 Teilen rohem Rüböl; seine Zähigkeitskurve fällt mit der des amerikanischen

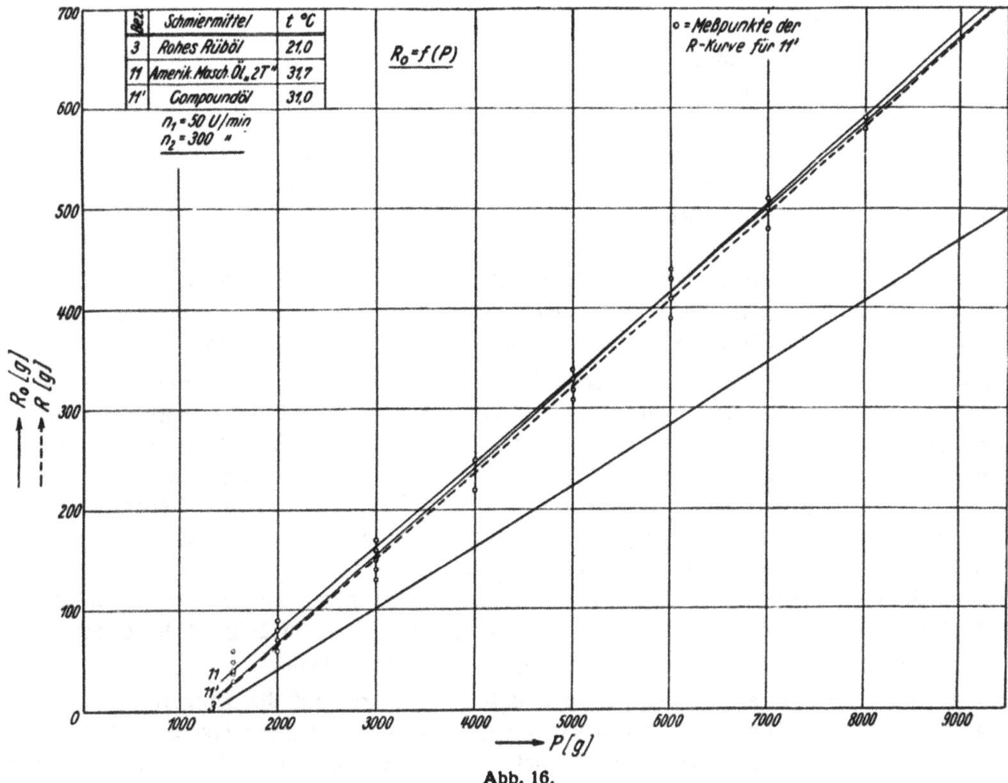

Abb. 16.

Maschinenöles „3 T" zusammen, so daß die einzustellende Temperatur, die nötig ist, um die gemeinsame Zähigkeit $\left(\eta = 0{,}008567 \left[\frac{\text{kg} \cdot s}{\text{m}^2}\right]\right)$ aufzuweisen, gleich der von „3 T", nämlich 31,0° C, ist.

In Abb. 16 sind neben den Reibungswerten des compoundierten Öles die Reibungskurven der ursprünglichen Öle aufgetragen; der Unterschied der Schmierfähigkeiten der drei Öle ist bei geringem Anpreßdruck besonders deutlich sichtbar.

III. Versuchsergebnisse.

In Abb. 10 sind die aus den Versuchen sich ergebenden Reibungswerte R_0 sämtlicher, in Tabelle I enthaltenen Schmiermittel als Funktion der Belastung P dargestellt. Ferner ist ein Versuch mit trockener Reibung eingetragen; dieser stellt den Fall der ungünstigsten Schmierung dar, da in die Quetschstelle kein Schmiermittel mehr hineingeschleppt wird. Die Darstellung zeigt, daß die Abhängigkeit des Reibungswertes R_0 vom Anpreßdruck P eine lineare ist. Bezüglich ihrer Schmierfähigkeit sind sämtliche an der Ölprüfmaschine untersuchten Schmiermittel sichtlich in drei Gruppen unterschiedlich:

I. Fettfreie Lösung:

Zuckerlösung (1).

II. Pflanzenöle:

Raffiniertes Rüböl (2).
Rohes Rüböl (3).

III. Mineralöle:

Deutsches Maschinenöl (4).
Rumänisches Maschinenöl (5).
Russisches Maschinenöl (6).
Polnisches Maschinenöl (7).
Amerikanisches Maschinenöl (8).
Amerikanisches Maschinenöl „3 T" und deutsches Maschinenöl „1 H" (9, 10).
Amerikanisches Maschinenöl „2 T" (11).

Man sieht einen deutlichen Unterschied der Schmierfähigkeit der einzelnen Schmiermittel in der Gruppe selbst; ein wesentlicher Unterschied besteht aber in den Gruppen untereinander. Besonders bemerkenswert ist dieser zwischen den Mineralölen und den Pflanzenölen.

Weiterhin ist aus der Darstellung ersichtlich, daß die Zuckerlösung gegenüber allen untersuchten Schmierölen die größte Schmierfähigkeit aufweist; eine am Ölprüfapparat festgestellte Tatsache, die durch praktische Versuche (siehe zusätzliche Versuche 3 und 4) bestätigt wurde. Abgesehen von der Unmöglichkeit einer praktischen Verwendung der Zuckerlösung als Schmiermittel, die in ihren dafür ungünstigen Eigenschaften, wie rasche Verdunstung, Verursachung des Rostens der benetzten Flächen usw., zu suchen ist, war es mit Hilfe des neuen Apparates möglich, die Tatsache festzustellen, daß eine Zuckerlösung — also eine fettfreie Lösung — der man vorher doch sicherlich keine ölgleiche Schmiereigenschaft zugeschrieben hätte, eine größere Schmierfähigkeit besitzt als die angeführten Schmieröle. Die besonders große Schmierfähigkeit der Zuckerlösung hängt vielleicht ursächlich mit der chemischen Aggressivität zusammen.

Besonders bemerkenswert ist die Tatsache, daß der Apparat auf die Hinzufügung von nur 5% Pflanzenöl zu einem Mineralöl mit einer Verminderung der Reibungsanzeige um 40% (bei der kleinsten Anpressung) reagiert, obwohl die Versuche bei Temperaturen gemacht wurden, bei denen die Zähigkeiten beider Mittel dieselben sind, und obwohl die Zähigkeiten bei gleicher Temperatur kaum merkbar verschieden sind. Dies entspricht ganz der bekannten Erfahrung, daß ein Mineralöl durch Vermischung mit einer geringen Menge Pflanzenöl für den praktischen Betrieb an Schmierfähigkeit erheblich gewinnt.

Durch diese neue Art der Prüfung ist es möglich geworden, Schmieröle, die bisher bezüglich ihrer Schmierfähigkeit nur durch Erprobung im Betriebe sicher unterschieden werden konnten, auf ihre Schmiereigenschaften hin zu untersuchen. Wie bereits eingangs erwähnt, kann bei diesem Apparat eine Quetschstelle mit großer Genauigkeit hergestellt werden. Die sich ergebenden Werte verschiedener, nach diesem Prinzip gebauter Ölprüfmaschinen werden deshalb untereinander übereinstimmen.

Es sei fernerhin noch bemerkt, daß Bestrebungen dahingehen, den Apparat in seiner jetzt bestehenden Form zu verbessern. Es hat sich bei den Versuchen ergeben, daß die Anpreßdrücke zu hoch gewählt waren. Die Unterschiede der Reibungswerte der untersuchten Schmiermittel haben sich bei kleinen Drücken prozentual größer erwiesen, als die bei höheren Drücken. Ob bei dem verbesserten Apparat die Drehzahl n_1 der Meßrolle geringer als die Drehzahl n_2 der Antriebsrolle gehalten werden soll oder ob man das Verhältnis $\frac{n_1}{n_2} = 1$ beibehält, sollen diesbezügliche Versuche an der neuen Maschine ergeben. Es hat den Anschein, daß das beim Entwurf der Maschine vorgekommene Versehen, durch welches die beiden Rollen die gleiche Drehzahl erhielten, sich in günstigem Sinne ausgewirkt hat. Weiters ist vorgesehen, die Massen des Apparates zu verringern.

Der Umfang der Prüfungen von Schmiermitteln, deren Bestimmung durch ihre sog. Analysendaten (Durchsicht, spez. Gewicht, Viskosität, Konsistenz, Kälte-, Flamm- und Brennpunkt, chemische Prüfung) natürlich beibehalten werden muß, wird allerdings vergrößert. Die Kosten dieser Zusatzprüfung sind aber im Vergleich zu den großen Werten, die bei mancher Öllieferung in Frage kommen, nicht beträchtlich.

Die Energieumsetzung in saugrohrähnlich erweiterten Düsen.

Vorläufige Mitteilung von A. Hofmann.

An dem in dem vorläufigen Berichte von Riemerschmid[1]) erwähnten Modellturbinen-Versuchsstande wurden verschiedene Düsen von saugrohrähnlicher Form hinsichtlich ihrer Energieumsetzung bei Abwesenheit der Turbinenlaufräder untersucht.

Abb. 1 zeigt schematisch die Form der betreffenden Düsen. Bei allen betrug der engste Durchmesser d 45 mm, die Gesamtlänge 3,55 d und der Durchmesser des Endflansches 4 d, während der Einlauf der *VDI*-Düse entsprach. Geändert wurden jeweils die Verhältnisse D/d und a/d, d. h. die Durchmesser D und Abstände a der Stoßplatten, ferner R/d, also die Abrundungsradien R am Düsenende und die Neigungswinkel δ des Düsenmantels gegen die Senkrechte.

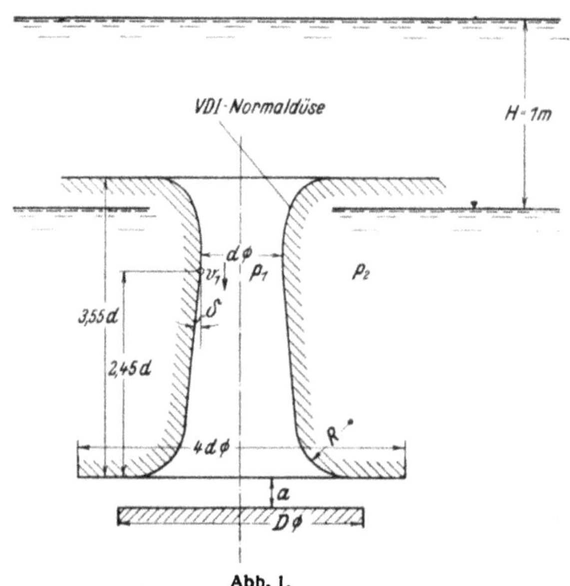

Abb. 1.

Der Düsenwirkungsgrad η wurde definiert zu $\frac{v_1^2/2g}{(p_2 - p_1)/\gamma}$. Hier bedeuten p_1 und v_1 den Druck und die Geschwindigkeit im engsten Querschnitt, p_2 den Druck im Raume hinter der Düse in gleicher Höhe. Das Gefälle H wurde konstant auf 1 Meter gehalten und die sekundliche Wassermenge durch Wägung ermittelt. Ein Kreuzblech verhinderte die Ausbildung eines Wirbels vor dem Düseneinlauf.

Die Schaubilder der Abb. 2 zeigen die Ergebnisse, wobei der Übersichtlichkeit halber die η-Kurven nicht für alle untersuchten Neigungswinkel δ gezeichnet worden sind. Bei der Düse mit dem optimalen Wirkungsgrad von 86,3% bei $D/d = 5$, $a/d =$ etwa 0,25, $R/d = 0{,}85$ und $\delta = 8{,}5^0$ konnte durch Vergrößerung des δ auf 9^0 und 10^0 eine weitere Zunahme des Wirkungsgrades nicht mehr erreicht werden.

[1]) Siehe S. 162 dieses Heftes.

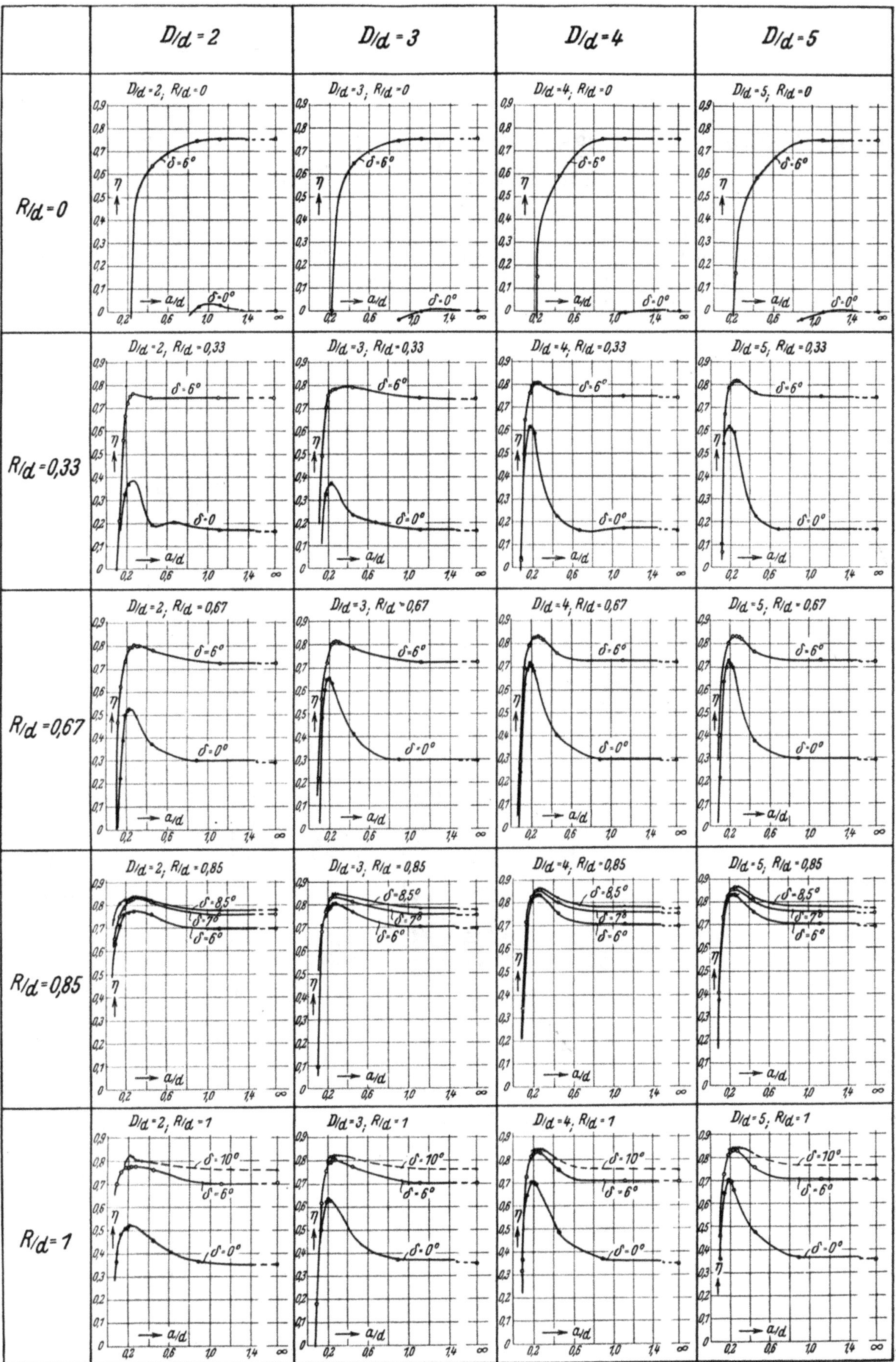

Abb. 2.

Der Einfluß der Zähigkeit des Wassers auf den Wirkungsgrad einer kleinen Francismodellturbine.

Vorläufige Mitteilung von **F. Riemerschmid.**

Die bisher im Hydraulischen Institut ausgeführten Versuche wurden an einer Modellturbine vorgenommen, die einen Laufraddurchmesser $D = 109$ mm besitzt und deren konstruktive Ausbildung aus Abb. 1 ersichtlich ist.

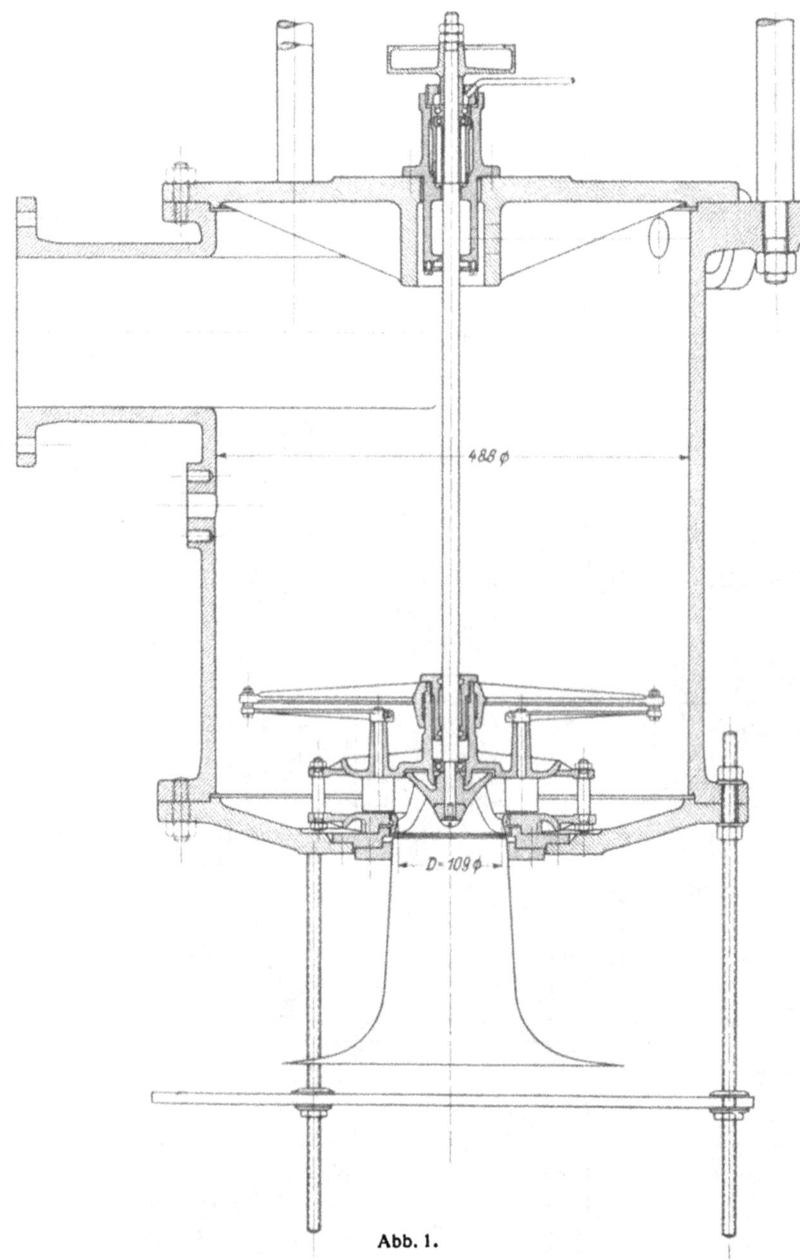

Abb. 1.

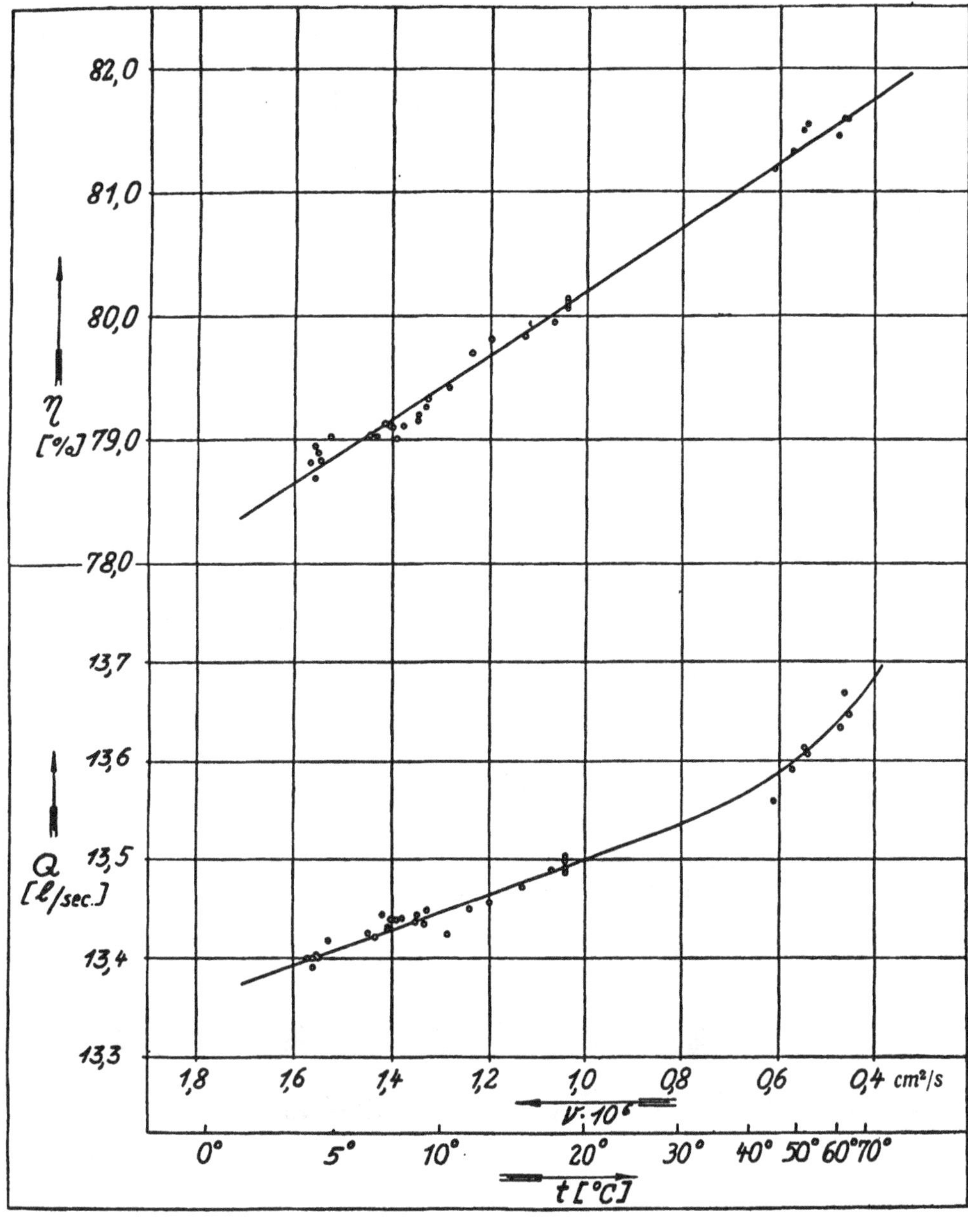

Abb. 2.

Die Veränderung der Zähigkeit geschah durch Veränderung der Wassertemperatur zwischen 4° C und 63° C, wobei die kinematische Zähigkeit des Wassers sich ungefähr im Verhältnis 4 : 1 änderte.

Durch Vorversuche war die Modellturbinen-Anlage bei verschiedenen Betriebszuständen untersucht worden. Bei den Bremsungen, welche die in Abb. 2 eingetragenen Punkte lieferten, waren Leitschaufelöffnung und Drehzahl der Turbine so eingestellt, daß die Turbine in möglichster Nähe des besten Wirkungsgrades arbeitete. Es wurde jeweils nur die Wassertemperatur verändert; die Leitschaufelöffnung, das Gefälle, das stets 1 m betrug, das Drehmoment der Bremse und alle baulichen Einrichtungen des Zu- und Ablaufes blieben unverändert.

Die Wassermenge wurde durch Wägung bestimmt unter Berücksichtigung des mit der Temperatur veränderlichen spezifischen Gewichtes; die Drehzahl wurde durch elektrische Kontaktgebung und Bandchronograph ermittelt. Die Ergebnisse der Versuche sind aus Abb. 2 ersichtlich.

www.ingramcontent.com/pod-product-compliance
Lightning Source LLC
Chambersburg PA
CBHW081434190326
41458CB00020B/6201
* 9 7 8 3 4 8 6 7 5 7 3 7 8 *